Guide for Biology Field Practice in
WANGLANG SICHUAN

四川王朗生物学
野外实习指导

李 晟　孟世勇　龙 玉　王戎疆　◎编著
李大建　贺新强　饶广远　顾红雅

北京大学出版社
PEKING UNIVERSITY PRESS

图书在版编目（CIP）数据

四川王朗生物学野外实习指导/李晟等编著. —北京：北京大学出版社，2023.4
ISBN 978-7-301-33926-8

Ⅰ. ①四… Ⅱ. ①李… Ⅲ. ①生物学–教育实习–四川–高等学校–教学参考资料 Ⅳ. ①Q-45

中国国家版本馆CIP数据核字（2023）第062509号

书　　　名	四川王朗生物学野外实习指导
	SICHUAN WANGLANG SHENGWUXUE YEWAI SHIXI ZHIDAO
著作责任者	李　晟　等编著
责任编辑	刘　洋　曹京京　黄　炜
标准书号	ISBN 978-7-301-33926-8
出版发行	北京大学出版社
地　　　址	北京市海淀区成府路205 号　100871
网　　　址	http://www.pup.cn　　新浪微博：@北京大学出版社
电子信箱	zpup@pup.cn
电　　　话	邮购部010-62752015　发行部010-62750672　编辑部010-62764976
印　刷　者	北京宏伟双华印刷有限公司
经　销　者	新华书店
	798毫米×980毫米　16开本　22.75印张　508千字
	2023年4月第1版　2023年4月第1次印刷
定　　　价	148.00元

未经许可，不得以任何方式复制或抄袭本书之部分或全部内容。
版权所有，侵权必究
举报电话：010-62752024　电子信箱：fd@pup.pku.edu.cn
图书如有印装质量问题，请与出版部联系，电话：010-62756370

目 录

第一章 野外实习概述 ... 1
  1.1 野外实习的目的和意义 ... 1
  1.2 教学大纲 ... 1
    1.2.1 课程主要内容 ... 1
    1.2.2 教学方式 ... 2
    1.2.3 教学步骤 ... 2
    1.2.4 日程安排 ... 2
    1.2.5 成绩评定 ... 2
  1.3 出发前的准备 ... 3
    1.3.1 课前学习和信息统计 ... 3
    1.3.2 衣物准备 ... 3
    1.3.3 食品和水 ... 4
    1.3.4 药品 ... 4
    1.3.5 其他用具 ... 4
  1.4 小专题研究与实习报告要求 ... 4
    1.4.1 小专题研究 ... 4
    1.4.2 实习报告基本要求 ... 5
  1.5 实习纪律、野外安全常识与注意事项 ... 5
    1.5.1 实习纪律 ... 5
    1.5.2 野外安全常识与注意事项 ... 6

第二章 王朗自然保护区环境概况 ... 11
  2.1 自然地理 ... 11
  2.2 气候植被 ... 13
  2.3 生物多样性 ... 14
    2.3.1 植物资源 ... 16
    2.3.2 动物资源 ... 16
  2.4 保护历史 ... 16

第三章 野外实习内容与方法 ... 17
  3.1 动植物分类与识别 ... 17
    3.1.1 大型真菌的分类与识别 ... 17
    3.1.2 苔藓的分类与识别 ... 19
    3.1.3 石松与真蕨类植物的分类与识别 ... 23
    3.1.4 裸子植物的分类与识别 ... 26
    3.1.5 被子植物的分类与识别 ... 28
    3.1.6 昆虫的分类与识别 ... 34
    3.1.7 两栖类与爬行类的分类与识别 ... 42
    3.1.8 鸟类的分类与识别 ... 44
    3.1.9 哺乳类的分类与识别 ... 52
  3.2 大型真菌、地衣及植物的鉴定与植被调查 ... 61
    3.2.1 大型真菌的采集与鉴定 ... 61
    3.2.2 地衣标本的采集与鉴定 ... 65
    3.2.3 植物标本的采集、制作及形态鉴定 ... 67
    3.2.4 植物群落多样性调查 ... 78
    3.2.5 森林动态样地调查 ... 88
  3.3 野生动物调查与监测技术 ... 99
    3.3.1 昆虫标本的采集与制作 ... 99
    3.3.2 昆虫形态鉴定 ... 105
    3.3.3 围栏陷阱 ... 106
    3.3.4 样点和样线调查 ... 107
    3.3.5 全自动声学记录 ... 109
    3.3.6 VHF无线电定位与追踪 ... 114
    3.3.7 红外相机 ... 115
    3.3.8 非损伤性DNA采样与分析 ... 123
    3.3.9 动物痕迹识别 ... 128

第四章 王朗自然保护区常见生物类群 ... 135
  4.1 大型真菌 ... 135
  4.2 地衣 ... 145
  4.3 苔藓植物 ... 150
    4.3.1 苔类植物 ... 151
    4.3.2 藓类植物 ... 152
  4.4 蕨类植物 ... 157
  4.5 裸子植物 ... 159
    4.5.1 松科Pinaceae ... 159
    4.5.2 柏科Cupressaceae ... 161
  4.6 被子植物 ... 161
    4.6.1 五味子科Schisandraceae ... 161
    4.6.2 马兜铃科Aristolochiaceae ... 162
    4.6.3 天南星科Araceae ... 162
    4.6.4 岩菖蒲科Tofieldiaceae ... 164
    4.6.5 沼金花科Nartheciaceae ... 164

4.6.6	藜芦科 Melanthiaceae	165
4.6.7	百合科 Liliaceae	165
4.6.8	兰科 Orchidaceae	166
4.6.9	天门冬科 Asparagaceae	172
4.6.10	罂粟科 Papaveraceae	175
4.6.11	星叶草科 Circaeasteraceae	177
4.6.12	小檗科 Berberidaceae	177
4.6.13	毛茛科 Ranunculaceae	178
4.6.14	芍药科 Paeoniaceae	184
4.6.15	茶藨子科 Grossulariaceae	184
4.6.16	虎耳草科 Saxifragaceae	185
4.6.17	景天科 Crassulaceae	185
4.6.18	豆科 Leguminosae	187
4.6.19	蔷薇科 Rosaceae	188
4.6.20	鼠李科 Rhamnaceae	195
4.6.21	荨麻科 Urticaceae	195
4.6.22	桦木科 Betulaceae	196
4.6.23	卫矛科 Celastraceae	196
4.6.24	酢浆草科 Oxalidaceae	198
4.6.25	金丝桃科 Hypericaceae	198
4.6.26	堇菜科 Vilaceae	198
4.6.27	杨柳科 Salicaceae	199
4.6.28	大戟科 Euphorbiaceae	199
4.6.29	柳叶菜科 Onagraceae	200
4.6.30	牻牛儿苗科 Geraniaceae	200
4.6.31	无患子科 Sapindaceae	201
4.6.32	瑞香科 Thymelaeaceae	201
4.6.33	十字花科 Cruciferae	202
4.6.34	檀香科 Santalaceae	204
4.6.35	柽柳科 Tamaricaceae	204
4.6.36	蓼科 Polygonaceae	205
4.6.37	石竹科 Caryophyllaceae	206
4.6.38	绣球科 Hydrangeaceae	207
4.6.39	花荵科 Polemoniaceae	208
4.6.40	报春花科 Primulaceae	208
4.6.41	猕猴桃科 Actinidiaceae	212
4.6.42	杜鹃花科 Ericaceae	212
4.6.43	茜草科 Rubiaceae	216
4.6.44	龙胆科 Gentianaceae	217
4.6.45	车前科 Plantaginaceae	217
4.6.46	狸藻科 Lentibulariaceae	219
4.6.47	唇形科 Labiatae	219
4.6.48	通泉草科 Mazaceae	220
4.6.49	列当科 Orobanchaceae	221
4.6.50	菊科 Compositae	224
4.6.51	五福花科 Adoxaceae	225
4.6.52	忍冬科 Caprifoliaceae	226
4.6.53	五加科 Araliaceae	229
4.6.54	伞形科 Umbelliferae	230
4.7	常见昆虫	231
4.7.1	弹尾目 Collembola	231
4.7.2	蜉蝣目 Ephemerida	231
4.7.3	蜚蠊目 Blattaria	232
4.7.4	襀翅目 Plecoptera	232
4.7.5	直翅目 Orthoptera	232
4.7.6	革翅目 Dermaptera	234
4.7.7	同翅目 Homoptera	234
4.7.8	异翅目 Heteroptera（半翅目 Hemiptera）	235
4.7.9	鞘翅目 Coleoptera	236
4.7.10	脉翅目 Neuroptera	240
4.7.11	毛翅目 Trichoptera	241
4.7.12	鳞翅目 Lepidoptera	241
4.7.13	双翅目 Diptera	270
4.7.14	膜翅目 Hymenoptera	272
4.8	两栖类	275
4.9	爬行类	279
4.10	鸟类	280
4.10.1	鸡形目 Galliformes	280
4.10.2	鹈形目 Pelecaniformes	286
4.10.3	鸻形目 Charadriiformes	287
4.10.4	佛法僧目 Coraciiformes	288
4.10.5	隼形目 Falconiformes	289
4.10.6	鹰形目 Accipitriformes	289
4.10.7	鸮形目 Strigiformes	291
4.10.8	鸽形目 Columbiformes	292
4.10.9	雁形目 Anseriformes	293
4.10.10	啄木鸟目 Piciformes	294
4.10.11	犀鸟目 Bucerotiformes	295
4.10.12	鹃形目 Cuculiformes	295
4.10.13	夜鹰目 Caprimulgiformes	296
4.10.14	雀形目 Passeriformes	297
4.11	哺乳类	320
4.11.1	劳亚食虫目 Eulipotyphla	320
4.11.2	食肉目 Carnivora	321
4.11.3	灵长目 Primates	336
4.11.4	偶蹄目 Artiodactyla	337
4.11.5	啮齿目 Rodentia	347
4.11.6	兔形目 Lagomorpha	352

参考文献 354
致谢 358

第一章　野外实习概述

1.1　野外实习的目的和意义

生物学野外实习是生物类本科教育的基本教学环节，也是生物类本科生重要的学习内容。野外实习不仅是动物生物学、植物生物学和其他生物学课程课堂知识和室内实验内容的必要补充，而且具有独特的形式、内容和效果。

野外实习的目的是让学生在自然生态系统中进一步学习动植物多样性的相关知识，了解和掌握生物学、生态学野外工作的基本流程和常用方法，并通过开展小专题研究的形式实践应用。

野外实习的意义既包括知识上的积累和实践，更涵盖精神上的深入思考与升华。首先，野外实习是在开放的环境中进行的，学生可以在教师的指导下，自主发现问题，解决问题，培养科学研究的观念和能力。其次，野外动植物种类繁多，自然之谜比比皆是，这些都会激发学生探索自然奥秘的强烈愿望，使其从内心深处热爱自然，热爱生物科学。再次，野外实习日程安排紧凑，不仅要求学生具有良好的身体素质，而且需要个体间的团结与协作，并且要有服从命令听指挥的团队意识。最后，学生通过实习，会切身体会到祖国生物多样性的丰富和山河的壮丽，这实际上也是一个陶冶情操的过程。此外，学生在实习中也会发现许多不尽如人意的现象和问题，比如环境污染、生物多样性丧失等，这会激发学生解决这些问题的愿望，以及为之献身的豪情。

总之，野外实习使学生真正置身于纯粹的自然生态系统中，面对最现实的问题，有利于其深刻感悟自然、人类和科学的相互关系，在实践中理解从事科学研究的目的和方法。

1.2　教学大纲

1.2.1　课程主要内容

① 不同生境下植物主要类群的识别。

② 高山野生花卉植物（通常分布在海拔3 000 m以上）的调查与鉴定。
③ 高山药用植物的调查与鉴定。
④ 陆生植物的识别及植物标本的采集和制作方法。
⑤ 山地昆虫主要类群的识别及标本的采集和制作方法。
⑥ 利用围栏陷阱进行两栖类、爬行类动物的监测。
⑦ 鸟类识别及多样性调查方法。
⑧ 兽类红外相机调查及VHF无线电定位。
⑨ 野生动物痕迹识别与鉴定及动物行为观察。
⑩ 小专题研究。

1.2.2　教学方式

采取分组教学的方式：在教师指导下，进行野外生物多样性考察、标本采集和鉴定、小专题研究等，最后进行物种多样性考核、总结展示、论文撰写与提交。

1.2.3　教学步骤

① 教师讲解实习地点的生态环境、实习内容和注意事项。
② 动物、植物指导教师分别讲解实习的具体内容。
③ 学生分组，到野外进行动植物多样性的考察。
④ 有选择地采集和制作动植物标本。
⑤ 按组选择一个小专题进行较为深入的调查研究。
⑥ 按人进行动植物物种多样性考核。
⑦ 按组进行总结展示并提交实习作业。

1.2.4　日程安排

出发前的准备需7～10天，包括实习动员会、小组建立、小专题预选、文献阅读、相关实验材料和仪器的准备等。野外实习约14天，包括2天实习课程、5天野外动植物多样性考察、4天分组小专题研究、1天考试和总结、2天路途。回校后的项目延展需7～10天，包括小专题在实验室内的深入研究、野外实习总结与成果展示会、论文撰写与发表、实习年鉴编写等。

1.2.5　成绩评定

考试和考核相结合。根据动植物物种辨识考试、小专题研究、标本制作、实习总结、平时表现等综合评定成绩。

1.3 出发前的准备

野外实习是与平时校园生活极不相同的集体野外学习活动。由于山区环境、生活条件及学习方式都具有特殊性，所以在出发前应做好心理和物质方面的双重准备。

在心理上，应严肃认识野外实习的目的和意义，不能把它当作一次旅游；在物质准备上，要根据实习地的具体情况、实习时间的长短及自己的身体特点做充分的准备。

1.3.1 课前学习和信息统计

要提前熟悉实习地的基本情况，根据教师的要求阅读相关参考文献，提前预习教师提供的学习资料，复习相关知识内容。建立6~8人的实习小组，熟悉同组组员，以便开展分组学习和小专题研究。树立服从命令听指挥的意识和团结互助的团队精神。

积极主动地配合相关教师进行信息统计工作。统计信息越全，准备越充分，实习就会进行得越有序。需要统计的信息包括：个人基本信息和联系方式、监护人或紧急联系人姓名和联系方式、特殊饮食要求与个人活动需求、特殊病史等。

1.3.2 衣物准备

根据自身习惯和实习基地的气候特点携带适宜的衣服和鞋帽。表1-1仅供参考。

表1-1 王朗野外实习衣物准备

项目	数量	备注
长衣、长裤	至少2套	出野外时穿，一定要有领子，速干衣裤更佳
短袖T恤、短裤	2~3套	旅途中或平时在实习基地时穿
内衣裤	适量	根据实习时间和换洗频率确定
秋衣裤	2~3套	根据气温变化增减
绒衣裤和鸭绒衣	适量	视自身抗寒情况携带
帽子	至少1顶	可遮阳、挡小雨，一定要有帽檐
登山鞋	至少2双	适合长距离徒步行走，不要穿未磨合的新鞋
凉鞋或运动鞋	1双	旅途中穿
塑料拖鞋	1双	洗澡时穿
中长筒袜子	适量	根据实习时间和换洗频率确定，最好是棉质的
雨衣或冲锋衣	1件	最好不使用一次性雨衣
雨伞	1把	实习基地周边活动时，遇雨用
双肩背包	1个	野外考察用，须大小适宜，背着舒适

衣服和帽子可以考虑选择颜色鲜艳的种类，这样虽然可能比较容易在野外暴露行踪，不易观察到更多的野生动物，但在出现迷路等特殊情况时会方便营救。

1.3.3 食品和水

实习基地会提供足量的早、中、晚餐，这里提到的食品是除正常三餐外的食品。野外实习一般会有长时间的户外活动，每个同学的自身情况不同，所以需要根据自己的具体情况做一些准备。容易出汗的同学，可以在水里加少许食盐，以补充由于流汗造成的离子流失。不抗饿的同学，可以准备一些高能量食品（如巧克力、运动能量棒等），防止由于长时间户外活动造成的暂时低血糖。实习基地地处四川，饮食口味偏重，以麻辣为主，不习惯的同学可以适当携带一些清淡的饮食。须强调的是，同学们在自己购买食品和饮料，尤其是散装食品时，一定要注意食品质量与保质期，避免发生食物中毒事件。

1.3.4 药品

野外实习经常会有意想不到的事情发生。为保证在出现意外时能及时进行救治，教师会准备一些常用药品。有特殊需求的同学还应自己有所准备，比如有心脏病、哮喘、胃病或者过敏等既往病史的同学务必准备自己适用的药物。在实习过程中，最容易出现的就是外伤，如果情况允许，可以自行准备酒精棉球、创可贴和纱布之类的用品，在野外用于小伤口的处理。

1.3.5 其他用具

① 笔、笔记本、尺子等相关文具。
② 相关参考书。
③ 手电筒或头灯及适配的备用电池。
④ 手机、相机、电脑及其充电器（视自身情况而定）。
⑤ 洗漱用具、餐具、水杯等日常用品。
⑥ 登山杖。
⑦ 多用途刀具和求救哨。
⑧ 墨镜、防晒霜等防护用品。
⑨ 根据实习内容和小专题研究内容需要携带的其他物品。

1.4 小专题研究与实习报告要求

1.4.1 小专题研究

小专题研究是野外实习的重要组成部分。学生以小组为单位，在实践中发现问题、设计实验、收集数据、分析数据，最终解决问题，是一个主动探究、自发学习、团队合作的过程。

在出发之前，各小组会通过阅读相关参考文献列出自己感兴趣的研究题目，并完成初步的研究计划和前期准备。到达实习基地后，在进行动植物多样性考察的时段，各小组会在实地情况下，评价自己研究计划的可行性，在教师的指导下进行修订并开始预实验。在分组进行小专题研究的时段，学生将完成数据采集工作，并每天向教师汇报工作进度。教师会依据学生的工作情况提出相应的指导建议，直至小组完成所有数据收集工作。数据处理和分析讨论可以在野外工作结束后继续进行，最后以小组为单位提交研究论文并进行汇报展示。

1.4.2　实习报告基本要求

实习报告是对野外实习的总结，其内容应包括（但不限于）：
① 个人基本情况：姓名、班级、学号、实习组别。
② 实习基地概况。
③ 所识别的植物和动物的主要类别名录、相关信息、标本照及生态照。
④ 按发表论文的格式和要求撰写小专题研究的论文，须包括研究目的、方法、结果、讨论和参考文献等。
⑤ 实习体会、总结、对课程的建议和意见等。

实习报告应及早动手写，实习基地概况、采集识别动植物的情况、小专题研究进展等应及时总结。

1.5　实习纪律、野外安全常识与注意事项

1.5.1　实习纪律

① 由于野外实习的教学环境和生活环境的特殊性，课程将实行半军事化的组织和管理模式。
② 学生要服从实习教师安排，不得擅自行动和单独行动。如需短时间外出学习或调查，须向负责教师提出申请，在得到批准后，结伴而行。返回驻地后须向教师销假。
③ 遵从安全第一的原则，绝不冒险。不到有危险的区域活动，尤其不能到河、湖中游泳。
④ 细心观察，认真记录，按时高质量地完成实习任务和小专题研究。
⑤ 注意食品安全，禁止擅自食用野生动植物。
⑥ 保护环境，不破坏实习地生态，动植物标本的采集必须在教师和保护区工作人员指导下按规定进行。

⑦ 实习期间尽量不干扰当地居民和保护区工作人员的工作、生产和生活，尊重当地民俗，与周围群众和谐相处。

⑧ 同学之间团结合作，互助互爱。

⑨ 严格遵守规定的作息制度，保证有充沛的体力进行野外考察。

⑩ 爱护实习用具和参考资料，及时清理，实习结束时如数交还。

⑪ 在实习过程中出现任何问题，及时向相关教师报告。

1.5.2　野外安全常识与注意事项

1.5.2.1　高原反应

高原反应是人到达一定海拔高度后，身体为适应高海拔地区缺氧、低压环境而产生的自然生理反应。其症状一般表现为：头痛、头昏、气短、胸闷、失眠、呕吐、口唇发紫、食欲不佳、全身乏力、肌肉酸痛等。一般海拔高度达到 2 700 m 左右时，多数人就会出现不同程度的高原反应。

保持良好的心态对抵御高原反应至关重要，不当的心理作用可能会引发或加重高原反应的症状。建议初到高海拔地区时，不可疾速行走，更不能奔跑或做大体力劳动；注意保暖，不要频频洗浴，以免受凉引起感冒，因为感冒常常是引发急性高原肺水肿的主要诱因。适量饮水，使体内水分保持充足；不可暴饮暴食，以免加重消化器官负担；不要饮酒和吸烟，多吃蔬菜和水果等富含维生素的食品。

遵从以上原则，高原反应症状通常会在 1～5 天内缓解直至消失，机体可以逐渐建立起对高海拔环境的适应。若发现高风险的高原肺水肿或脑水肿迹象，则须立即采取适宜的措施施救。高原肺水肿症状包括连续干咳，出现带有血丝的粉红色泡沫痰液等。高原脑水肿的症状有长时间严重头痛，身体动作不协调，意识混淆，失忆，出现幻觉，昏迷等。

1.5.2.2　行进常识

长距离走山路时应避免穿新鞋。鞋带要系得松紧适宜，最好选购扁平的鞋带，这种鞋带打结牢固，不易松开。在行进过程中如遇鞋带松散的情况，应及时系好，以免发生危险。

平路行进时宜小步幅，眼睛平视前方，手部轻摆，上身不要过分前倾或弓背，最好保持一定的行进节奏，这样能使人忍耐长时间行走，减轻疲劳感。在行走时应调整呼吸，使呼吸深且长。尽量选择平坦、坚实的地方落脚，不要踩踏已经松动的岩石。行进时尽量保持两手空着或以登山杖助力，以便在滑倒或发生滑坠时可以及时抓住身边突出的岩石或植物自救，或以登山杖为支撑调整身体平衡。

上坡时宜将步幅适当放小，避免左右摇晃，失去平衡。如果坡度太陡，可以走"之"字形路线。身体可稍向前倾，但注意不要前倾过多。

下坡时要将整个脚底贴地慢行，可适当系紧鞋带，使脚在鞋中的位置相对固定，避免顶伤脚尖。遇到很陡的坡时，可以蹲下来，借助身旁的植物向下行走，但一定要确认所借力的植物生长稳固。应尽量抓握木本植物的粗枝，不要抓握细枝、腐枝或草本植物，也不要把全部重心都施加在植物身上。可以侧身下坡，前脚站稳后，后脚再跟上，长时间下坡时可定期轮换侧身的方向，均衡两腿的运动量。

穿越丛林时，要穿着长袖衫和长裤。细心观察前面老师和同学的行进路线及走向，避免迷路。行进时尽量避免使身旁的草木发生剧烈的形变，否则反弹力有可能误伤后面的同伴。也不要紧随前面的人，以免被弹回来的树枝打伤。要时刻留意草丛下的洞穴或石块，以免失足跌落或扭伤脚踝。在可能会有蛇、虫的区域，行进前最好用木棍敲打草丛，或将脚步重踏，给附近的动物以信号和时间，让它们有机会自行离去。

1.5.2.3　渡河常识

河流是野外活动时常遇到的障碍，渡河要"先观察，再行动"。首先要了解河流的流向、流速、河道的深浅、河底的结构，再确定渡河的地点和方法。

涉水渡河要选择河水较浅，水流平缓，无暗礁、暗流和漩涡的地点。如果水深过腰、流速过大，就不要无保护地涉水渡河。涉水渡河时，应当穿鞋，以免河底尖石划破脚，同时也可以更好地保持平衡。山区河流通常水流湍急、水温低、河床坎坷不平，涉水渡河时要有适当的保护。

如果河流上有桥梁，应先检查桥梁的坚固程度再行通过。在过吊桥时容易发生摇荡，最好一个一个地通过。尽量把视线保持在身前远处，不要一直盯着下面的河水。要保持一定的速度，有节奏地行进。在走独木桥时，将脚撇为外八字形，以增加摩擦力，眼睛看着前方 1～2 m 的地方。

1.5.2.4　摔伤的处理

摔伤是在野外最常见的意外情况，除须尽力避免外，也应学习一些简单的处理方法。

一旦发现有人从高处摔下，不要随意搬动、拉拽伤者，因为坠落伤常会有颈椎、脊柱损伤，随意搬动会加重其伤情。须首先判断伤情并迅速联系急救人员。伤情判断包括：伤者是否有心跳和呼吸？意识是否清醒？伤口是开放性的，还是非开放性的？是否出现局部肢体畸形？关节功能是否受到影响？是否有皮下淤血或血肿？

在条件和技术允许的情况下，及时采取有效的急救措施。如果是开放性伤口，不论伤口大小，必须送医院进行治疗，并注射破伤风针。在医务人员到来前，要及时止血，有条件的，可用消毒后的纱布包扎；如果没有条件，可用干净的布对伤口进行包扎。此类伤口，6～8 h 内是处理缝合伤口的最佳时机，千万不能耽误。如果没有出现开放性的伤口，也不要随意揉、捏、掰、拉伤者，应该等急救医生赶到后进行处理。

如果摔伤的同时有大尺寸的异物刺入，切记不要自行拔除，要保持异物与身体相对固定，送医院进行处理。

如果必须移动伤者，应由3～4人托住伤员的头、肩、臀和下肢。一人指挥，同时行动，将伤员平托到木板上并加以固定，禁用床单等软物体搬运。对于颈椎受伤伤员，还应固定其头部，并戴上颈托；无颈托时，应在伤员的颈部两侧各放一只沙袋或一件衣物，以防头部扭转或屈曲导致颈椎损伤加重。

如果受伤现场没有其他人，一定要让受伤部位保持静止状态，然后呼叫急救人员前来救治，切不可自己坚持，否则很可能出现继发伤。

1.5.2.5　失温的预防及处理

失温是指由于野外的低温、高湿、大风等因素共同作用，而导致人体的核心部位和核心器官温度过低的现象。外在表现为肌肉发抖打战、感觉含糊不清、四肢不受意志控制、反应迟钝、性情改变或失去理性、脉搏减缓、失去意识等。

为了预防失温，应注意在出行前详细了解实习地区的天气状况及可能会出现的天气变化，根据这些情况来进行相应的保暖物资准备。除准备相应的冲锋衣、羽绒服、软壳衣外，还要考虑因大量出汗而可能引起的失温风险，因此，选择快干排汗的内衣是必要的。在行进和休息的过程中一定要注意适时增减衣物，以便时刻保持身体的干爽。行进运动时选择适宜厚度的衣物，避免大量出汗；休息时穿上保暖衣物，避免着凉和失温。如遇大风、阴雨、寒冷天气，应做好相应的防风防护，保暖的帽子、手套、围脖、防风衣、厚袜子、防风面罩、风镜等都是较好的防护用品。暴露在外的身体器官越少，身体热量的散失就越少。不要透支体能，用食物和热饮随时补充身体热量也是预防失温的有效方法。

如果万一不幸遇到失温的情况，应从以下几方面施救：

① 及时将失温患者转移到干燥、背风的地方，脱下其被打湿的贴身衣物，做好头部的防寒保暖工作，裹上保温毯，避免其进一步失温。

② 对于轻度和中度失温患者，可以让其喝温热的糖水，吃易于消化的碳水化合物类食品，缓解之后再摄入蛋白质和脂肪类食品以提供长期热量。由身体健康的同伴贴身用体温帮助其恢复，或用包裹后的温热水袋或水杯（避免发热体长时间直接接触皮肤造成低温烫伤）放在患者身体核心区域，如颈动脉、大腿根部、腋窝等部位帮助其恢复体温。

③ 对于重度失温的患者，因其自身已经很难产生热量，所以需要更多外界力量的帮助。除了参照轻度和中度失温患者的处理方式外，必要的情况下（如出现呼吸、心跳停止）还须进行心肺复苏和人工呼吸急救。但须强调和注意的是：失温患者的心跳非常缓慢，一定要长时间（2 min以上）进行判断，误认为心跳停止而草率施行复苏，也可能适得其反。

④ 绝对不可以给失温患者饮酒。因为酒精不能给人体提供多少热量，但可以刺激血管扩张，促进血液循环。饮酒之后血液循环加快，主观上感觉暖和，其实只是加速了身体热量的散失。对于中、重度失温患者来说，摄入酒精后会加速四肢温度较低的血液回流到

心脏、大脑等人体器官，进一步加重失温的状况。

⑤ 不要把外界辅助热源用于四肢，或对中、重度失温患者搓手搓脚以期增加热量。这样做会加速躯干部位的温暖血液流向四肢，带走热量，从而使得核心部位的热量加速散发。

⑥ 不要用滚烫的辅助热源。辅助热源的最佳温度是在人体体温上下，过于滚烫的热源会导致患者被烫伤。

1.5.2.6 毒虫叮咬的处理

在可能出现毒虫的区域，戴帽子、穿长衣长裤、把裤腿扎进袜子或者靴筒里都是可行的防范措施。

万一被毒虫叮咬，须及时识别毒虫种类，并按类别加以处理。

被蜜蜂蜇伤后，应立即小心拔出毒刺；如有断刺，必须用消毒针将其剔出。蜜蜂毒液是酸性的，可以用肥皂水（别用香皂）或3%氨水等弱碱性溶液清洗伤口并外敷。如果没有碱性溶液，则用干净的清水冲洗伤口，以减轻疼痛，延缓身体对毒液的吸收。如果被一群蜜蜂大面积蜇伤，可用冷敷布敷上并立即去医院急救。

蝎子、蜈蚣、大蚂蚁的毒呈酸性，可以用碱性肥皂水、苏打水、3%氨水清洗，也可用拔火罐等负压装置吸出毒液。如果有蛇药的话，可用温开水化开抹在伤口上；没有蛇药也可用泡开的冷茶叶（碱性）敷在伤口处。

蜘蛛种类繁多，毒性也不一样，有神经毒、细胞毒、溶血毒等。咬后伤口剧毒、出血，甚至会导致神志不清。蜘蛛毒也是酸性毒，处理办法同蝎子毒，且越早处理，效果越好。

黄蜂毒呈碱性，须用碘酒、酒精消毒伤口，也可以吃点抗过敏药。

对于蚊虫叮咬，伤口应保持清洁，可涂抹风油精、花露水等来消肿止痛。

1.5.2.7 路遇危险动物

路遇危险动物时，首先应使自己迅速冷静下来，并时刻保持警惕，不要主动发动攻击。应面对动物，以匀速慢慢后退，同时迅速查看清楚周边的地形以及道路、树木、岩石的分布位置。若动物跟进，则保持与动物之间的距离；若动物没有跟进，也不要转头快跑。尽可能不要上树，也不要采取"趴在地上装死"的方法。

1.5.2.8 泥石流的应对

泥石流是指由于降水（包括暴雨和冰川、积雪融水等）而产生的，在沟谷或山坡上的一种夹带大量泥沙、石块等固体物质的特殊洪流。它的运动过程介于山崩、滑坡和洪水之间，是各种自然因素（地质、地貌、水文、气象等）和人为因素综合作用的结果。泥石流灾害的特点是规模大、危害严重、活动频繁、危及面广且重复成灾。

沿山谷徒步时，一旦遭遇大雨，要迅速转移到安全的高地，不要在谷底过多停留。连续长时间的降雨之后，泥石流发生的风险会大大增加。这时要注意观察周围环境，特别留意是否听到远处山谷传来打雷般声响，以及观察小溪流水是否突然由清澈变为浑浊。如听到或看到，要高度警惕，这很可能是泥石流将至的征兆。

发生泥石流时，要马上与泥石流成垂直方向往两边的山坡上面爬，爬得越高越好，跑得越快越好，绝对不能往泥石流的下游走。

第二章　王朗自然保护区环境概况

2.1　自然地理

王朗国家级自然保护区（以下简称"王朗自然保护区"）位于四川省绵阳市平武县境内，地处岷山山系北部（图2-1-1）。王朗自然保护区东南面以长白沟东南侧的山脊沿豹子沟沟心至高程点3 426.0 m为界，与平武县白马乡为邻，南及西南面以平武县与松潘县县界为界，东、北及西北以平武县与九寨沟县县界为界。王朗自然保护区总面积323 km²，地理坐标为东经103°57′0.94″～104°11′25.9″，北纬32°48′56″～33°2′38.9″。

王朗自然保护区处于岷山北部保护区群的核心地带，其北面与九寨沟县的勿角省级自然保护区相连，西北与九寨沟县的九寨沟国家级自然保护区接壤，西南与松潘县的黄龙省级自然保护区毗邻，南与龙滴水自然保护区（县级）相连。同时，王朗自然保护区通过白马片区与甘肃白水江国家级自然保护区、四川唐家河国家级自然保护区、四川小河沟省级自然保护区连成一片，是岷山山系野生大熊猫（*Ailuropoda melanoleuca*）的核心分布区之一。王朗自然保护区内无定居居民，在平武县境内与白马乡相邻，周边接壤的主要有九寨沟县勿角镇与松潘县黄龙乡、小河镇等乡镇。

图2-1-1　王朗国家级自然保护区位置示意图
（制图：李晟）

王朗自然保护区地处青藏高原东缘，地势西北高、东南低，属深切割型山地（图2-1-2）。区内平均海拔3 200 m，海拔跨度2 300～4 980 m，相对高差近2 700 m。保护区管理处所在的牧羊场海拔2 560 m。

图2-1-2　王朗自然保护区高海拔开阔沟谷景观（拍摄者：李晟）

图2-1-3　王朗自然保护区内主要沟系及地标
（制图：李晟）

王朗自然保护区内主要溪沟有大窝函沟、竹根岔沟、长白沟三条主沟，大体均为西南-东北走向，汇合成夺补河的发源地（图2-1-3）。

本区地质构造主要带有白马弧形构造带的特征，同时保存东西向构造体系和南北向构造体系拖泄影响的痕迹。出露地层为倒置型地层，即新地层在老地层之下。岩层古老，主要为泥盆系、石炭系与二叠系岩类。因处于断裂地层结构之上，频繁的地震活动常常导致生态环境不同程度的破坏。其土壤分布与基岩及水热条件的垂直分布密切相关。海拔由低到高依次分布有山地棕壤（2 300～2 850 m），山地暗棕壤（2 600～3 500 m），亚高山草甸土（阳坡2 300～3 500 m），高山草甸土（3 500～4 000 m），高山流石滩荒漠土（4 000 m以上）。

王朗自然保护区位于松（潘）平（武）地震带，历史上地震活动较为活跃。1976年8月16日与8月23日，松潘、平武交界处发生两次里氏7.2级地震，造成王朗自然保护区区域大面积山体垮塌。其后的暴雨引发泥石流，造成白沙沟口山体冲刷，掩埋了大量树木。2008年5月12日的5·12汶川地震（里氏8.0级）中，王朗自然保护区区域震感强烈，但未有明显的地表破坏，未出现明显的山体崩塌。2017年8月8日，九寨沟发生里氏7.0级地震，王朗自然保护区区域接近震中（震中位于九寨沟保护区内），震感强烈，但未造成明显破坏。

2.2 气候植被

王朗自然保护区属丹巴-松潘半湿润气候，气候垂直分布随海拔从低到高呈现出暖温带、温带、寒温带、亚寒带、永冻带的带谱类型。由于季风影响，该区形成干湿季节差异。干季（当年11月—次年4月）表现为日照强烈、降水少、气候寒冷、空气干燥的特点。湿季（5—10月）的气候特征是降雨集中、多云雾、日照少、气候暖湿。保护区内牧羊场保护站的年均温为2.9℃，7月平均气温为12.7℃，1月平均气温为-6.1℃，全年极端高温为26.2℃，极端低温为-17.8℃，≥10℃的积温为1 056.5℃，年降水量为859.9 mm，降水日数195天，集中在5—7月。

王朗自然保护区具有较大的海拔跨度，区内植被具有明显的垂直分带特征。从低海拔河谷至高海拔山脊，沿着海拔梯度的变化，区内主要植被带依次为：落叶阔叶林、针阔混交林、针叶林、高山灌丛、高山草甸、流石滩植被（图2-2-1）。

这里对王朗自然保护区内的主要植被类型进行简要介绍：

（1）落叶阔叶林（图2-2-2a）

落叶阔叶林主要分布在海拔2 300～2 800 m。大多为早年经过人类采伐或干扰后自然恢复形成的次生林。时间较久、恢复较好的地块一般形成以桦木、槭树为主的落叶阔叶林，中间间杂有自然更新的冷杉、云杉幼苗和幼树，林下层部分分布有缺苞箭竹。时间相对较短、恢复较差的

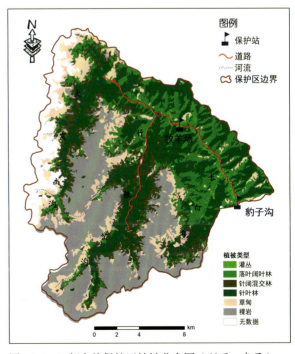

图2-2-1　王朗自然保护区植被分布图（制图：李晟）

地块，往往形成以柳、沙棘等为主的落叶阔叶次生林或灌木林。

（2）针阔混交林（图2-2-2b）

针阔混交林主要分布在海拔2 500～3 000 m。乔木层优势树种为岷江冷杉、红桦等，林下通常分布有浓密的缺苞箭竹。历史上许多针阔混交林区域经历过采伐扰动。部分区域有人工栽植的日本落叶松、粗枝云杉等小片林斑，经过数十年自然恢复已形成落叶阔叶树与针叶树镶嵌分布的次生林。

（3）针叶林（图2-2-2c）

针叶林主要分布在海拔2 600～3 200 m。乔木层优势树种包括岷江冷杉、紫果云杉、方枝柏等，均为未经采伐的原始林，树木高大，最大树龄可达300年以上。林下分布有忍冬、杜鹃和浓密的缺苞箭竹，地表生长有厚实的苔藓层。在海拔稍高的地段，零星分布有以四川红杉（四川落叶松）为主的针叶林斑块。

（4）高山灌丛（图2-2-2d）

高山灌丛主要分布在海拔3 100～3 600 m。在不同的坡面和地块常可见分别以柳、沙棘、杜鹃、窄叶鲜卑花、小檗、金露梅、花楸等为优势种的灌丛，有时以零星斑块状分布于针叶林林缘、林间或河岸带。

（5）高山草甸（图2-2-2e）

高山草甸主要分布在海拔3 200～3 700 m。常以小块状分布于林间空地或林缘，以及开阔沟谷的阳坡、半阳坡等地段。根据群落的种类组成，王朗自然保护区的高山草甸可分为丛生禾草类草甸、蒿草草甸、杂类草草甸3个群系组。

（6）流石滩植被（图2-2-2f）

流石滩植被主要分布在海拔3 400～4 900 m。植物种类相对较少，包括多种匍匐状或垫状的低矮植物，整体盖度较低，零散分布于流石滩上。

2.3 生物多样性

川西高山峡谷区内的山脉多呈南北走向，是我国生物物种多样性的中心之一。由于受第四纪冰川影响较小，这里成了许多特有种子遗种的"避难所"。区内海拔落差大，具有复杂的地形地貌和多种多样的气候类型，形成明显的植被垂直带谱，为不同类群的生物物种提供了多种多样的栖息生境。王朗自然保护区位于"中国西南山地（Mountains of Southwest China）"这一全球生物多样性热点区（global biodiversity hotspot）内，对川西高山峡谷区生物多样性的保护具有重要意义。王朗自然保护区的生物多样性保存完好，历史上大规模的人为干扰仅有1953—1956年川北伐木场在河谷地段进行的采伐。这些地段现在大多已恢复为次生性桦木林、针阔混交林或灌木林。其余地段均是保存完好的森林、灌丛或草甸生态系统，极具保护价值。

a. 落叶阔叶林（拍摄者：李晟）

b. 针阔混交林（拍摄者：董磊）

c. 针叶林（拍摄者：李晟）

d. 高山灌丛（拍摄者：李晟）

e. 高山草甸（拍摄者：李晟）

f. 流石滩植被（拍摄者：李晟）

图2-2-2　王朗自然保护区主要植被类型

2.3.1 植物资源

截至2019年，王朗自然保护区内调查确认的植物共计194科1 681种，其中苔藓植物65科149属328种、蕨类植物22科103种、裸子植物5科12属29种、被子植物102科1 221种，包括麦吊云杉（*Picea brachytyla*）、星叶草（*Circaeaster agrestis*）、独叶草（*Kingdonia uniflora*）、天麻（*Gastrodia elata*）和串果藤（*Sinofranchetia chinensis*）等珍稀植物。

王朗自然保护区内还分布有一百余种大型真菌，包括多种多样的食用、药用真菌和菌根真菌及林木的病原菌（多为林木腐朽菌），真菌资源非常丰富。

2.3.2 动物资源

大熊猫是王朗自然保护区的主要保护对象，同时，保护区内还栖息有大量的其他动物物种，多样性极高。截至2020年，王朗自然保护区内调查鉴定的昆虫有10目58科326种、蜘蛛20种；野生脊椎动物有兽类73种、鸟类271种、爬行类2种、两栖类5种。在保护区内已记录的动物物种中，包括数十种国家一级与二级重点保护野生动物物种，保护物种占比较高。

对于保护区内动物资源的介绍，可具体参看第三章中各类群生物的总体介绍，以及第四章中代表性物种的具体介绍。

2.4 保护历史

在保护区成立之前，1952年王朗地区由川北伐木公司管理，为修建宝成铁路在白马河两岸进行采伐。1957年成立王朗森林经营所，1958年改为王朗林场。1963年王朗自然保护区建立，成为全国最早建立的14个自然保护区之一。1965年，四川省人民委员会以〔65〕川农字第0511号文《关于同意建立王朗自然保护区的批复》，正式同意建立王朗自然保护区，并设立平武县自然保护区管理站。2002年7月2日，国务院以国办发〔2002〕34号文件批准王朗自然保护区升为国家级自然保护区（图2-4-1）。

王朗自然保护区是我国第一批建立的大熊猫保护区之一，以大熊猫及其栖息地为主要保护对象。自王朗自然保护区建立以来，国际、国内众多的科研院所、高等学校、保护组织在区内开展了各学科的科学研究与保护实践，取得了丰硕的科研成果。

进入21世纪，随着国家"建立以国家公园为主体的自然保护地体系"政策的实施，王朗自然保护区作为岷山大熊猫核心栖息地之一，被纳入"大熊猫国家公园体制试点"的范围内，隶属于大熊猫国家公园四川片区的绵阳管理分局。经过数年试点，"大熊猫国家公园"于2021年正式建立。

图2-4-1 王朗自然保护区徽标

第三章 野外实习内容与方法

3.1 动植物分类与识别

3.1.1 大型真菌的分类与识别

大型真菌（macrofungi）主要包括子囊菌纲（Ascomycetes）和担子菌纲（Basidiomyces）两类。

子囊菌纲的特点是具有子囊（ascus），产生子囊孢子（ascospore），子囊孢子常在两性细胞核接合后产出。子囊菌的子实体称为子囊果。子囊果有三种类型：闭囊壳（cleistothecium），球形的子囊果，无孔口，完全闭合，必须破裂之后才能释放子囊孢子；子囊壳（perithecium），瓶形的子囊果，顶端有一个孔口，可释放子囊孢子；子囊盘（apothecium），子囊果呈盘状、杯状或碗状，是一张开口的子囊果，子实层暴露在外。

担子菌纲的特点是具有大型明显的子实体——担子果（basidiocarp），形成担子（basidium）和担孢子（basidiospore）。子实体包括菌盖、菌褶、菌环、菌柄和菌托（图3-1-1-1），成熟的子实体会释放孢子（担孢子）。菌盖的形态具有很高的多样性，整体可分为半球形、斗笠形、钟形、杯形、卵圆形等；菌盖上的环纹、纤毛、鳞片等结构也是重要的鉴定指标；菌盖的边缘可呈现波状、翻卷、有条棱等形态（图3-1-1-2）。菌褶的形态包括等长、不等长、分叉和有横纹等（图3-1-1-3）；菌褶的边缘可呈现全缘、波状、缺刻、锯齿等形态（图3-1-1-4）；菌褶与菌柄的着生关系包括直生、弯生或凸生、离生、延生等（图3-1-1-5）。

调查发现王朗自然保护区大型真菌隶属2个亚门，5个纲，10个目，37个科，92个属，218种。[1]

---

[1] 王晓蓉，傅晓波，郑勇，等. 王朗国家级自然保护区大型真菌种类及分布. 四川林业科技，2020，41（5）：116-120.

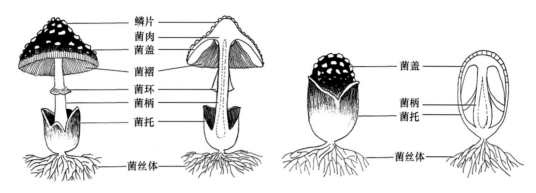

图3-1-1-1 大型真菌子实体的形态结构（绘图：李悦；图像处理：杜明）

a. 半球形，b. 斗笠形，c. 钟形，d. 扇形或近半圆形，e. 杯形，f. 平展，g. 卵圆形，h. 漏斗形，i. 表面光滑，j. 具毛状条纹，k. 具环纹，l. 具块状鳞片，m. 具角锥状鳞片，n. 被纤毛状丛生鳞片，o. 龟裂鳞片，p. 具短纤毛，q. 边缘开裂且内卷，r. 边缘波状，s. 边缘翻卷，t. 边缘有条棱

图3-1-1-2 菌盖的形态（绘图：李悦；图像处理：杜明）

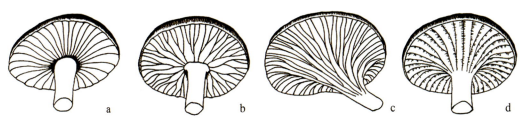

a. 菌褶等长，b. 菌褶不等长，c. 菌褶分叉，d. 褶间有横纹

图3-1-1-3　菌褶的形态（绘图：李悦；图像处理：杜明）

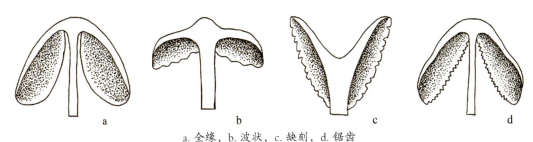

a. 全缘，b. 波状，c. 缺刻，d. 锯齿

图3-1-1-4　菌褶边缘的形态（绘图：李悦；图像处理：杜明）

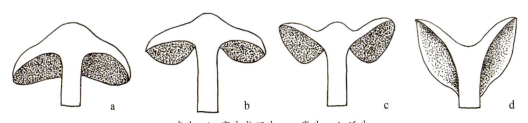

a. 直生，b. 弯生或凹生，c. 离生，d. 延生

图3-1-1-5　菌褶与菌柄的着生关系（绘图：李悦；图像处理：杜明）

3.1.2　苔藓的分类与识别

苔藓植物是一类配子体占优势，孢子体"寄生"在配子体上的陆生有胚植物。由于具有胚，苔藓植物也属于高等植物，但没有分化出真正的维管组织。苔藓植物分为苔纲（Hepaticae）、藓纲（Musci）和角苔纲（Anthocerotae）（图3-1-2-1）。我国约有苔藓植物152科，3 100多种。王朗自然保护区分布有苔藓植物约58科，327种，覆盖全国苔藓植物38%的科，10%的物种数。

苔纲植物主要为叶状体或拟茎叶体结构，多两侧对称，有背腹之分（图3-1-2-2）。拟茎叶体苔纲植物与藓纲的区别为拟叶无中肋。苔纲植物的孢子体结构较简单，孢蒴无蒴齿和蒴轴。王朗自然保护区有苔纲植物23科，81种，其中叶状体植物种类不多，但拟茎叶体苔纲植物种类丰富。

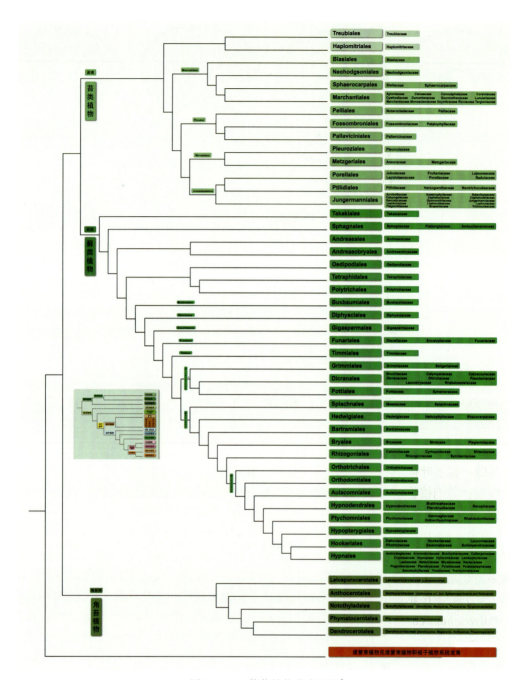

图3-1-2-1　苔藓植物分类系统[1]

1　改编自Cole，Hilger，Goffinet. Bryophyte Phylogeny Poster（BPP）. 2019.

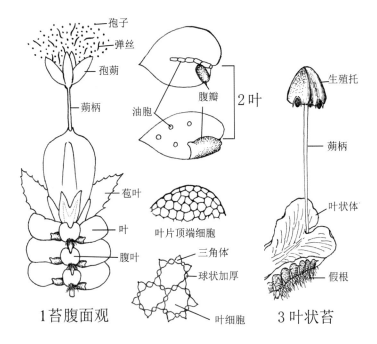

图3-1-2-2 苔纲植物形态结构

苔纲植物相关术语：
背瓣：苔纲植物中，侧叶分裂为两瓣，位于背部的一瓣，常被称为叶或侧叶。
前缘：拟茎叶体苔纲植物中侧叶前侧的边缘。
后缘：拟茎叶体苔纲植物中侧叶后侧的边缘。
假肋：苔纲植物叶片中部的单列或多列大型厚壁细胞形成的脉状组织。
三角体：苔纲植物叶细胞胞壁角部的加厚部分，常为三角形。
油胞：叶细胞中分化的大型黄色细胞，有散列和条状两种形式。

藓纲植物多为辐射对称、无背腹之分的茎叶体（图3-1-2-3）。拟茎无组织分化，表层细胞多是规则的长方形细胞，内部组织均一，但在一些发达的类群中出现了明显的中轴分化。大部分藓纲植物通过薄壁细胞间隙运送水分和营养物质，而拟茎较发达的类群如金发藓（*Polytrichum commune*），可以通过分化的导水细胞和类韧皮细胞运输水分和营养物质。拟叶多具有中肋，绝大部分种类的叶除中肋外只有一层细胞。

藓纲植物的孢子体仍然"寄生"在配子体上，由孢蒴、蒴柄和基足三部分组成，外部形态简单，内部结构相对较复杂，形成了真正的表皮，出现了气孔。蒴柄内具有厚壁的长细胞，常为导水细胞和类韧皮细胞。孢蒴比较复杂，包括蒴盖、蒴壶和蒴台，有的种类在蒴壶口有蒴齿。蒴齿在湿润时向内弯曲，覆盖胞腔；干燥时向外弯曲，使孢子释放出去。

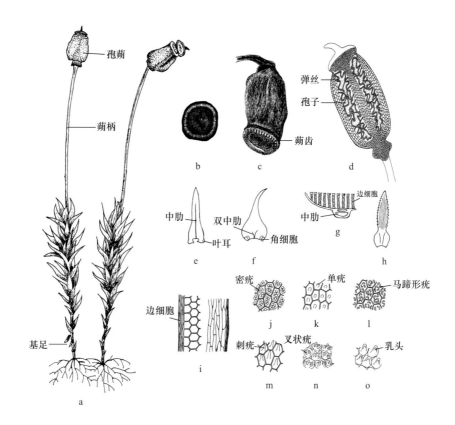

a. 藓类植物整体结构，b. 蒴盖，c. 孢蒴，d. 孢蒴纵切面，e～f. 叶，e. 叶正面，f. 叶背面，g～h. 金发藓科叶及其横切面结构，i. 叶缘结构，j～o. 叶细胞壁表面疣状突起类型

图3-1-2-3　藓纲植物形态结构（绘图：李悦；图像处理：杜明）

藓纲植物相关术语：

叶鞘：藓纲植物中叶片基部较宽阔且紧密抱茎的部分。

叶耳：叶片基部扩展形成的耳状结构。

背翅：叶片背面延伸的片状结构。

中肋：藓纲植物叶片中央类似于叶脉的结构，常由多层胞壁较厚的狭长形细胞组成，有长、短和单、双肋之分。

角细胞：叶基角部明显分化而与周围细胞不同的细胞群，多为大型细胞，透明，常有色泽。

疣：叶细胞壁表面的局部加厚凸起，根据大小和形状分为细疣、粗疣、刺疣、叉状疣和马蹄形疣等。

栉片：金发藓科和部分丛藓科植物叶片的多细胞片状条形组织。

3.1.3 石松与真蕨类植物的分类与识别

石松与真蕨类植物在形态学时代被统称为蕨类植物，包括12 000多种，广泛分布于世界各地，尤以热带、亚热带地区种类最多。蕨类植物的特点是孢子体发达，但是配子体也能独立生活，孢子体具有维管组织的分化，生活史中形成颈卵器。形态学时代将蕨类植物分为大型叶和小型叶两类，但是一些类群的位置存在争议。广为接受的系统如秦仁昌系统将蕨类分成松叶蕨亚门（Psilophytina）、石松亚门（Lycophytina）、水韭亚门（Isoephytina）、楔叶蕨亚门（Sphenophytina）和真蕨亚门（Filicophytina）。然而分子系统学研究显示，蕨类植物是并系类群，应分成石松类（Lycophytes）和真蕨类（Monilophytes），因此PPG系统（Pteridophyte Phylogeny GroupⅠ）将蕨类植物分成石松纲（Lycopodiopsida）和真蕨纲（Polypodiopsida）（图3-1-3-1）。石松纲包括石松科（Lycopodiaceae）、水韭科（Lsoetaceae）和卷柏科（Selaginellaceae）。蕨纲包括木贼

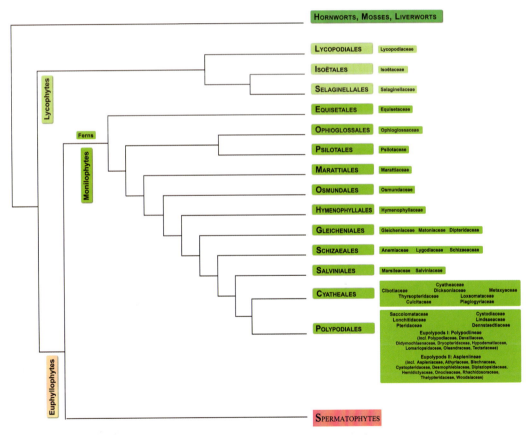

图3-1-3-1 石松与真蕨类植物分类系统[1]

---

1 改编自Cole, Bachelier, Hilger. Tracheophyte Phylogeny Poster（TPP）—Vascular plants: systematics and characteristics. 2019.

类、松叶蕨类、厚囊蕨类和薄囊蕨类，其中薄囊蕨类较为繁盛，并以水龙骨类种类最多。王朗自然保护区内分布有石松与真蕨类植物22科，103种。

石松与真蕨类植物相关术语：

小型叶：原始的类型，没有叶隙和叶柄，叶脉不分枝（图3-1-3-2）。石松类植物和真蕨类的松叶蕨类与木贼类植物的叶为小型叶。

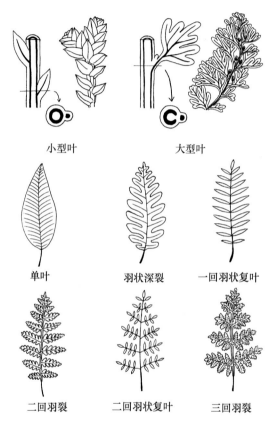

图3-1-3-2 蕨类植物的叶型（绘图：李悦；图像处理：杜明）

大型叶：具叶隙、叶柄，且叶脉多分枝（图3-1-3-2，3-1-3-3）。真蕨类（松叶蕨类和木贼类除外）植物的叶为大型叶。许多蕨类植物的茎为地下横走茎，地上部分主要是叶。蕨类植物的叶形态变化很大，从单叶到一回至多回羽状复叶或羽裂。

孢子囊群（sorus）：蕨类植物叶子背面或叶缘的一群孢子囊，其形状是蕨类植物分类的重要依据，有圆形、矩圆形、条形等（图3-1-3-4）。

囊群盖（indusium）：盖着或包围着孢子囊群的保护器官，有圆盘形、肾形、杯形、马蹄形、碟形、球形等形状。

孢子囊（sporangium）：产生孢子的器官，常由孢囊和囊柄组成，囊外有环带，囊内产生许多孢子，成熟时环带开裂释放孢子（图3-1-3-4）。环带的构造、细胞壁的加厚程度和排列方式等，代表植物类群的演化等级。原始类群的环带比较简单，如观音座莲属（*Angiopteris*）仅有部分加厚的细胞；最进化的类群则具有复杂的环带，如水龙骨科具有纵行而下部中断的环带。

图3-1-3-3　蕨类植物的叶及小羽片（绘图：李悦；图像处理：杜明）

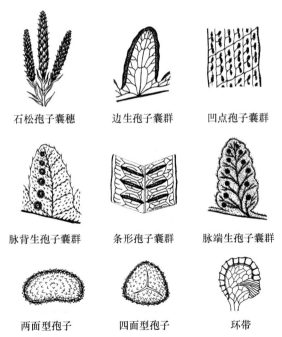

图3-1-3-4　石松与真蕨类植物主要孢子囊群与孢子类型（绘图：李悦；图像处理：杜明）

孢子（spore）：孢子囊中孢子母细胞经过减数分裂形成的单倍体繁殖细胞。蕨类植物的孢子分为单裂缝孢子和三裂缝孢子。单裂缝孢子左右对称，只有两个平面，而三裂缝孢子具有四个平面，详见图3-1-3-4。孢子的外壁具有各种纹饰，是蕨类植物分类的重要依据之一。

鳞片（scale）：主要分布在根状茎、叶柄基部和叶片上，在性状、质地和颜色上具有一定的多样性，是蕨类植物分类学中常用的性状（图3-1-3-5）。鳞片类型有原始毛状鳞片、细筛孔鳞片（典型鳞片、窄鳞片、盾状鳞片）和粗筛孔鳞片；着生方式有基部着生或腹部着生。

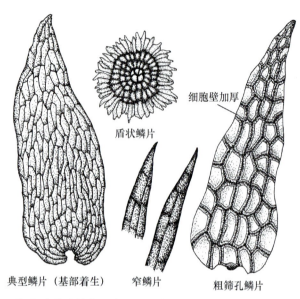

图3-1-3-5　石松与真蕨类植物的主要鳞片类型（绘图：李悦；图像处理：杜明）

3.1.4　裸子植物的分类与识别

裸子植物是具有颈卵器的种子植物，孢子体发达，配子体寄生在孢子体上，均为多年生木本植物。小孢子萌发时形成花粉管，由胚、胚乳和珠被等形成种子，但不形成子房和果实，胚珠和种子是裸露的，故称为裸子植物。全世界有裸子植物700多种，我国分布有230多种，分别属于11科，41属。裸子植物门分为苏铁纲、银杏纲、松柏纲、买麻藤纲等（图3-1-4-1）。王朗自然保护区有裸子植物5科，29种。

裸子植物相关术语（图3-1-4-2）：

球花（孢子叶球）：苏铁科、松科和杉科植物等的生殖器官，由一个中轴和围绕中轴的螺旋排列的可育孢子叶组成。雄性孢子叶球由小孢子叶组成，也称为小孢子叶球。小孢子叶产生小孢子囊（花粉囊），里面包含大量的小孢子（花粉）。大孢子叶球由大孢子叶组成。大孢子叶基部着生大孢子囊（即裸露的胚珠）。

球果：长大的雌球花，大孢子叶变成种鳞。

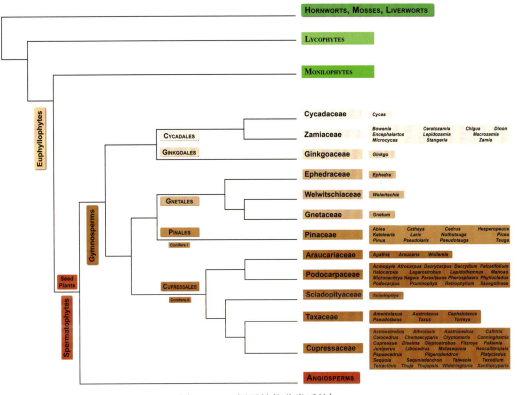

图3-1-4-1 裸子植物分类系统[1]

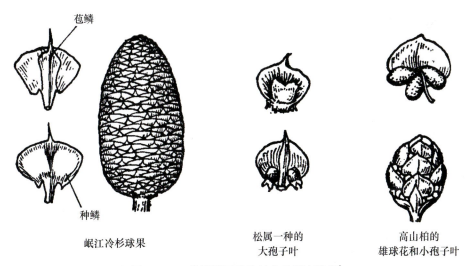

岷江冷杉球果　　松属一种的大孢子叶　　高山柏的雄球花和小孢子叶

图3-1-4-2 常见裸子植物的生殖器官结构[2]

1　改编自Cole, Bachelier, Hilger. Tracheophyte Phylogeny Poster（TPP）—Vascular plants: systematics and characteristics. 2019.
2　引自中国科学院植物研究所. 中国高等植物图鉴. 北京：科学出版社，1976.

3.1.5 被子植物的分类与识别

被子植物是现代植物界最繁茂和分布最广的类群，孢子体高度发达，配子体进一步简化，生活史中形成了真正的花和果实，出现双受精现象和胚乳等特征。被子植物的形态复杂，包括乔木、灌木、草本和藤本，同时还有一年生、二年生和多年生。传粉方式也非常丰富，包括虫媒、风媒、鸟媒和水媒等，适应于不同生境。全世界约有被子植物30万种，中国分布有约3万种，王朗自然保护区分布有约1 200种。在形态学时代，被子植物依据子叶的数目被分为双子叶植物和单子叶植物。然而分子系统学研究结果显示，被子植物应分为基部类群、单子叶植物和真双子叶植物，其中菊目是最进化的类群（图3-1-5-1）。

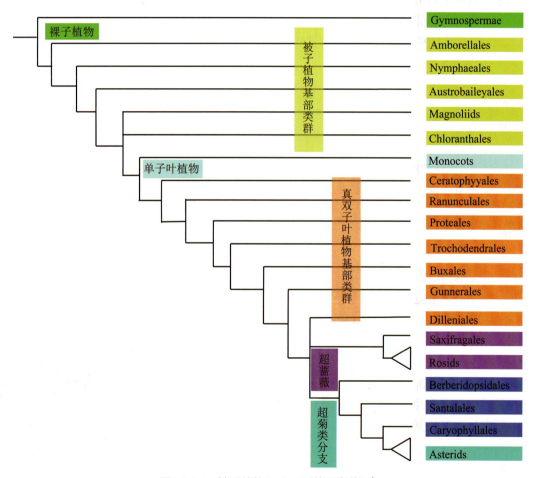

图3-1-5-1　被子植物APG Ⅳ系统发育简图[1]

1　改编自Cole, Hilger, Stevens. Angiosperm Phylogeny Poster（APP）— Flowering plant systematics. 2019.

被子植物相关术语：

乔木：多年生直立、木质部发达、具有单个树干、高达5 m以上的植物。一些高大的灌木称为乔木状。

灌木：5 m以下的木本植物，无明显主干。一些小于5 m的乔木称为灌木状。

草本：地上部分不木质化，开花结果即行枯死的植物。根据生存期长短分为一年生草本、二年生草本和多年生草本。

藤本：长而细弱，不能直立，只能依附其他植物或其他支持物向上攀缘的植物。根据质地分为木质藤本和草质藤本。

叶：植物进行光合作用和蒸腾作用的器官。一片完全叶由叶片、叶柄和托叶组成。没有叶柄的叶，基部抱茎的称抱茎叶；叶片基部向下延长于茎上而成棱状或翼状的称下延叶；叶片基部或叶柄形成圆筒形而包围茎的称叶鞘。有的植物，如蓼科的叶鞘是由托叶形成的，称为托叶鞘。着生于茎上的叶称为茎生叶；如果植物的茎极度缩短而不明显，此时的叶称为基生叶或莲座状叶。

叶序：指叶在茎上的排列方式。叶着生在茎上的位置称为节。每个节上仅着生一片叶片的称为互生；每个节上着生相对的两片叶片的称为对生；每个节上着生三片或三片以上的叶片时称为轮生。

叶脉序：指叶脉分布的方式。位于叶片中央相对较粗壮的一条称为主脉，主脉两侧分出的小脉称为侧脉。侧脉与主脉平行到达叶顶端或自主脉分出走向叶缘而没有明显小脉联结的，称为平行脉；侧脉数回分支而且小脉之间互相联结的称为网状脉；侧脉由主脉分出排列成羽毛状的称为羽状脉。

叶型：指叶片的形状，是物种分类的重要根据之一。叶片细长而顶尖如针的为针形叶；长为宽的5倍以上，两侧边缘近平行的叶称为条形叶（线形叶）；长为宽的4～5倍，中部或中部以下最宽，向上两端渐狭的称为披针形叶，中部以上最宽的称为倒披针形叶；长为宽的3～4倍，两侧边缘略平行的称为矩圆形叶（长圆形叶），两侧边缘呈弧形的则称为椭圆形叶。此外，还有卵形、三角形、菱形等（图3-1-5-2）。

叶尖：叶片先端的形态，主要有渐尖、尾尖、急尖、微缺、钝形等（图3-1-5-3）。

叶基：叶片基部的形状，主要有箭形、钝形、心形、截形等（图3-1-5-4）。

复叶：指有两片或多片分离的小叶生在一个总叶柄或总叶轴上的叶子。根据小叶片的排列顺序分为羽状复叶（奇数羽状复叶和偶数羽状复叶）和掌状复叶。复叶中的小叶与单叶的区别在于复叶中的小叶叶腋处无芽或休眠芽，而单叶的叶腋处有芽（图3-1-5-5）。

花序：花排列于花枝上的情况。根据着生位置可分为顶生花序、腋生花序；根据花的开放顺序分为无限花序和有限花序；根据花序的结构形式分为穗状花序、总状花序、柔荑花序、伞形花序、头状花序和肉穗花序等（图3-1-5-6）。

花：一朵完全花由花萼、花冠、雄蕊群和雌蕊群组成（图3-1-5-7）。花各部分着生的位置称为花托。

花萼：花最外面一轮，通常为绿色，也有颜色鲜艳的。

花冠：花的第二轮结构，呈现出各种颜色或结构。构成花冠的为花瓣。花冠根据形状分为桶状、蝶形、唇形、舌状等（图3-1-5-8）；根据排列方式分为镊合状、覆瓦状和旋转状等。

雄蕊群：由一朵花中所有的雄蕊组成，雄蕊由花丝和花药组成，分为单体雄蕊、二体雄蕊、多体雄蕊、聚药雄蕊、二强雄蕊和四强雄蕊等。

雌蕊群：由一个或多个雌蕊组成，包括子房、花柱和柱头三个部分。雌蕊群最终发育形成果实。子房是雌蕊的主要部分，由心皮组成，心皮内包含数量不等的胚珠。胚珠着生的地方称为胎座，胎座可分为中轴胎座、侧膜胎座、边缘胎座等（图3-1-5-9）。

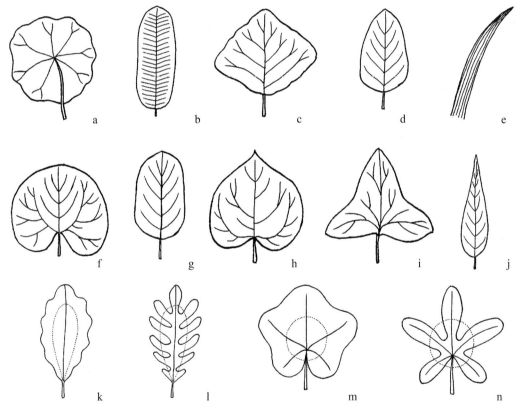

a. 盾形，b. 矩圆形，c. 菱形，d. 卵形，e. 条形，f. 肾形，g. 椭圆形，h. 心形，i. 三角形，j. 披针形，k. 羽状浅裂，l. 羽状全裂，m. 掌状浅裂，n. 掌状全裂

图3-1-5-2　叶片主要类型（绘图：李悦；图像处理：杜明）

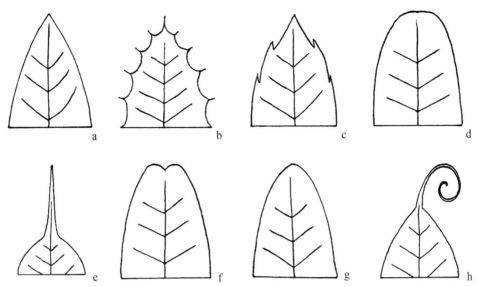

a. 渐尖，b. 具刺，c. 急尖，d. 截形，e. 尾尖，f. 微缺，g. 钝形，h. 卷须

图3-1-5-3 叶片先端主要类型（绘图：李悦；图像处理：杜明）

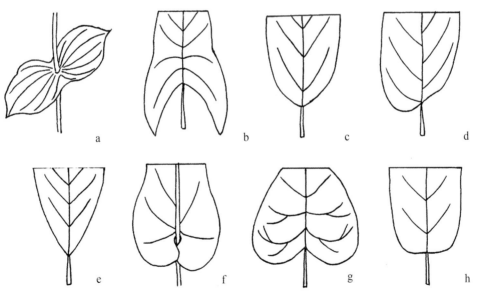

a. 贯穿，b. 箭形，c. 钝形，d. 偏斜，e. 渐尖，f. 抱茎，g. 心形，h. 截形

图3-1-5-4 叶片基部主要类型（绘图：李悦；图像处理：杜明）

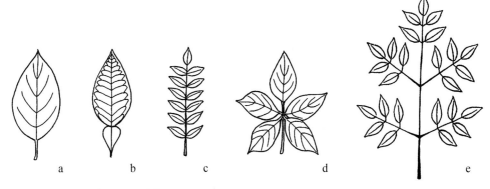

a. 单叶，b. 单身复叶，c. 羽状复叶，d. 掌状复叶，e. 二回羽状复叶

图3-1-5-5 被子植物主要叶片类型（绘图：李悦；图像处理：杜明）

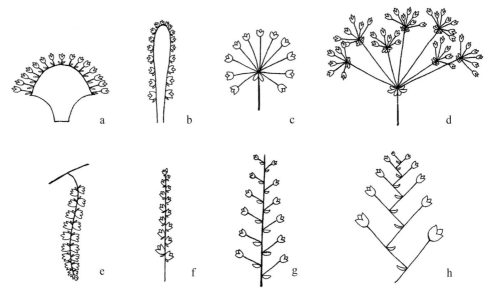

a. 头状花序，b. 肉穗花序，c. 伞形花序，d. 复伞形花序，e. 柔荑花序，f. 穗状花序，g. 总状花序，h. 蝎尾状聚伞花序

图3-1-5-6 被子植物花序的主要类型（绘图：李悦；图像处理：杜明）

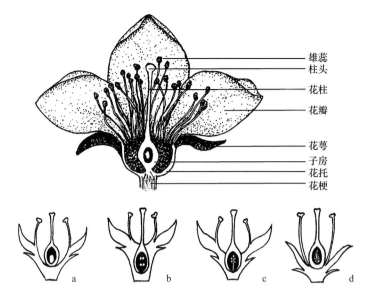

a. 子房上位周位花，b. 子房下位上位花，c. 子房半下位周位花，d. 子房上位下位花

图3-1-5-7　被子植物花的结构（绘图：李悦；图像处理：杜明）

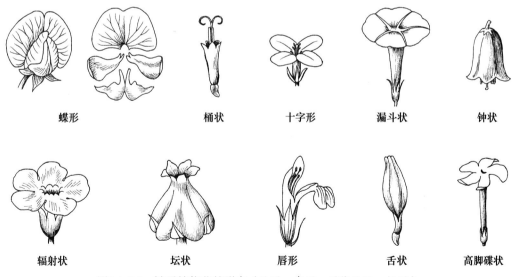

图3-1-5-8　被子植物花的形态（绘图：李悦；图像处理：杜明）

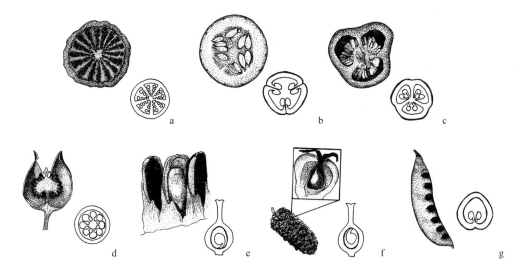

a. 齿叶睡莲果实横切，示片状胎座，b. 黄瓜果实横切，示侧膜胎座，c. 辣椒果实横切，示中轴胎座，d. 毛黄连花果实纵切，示特立中央胎座，e. 向日葵果实纵切，示基生胎座，f. 桑果实纵切，示顶生胎座，g. 豌豆果实，示边缘胎座

图3-1-5-9 被子植物果实的结构（示胎座类型）（绘图：李悦；图像处理：杜明）

3.1.6 昆虫的分类与识别

昆虫属于节肢动物门，昆虫纲，是动物界中物种数量最多的一个纲，已描述的物种超过100万种。昆虫纲的主要特征为：① 身体分为头、胸和腹3个部分；② 胸部具有3对足；③ 胸部具有2对翅（图3-1-6-1）。

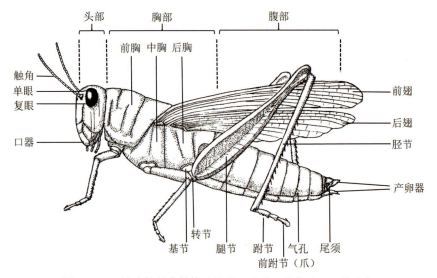

图3-1-6-1 昆虫的基本结构（绘图：周圆；图像处理：杜明）

3.1.6.1 头部

头部是昆虫的取食和感觉中心,通常由6个体节愈合而成。头部着生触角、口器、眼等器官(图3-1-6-1)。

1. 触角

除原尾目无触角外,其他种类昆虫均有1对触角。触角由3个部分构成:

柄节:最基部的1节。

梗节:触角的第2节,常较小。

鞭节:柄节和梗节以外的部分,常分为多个节。鞭节形态变化很大,不仅和昆虫种类有关,也与性别有关。

根据触角的形状、长度和结构,可以分为12种基本类型(图3-1-6-2)。

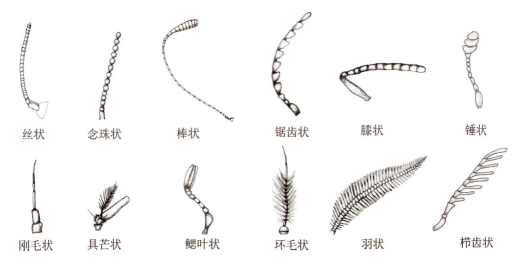

图3-1-6-2 昆虫触角基本类型(绘图:龙玉;图像处理:杜明)

丝状:触角细长如丝,具多个鞭节,各节大致相同,向端部渐细。蝗虫、蟋蟀、天牛、蟑等皆属此类。

刚毛状:触角短小,柄节和梗节较粗大,鞭节纤细似刚毛。蜻蜓、蝉等属于这类。

念珠状:鞭节各节似圆珠,大小相近,整体像一串念珠,如白蚁的触角。

锯齿状:鞭节各节向一侧突出,呈三角形,整体像一个锯片,见于部分叩甲、芫菁雄虫等。

栉齿状:鞭节各节向一侧显著突出,呈梳齿状,整体像梳子,见于部分叩甲及豆象雄虫等。

羽状：鞭节各节向两侧突出，呈细枝状，整体形似羽毛，很多蛾类雄虫属于此类。

棒状：结构与丝状触角相似，近端部数节膨大如棒，常见于蝶类。

锤状：与棒状触角相似，但触角较短，鞭节端部膨大显著，形似圆锤，如郭公虫等的触角。

鳃叶状：鞭节端部3~7节向一侧延展，呈薄片状，叠合在一起，形似鱼鳃，如金龟子的触角。

具芒状：鞭节仅1节，较粗大，其上有一刚毛状或芒状结构，称触角芒，这是蝇类特有的触角。

环毛状：鞭节各节生有1圈细毛，且越靠近基部，细毛越长，见于雄性蚊类。

膝状：柄节较长，梗节短，鞭节各节形状、大小相近，触角在梗节处呈膝状弯曲。蚂蚁、蜜蜂、象甲等皆属此类。

2. 口器

昆虫的口器位于口的周围，由属于头壳的上唇和舌，以及头部的3对附肢（大颚、小颚和下唇）组成。因食性和取食方式的不同，各种昆虫的口器类型也不相同（图3-1-6-3、3-1-6-4）。

咀嚼式口器：原始的口器类型，主要特点是具有发达而坚硬的大颚，可以咬碎植物组织等固体食物。直翅目昆虫的口器即为典型的咀嚼式口器。

刺吸式口器：适于吸取植物汁液或动物血液。蚊、蝉、蜢等皆属此类。大颚和小颚特化为细长的口针，用以刺破动植物的表皮，有的种类舌也特化为口针；下唇延长成鞘，包围口针，不参与取食。口针组成上下2个管道，上方管道为食物道，下方管道为唾液道。

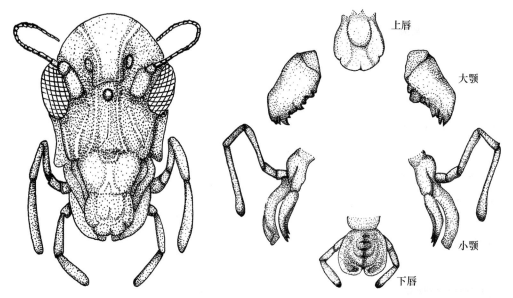

图3-1-6-3 昆虫的咀嚼式口器（绘图：龙玉；图像处理：杜明）

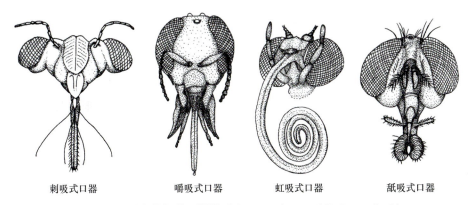

刺吸式口器　　嚼吸式口器　　虹吸式口器　　舐吸式口器

图3-1-6-4　昆虫的部分口器类型（绘图：龙玉；图像处理：杜明）

虹吸式口器：鳞翅目成虫所特有的口器类型。结构高度特化，大颚退化或消失，小颚的外颚叶延长成喙，内有食物道。下唇退化。不取食时，喙如钟表发条一样卷曲在头部下方；取食时，借助体液的压力伸展出来，用以吸取液体。

舐吸式口器：双翅目蝇类所特有的口器类型，适于取食发酵及腐烂物的渗出液。口器粗短，分为基喙、中喙和端喙3个部分。基喙是头壳的一部分，有1对棒状小颚须，大颚和小颚基本完全退化；中喙主要由下唇形成，略呈筒状，前壁凹陷成唇槽，长片形上唇内壁凹陷形成食物道，盖在唇槽上，舌呈刀片形，紧贴在上唇下面以闭合食物道，舌内有唾液道通过；端喙即唇瓣，是两个椭圆形海绵状吸盘，唇瓣间有前口与食物道相通。取食时，唇瓣展开贴在食物上，将液体吸入前口以进食物道。

嚼吸式口器：兼有咀嚼和吸食两种功能，其主要特点是小颚和下唇特化形成可吸食液体食物的喙。一些膜翅目昆虫（如蜜蜂）属于此类口器。

3. 复眼和单眼

复眼1对，多位于昆虫头部的侧上方，常为卵圆形、圆形或肾形，一般由若干个大小一致的小眼组成。复眼是昆虫的视觉器官，能分辨近距离的物体，特别是运动的物体。昆虫成虫通常有3个单眼，只能感受光线的强弱和方向，不能成像。

3.1.6.2　胸部

昆虫头部的后方即为胸部，由3个体节构成，自前向后依次为前胸、中胸和后胸。各节的外骨骼依其位置可分为背板、侧板和腹板，其上结构变化多样，常被用作分类指标。胸部是昆虫的运动中心，绝大多数昆虫的每一胸节有1对足，大部分种类的中胸和后胸还各有1对翅。

1. 足

昆虫有3对胸足，着生在各胸节侧腹面的侧板和腹板之间，依其着生体节分别为前足、中足和后足。典型的胸足由6节构成，从基部向端部依次为基节、转节、腿节、胫节、跗节和前跗节（图3-1-6-1）。胸足的原始功能为行走，由于适应不同的生活环境和生活方式，一些结构发生特化，形成具有不同功能的胸足类型（图3-1-6-5）。

步行足：昆虫中最为普遍的一类胸足，各节均较细长，适于行走。

跳跃足：蝗虫、蟋蟀、跳甲等昆虫的后足，腿节特别粗大，胫节细长，平时折贴于腿节下面，由于肌肉的作用，可突然伸直，虫体因而产生跳跃。

捕捉足：螳螂、猎蝽等的前足，基节延长，腿节的腹面有槽，胫节可以嵌入其中，形似折刀，用以捕捉猎物。

开掘足：蝼蛄、金龟子等土中生活的昆虫，其前足胫节宽扁，外缘具有坚硬的齿突，适于挖土。

携粉足：蜜蜂类的后足，胫节宽扁，两边生有长毛，形成花粉篮，用以携带花粉；第1跗节特别长而扁大，生有10～12排横列的硬毛，称为花粉刷，用以梳理身体上黏附的花粉，并贮存于花粉篮中。

游泳足：龙虱、仰蝽等水生昆虫的后足，各节延长，变扁平，具有较密的缘毛，形似桨，利于划水。

攀援足：虱类的足，各节均较粗短，胫节端部具一指状突，与跗节及弯形的前跗节构成一个钳状构造，能牢牢握住人畜的毛发。

抱握足：雄性龙虱的前足，较粗短，跗节特别膨大，具吸盘结构，在交配时用以挟持雌虫。

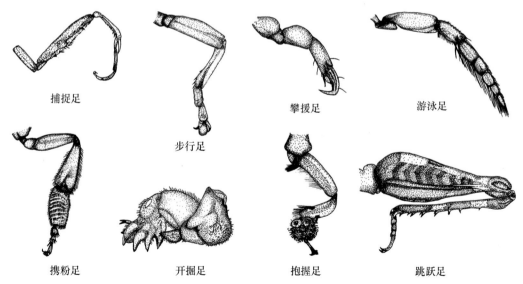

图3-1-6-5　昆虫的足（绘图：龙玉；图像处理：杜明）

2. 翅

昆虫成虫大都有2对翅，有一些种类没有翅，这种状况在无翅亚纲中属于原始的特征，而在有翅亚纲中则是次生现象。在双翅目昆虫中，后翅变化成小棍棒状，在飞翔时有保持身体平衡的作用，故名平衡棒。

根据翅的质地和被覆物的不同，可以将翅分为不同类型。

膜翅：膜质，薄而透明，翅脉明显可见，如蜂类、蜻蜓类的前、后翅，甲虫、蝗虫等的后翅。

毛翅：膜质，翅面和翅脉处被覆很多毛，多不透明或半透明，如毛翅目的翅。

鳞翅：膜质，翅面被覆鳞片，多不透明，如蛾类和蝶类的翅。

覆翅：质地坚韧如皮革，有翅脉，不用于飞行，平时覆盖于后翅上，主要起保护作用，如蝗虫等的前翅。

鞘翅：全部骨化，质地坚硬，不用于飞行，用来保护背部和后翅，如鞘翅目的前翅。

半翅：基半部革质，端半部膜质，可见翅脉，如蝽类的前翅。

从发生上看，翅是中胸和后胸背板两侧的体壁向外扩张，最终上、下两层体壁互相紧贴而成。在两层薄壁之间有纵横分布的管状结构，是由气管加厚形成的，称作翅脉。翅脉对翅表起着支架作用。

纵脉是从翅基部发出，伸到翅边缘的翅脉，是翅脉的主体；横脉是横列在纵脉之间的翅脉，较短；副脉是纵脉的分支；闰脉是在相邻的两条纵脉之间加插的较细的纵脉，又称加插脉或间插脉；系脉是两条以上的翅脉分段相连成的翅脉。很多昆虫的翅面并非平面，而是凹凸成褶扇形，处于褶顶的翅脉称为凸脉，处于褶底的翅脉称为凹脉。

翅脉把翅面划分成很多小的区域，称为翅室。四周都有翅脉围绕的翅室，称为闭室；有一边没有翅脉，而达翅缘的翅室，称为开室。

脉序，又称脉相，指翅脉在翅面上的分布形式。不同类昆虫间的脉序存在一定的差别，而同类昆虫中脉序十分稳定，因此，脉序在昆虫分类和亲缘关系追溯方面都是很重要的依据。为了描述昆虫的脉序，Comstock和Needham提出了假想原始脉序，给主要的翅脉予以命名（图3-1-6-6）。图3-1-6-7是根据该命名法所绘制的蝴蝶脉序图。此外，蝴蝶研究者还会对翅面进行分区，用以描述各特征所在区域。

3.1.6.3 腹部

腹部是昆虫的营养和生殖中心，其内部包藏着主要的内脏器官。昆虫腹部最原始的体节数目为12节，在原尾目昆虫和某些昆虫胚胎阶段可以看到，其他昆虫的腹部体节数目都有减少。昆虫腹部的附肢大多退化，保留的附肢通常发生特化。大多数昆虫的第11腹节生有尾须，这是一种触觉器官。不同昆虫的尾须变化很大，如蝗虫类的尾须呈刺状，不分节；蜉蝣类的尾须呈细丝状，具很多分节；螳螂类的尾须硬化，呈铗状。

昆虫的腹部还有与交配有关的特化附肢，雌虫的第8和第9腹节的附肢构成产卵器（图3-1-6-8），雄虫第9腹节的附肢构成交配器（图3-1-6-9），两者统称为昆虫的外生殖器。

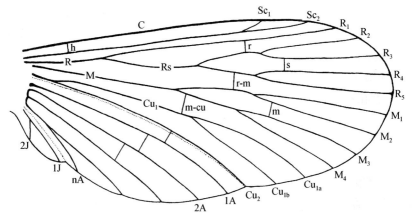

图3-1-6-6 昆虫的假想原始脉序（仿彩万志）

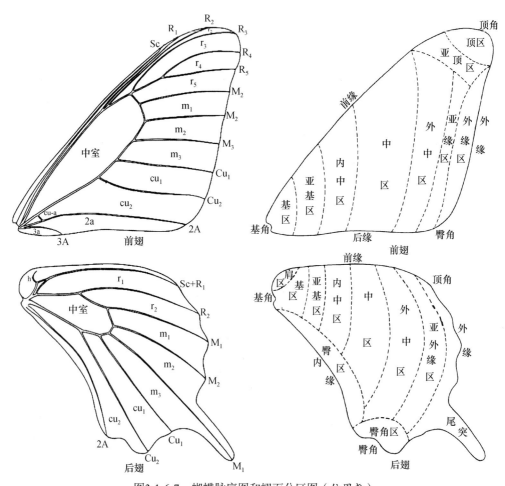

图3-1-6-7 蝴蝶脉序图和翅面分区图（仿周尧）

外生殖器在昆虫分类，特别是近缘种的区分方面，是非常重要的依据。

雌性典型的产卵器由3对叶片构成，即第1、第2和第3产卵瓣，第1产卵瓣着生在第8腹节，又称腹产卵瓣；第2产卵瓣着生在第9腹节，又称内产卵瓣；第3产卵瓣也着生在第9腹节，又称背产卵瓣（图3-1-6-8）。

雄性交配器在不同类群中变化多端，难以判断其同源关系。有翅亚纲昆虫的交配器包括如下结构，但具体结构的命名在不同目中有各自的方法（图3-1-6-9）。

下生殖板： 由第9腹节的腹板和足基节构成。
生殖腔： 由腹板后的膜区形成的内陷。
阳茎： 生殖腔内伸出的1个不成对的突起，由阳茎基和阳茎体构成。
抱握器： 着生在下生殖板上的抱握器官。

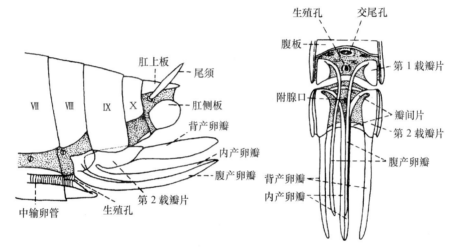

图3-1-6-8 雌性昆虫生殖器结构示意图（仿彩万志）

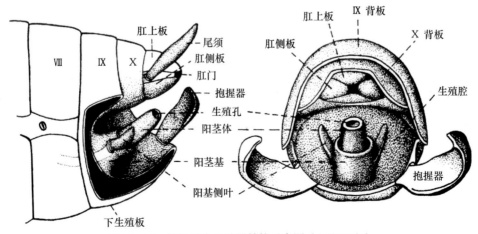

图3-1-6-9 雄性昆虫生殖器结构示意图（仿彩万志）

3.1.7 两栖类与爬行类的分类与识别

3.1.7.1 两栖类形态

两栖类是脊椎动物演化过程中从水生到陆生的过渡类群，为变温动物，形态与机能既适应水生生活，又可适应一定程度的陆生环境。现生两栖类分为3个类群，即蚓螈目、有尾目与无尾目。其中，有尾目与无尾目物种在王朗自然保护区内有分布。

两栖类动物具有独特的生活史，通常分为卵、幼体、成体3个阶段。从幼体到成体的发育须经历变态过程，从以鳃呼吸的水生幼体，变态发育成可以上陆、以肺呼吸的成体。无尾目幼体、成体与有尾目成体的身体形态特征分别见图3-1-7-1、图3-1-7-2和图3-1-7-3。

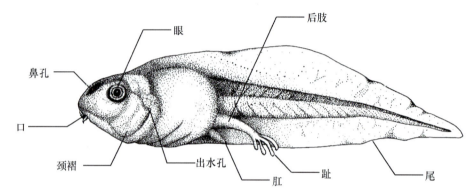

图3-1-7-1 无尾目两栖动物幼体（蝌蚪）形态特征示意图（绘图：龙玉；图像处理：杜明）

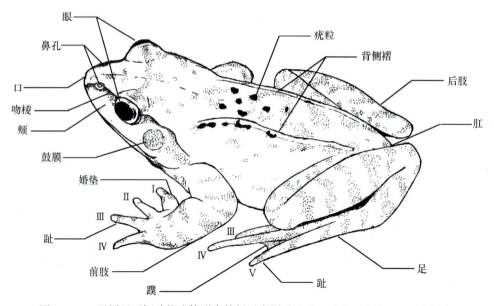

图3-1-7-2 无尾目两栖动物成体形态特征示意图（绘图：周圆；图像处理：杜明）

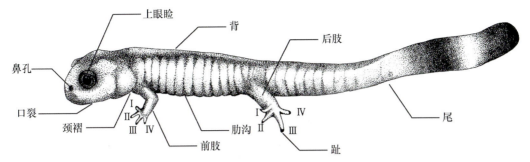

图3-1-7-3 有尾目两栖动物成体形态特征示意图（绘图：龙玉；图像处理：杜明）

3.1.7.2 爬行类形态

爬行类为产羊膜卵的卵生或卵胎生变温脊椎动物，大部分物种营陆生生活，部分物种适应淡水、海洋等水生生活。现生爬行动物包括喙头目、龟鳖目、有鳞目（下属蚓蜥亚目、蜥蜴亚目、蛇亚目）、鳄形目。其中，王朗自然保护区内迄今仅记录有2个爬行类物种，分属有鳞目下的蜥蜴亚目与蛇亚目，其身体形态特征分别如图3-1-7-4与图3-1-7-5所示。

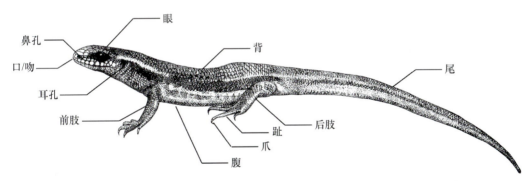

图3-1-7-4 蜥蜴类爬行动物形态特征示意图（绘图：龙玉；图像处理：杜明）

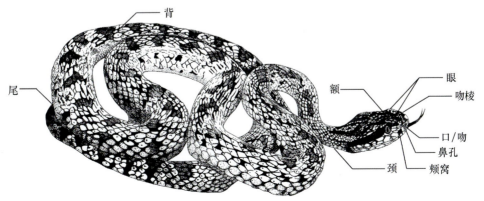

图3-1-7-5 蛇类爬行动物形态特征示意图（绘图：龙玉；图像处理：杜明）

3.1.7.3 王朗自然保护区两栖类、爬行类概述

王朗自然保护区海拔较高,两栖类、爬行类物种数量较少(表3-1-7-1)。

表3-1-7-1　王朗自然保护区两栖类、爬行类物种名录

分类	英文名	国家保护级别	IUCN红色名录级别[a]
两栖类			
(一)无尾目Salientia			
1. 蛙科Ranidae			
(1)高原林蛙*Rana kukunoris*	Plateau brown frog	—	LC
2. 蟾蜍科Bufonidae			
(2)华西蟾蜍*Bufo andrewsi*	West China toad	三有	LC[b]
3. 角蟾科Megophryidae			
(3)川北齿蟾*Oreolalax chuanbeiensis*	Chuanbei toothed toad	三有	n.a.
(4)王朗齿突蟾*Scutiger wanglangensis*	Wanglang alpine toad	—	n.a.
(二)有尾目Urodela			
4. 小鲵科Hynobiidae			
(5)西藏山溪鲵*Batrachuperus tibetanus*	Alpine stream salamander	II	VU
爬行类			
(一)有鳞目Squamata			
1. 石龙子科Scincidae			
(1)铜蜓蜥*Sphenomorphus indicus*	Brown forest skink	—	n.a.
2. 蝰科Viperidae			
(2)菜花原矛头蝮*Protobothrops jerdonii*	Jerdon's pitviper	三有	LC

a. IUCN红色名录级别:VU—易危;LC—无危;n.a.—未收录或未评估。
b. IUCN红色名录中作为中华蟾蜍*Bufo gargarizans*(Asiatic toad)的同物异名。

对王朗自然保护区内两栖类、爬行类动物的具体介绍,详见第四章两栖类与爬行类的内容。

3.1.8　鸟类的分类与识别

3.1.8.1　鸟类形态

了解鸟类的外部形态特征与相应的形态术语,是认识鸟类、识别鸟类的重要基础,有助于我们对观察到的鸟类形态特征进行准确描述,同时也有助于我们根据鸟类图鉴、手册、志书中的文字描述,对鸟种进行准确鉴定。

本节以雀形目(图3-1-8-1)、鸡形目(图3-1-8-2)鸟类为例,绘图显示鸟类身体各部位及羽毛的名称。

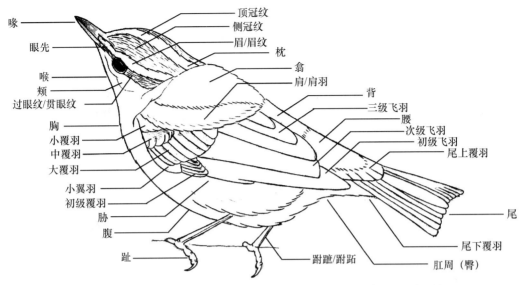

图3-1-8-1 雀形目鸟类形态特征示意图（绘图：周圆；图像处理：杜明）

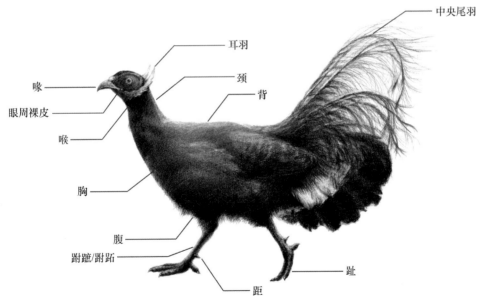

图3-1-8-2 鸡形目鸟类形态特征示意图（绘图：刘佳子）

3.1.8.2 鸟类生态型

在"纲-目-科-属-种"的系统分类体系之外，还可以按照鸟类适应于不同类型栖息环境所演化出的对应特定功能的共性形态特征，把鸟类分为若干生态型。常见的生态型包括陆禽、游禽、涉禽、猛禽、攀禽与鸣禽，这些类群的鸟类在王朗自然保护区均有分布（表3-1-8-1）。在鸟类野外调查与生态学研究中，经常使用生态型的分类来描述某个具体的研究对象类群。

表3-1-8-1　鸟类生态型特征与代表性物种

生态型	形态与生态特征	王朗自然保护区代表性物种
陆禽	后肢强壮，适于地面行走，翅短圆退化，喙强壮且多为弓形，适于啄食	血雉、蓝马鸡、绿尾虹雉、雪鸽
游禽	脚（足）趾间具蹼，善于游泳和潜水	绿头鸭、赤麻鸭
涉禽	"三长"：喙长、颈长、后肢长，适于涉水	池鹭、牛背鹭、红脚鹬
猛禽	喙、爪锐利带钩，视觉发达，多具捕杀动物为食的习性	红隼、雀鹰、普通鵟、金雕、胡兀鹫、灰林鸮
攀禽	脚趾发生多种变化，适于在岩壁、土壁、树干等处攀缘生活	大斑啄木鸟、三趾啄木鸟、短嘴金丝燕、蓝翡翠、小杜鹃
鸣禽	鸣叫器官（鸣肌和鸣管）发达，善于鸣叫与营巢，雏鸟多为晚成雏	红嘴蓝鹊、乌嘴柳莺、棕头歌鸲、锈胸蓝姬鹟、灰头鸫、橙翅噪鹛、蓝鹀、白眉朱雀

3.1.8.3　鸟类的观察与识别

1. 工具与装备

鸟类观察的工具可分为必备工具与辅助工具。

必备工具包括：

① **望远镜**：分为双筒望远镜与单筒望远镜。双筒望远镜适用于手持观察距离较近的目标，放大倍率以7～10倍为宜。单筒望远镜适用于在开阔环境中观察距离较远的目标，通常放大倍率为15～60倍，但视野范围较窄，使用时须用三脚架支撑以稳定视野。

② **工具书**：包括野外使用的鸟类图鉴与室内使用的鸟类志书、鸟类分类与分布名录等。鸟类图鉴通常分为绘图类图鉴与照片类图鉴两大类，各有自身的特点与优势。目前国内常用的综合性鸟类图鉴如表3-1-8-2所列。除此之外，还有许多区域性或按类群、按生境分列的鸟类图鉴可供使用。

③ **记录本与笔**：用于记录鸟类观察的日期、时间、鸟种、鸟类特征、行为等，包括用于专项调查的专用记录表或记录卡。在没有照相机辅助记录的情况下，可以使用手绘简图的方式记录下所见鸟种的典型形态特征与行为特征，例如喙的形状与颜色、翼斑的数量与颜色、尾的抖动方式等（图3-1-8-3）。

④ **导航定位设备**：用于确定调查点的经纬度坐标、海拔，或记录调查样线的轨迹。通常使用GPS、北斗、格洛纳斯等定位卫星系统进行空间定位与轨迹追踪。常用的有手持

式卫星定位接收机；同时，大部分智能手机也内置有卫星定位芯片，可结合专用APP（应用程序）进行经纬度测定与轨迹记录。

⑤ **合适的野外服装与个人装备**：根据所在地区自然环境、季节天气等，选择合适的野外服装与个人装备。

表3-1-8-2　国内常用的综合性鸟类图鉴

类型	名称	作者	出版社	出版年	收录鸟种数
绘图类	中国鸟类野外手册	约翰·马敬能，卡伦·菲利普斯，何芬奇 著	湖南教育出版社	2000	1 329
绘图类	东亚鸟类野外手册[a]	马克·布拉齐尔 著；朱磊 等译	北京大学出版社	2020	1 004
绘图类	中国鸟类观察手册	刘阳，陈水华 主编	湖南科学技术出版社	2021	1 489
照片类	中国鸟类图鉴（便携版）[b]	曲利明 主编	海峡出版发行集团-海峡书局	2014	1 435（1 420）
照片类	中国鸟类图鉴	赵欣如 主编	商务印书馆	2018	1 384

a. 本书覆盖东经116°以东的东亚区域，包括俄罗斯远东、朝鲜半岛、日本列岛、中国大陆东北-华北-华东及中国台湾。
b. 本书收录中国鸟类1 435种，其中1 420种配有照片。

辅助工具一般包括：

① **照相机**：一般可分为长焦相机与非长焦相机（包括手机的拍照模块）两大类。长焦相机可以用于拍摄、记录目标鸟种的细节特征，以辅助物种识别与鉴定。非长焦相机可用于记录鸟类栖息生境、栖息地景观与调查工作照。

② **录音设备**：用于录制鸟类鸣叫、鸣唱的录音，以辅助物种鉴定。部分录音设备可附带外放功能或连接便携式外放设备（音箱），可在野外进行录音回放，吸引目标鸟种前来，以便于观察。由于录音回放技术的使用会影响对目标鸟种的探测率，因此在具体的调查或监测项目中，是否可以在实地调查中使用录音回放技术，须遵照调查方案的规定。

③ **激光测距仪**：用于测量发现的鸟类个体与观察者之间的距离，或在固定半径样点法调查中测定样点的控制范围。在部分鸟类调查方案中，例如使用距离取样法（distance sampling）方法的方案，须使用激光测距仪对发现距离进行准确测量。

④ **罗盘**：用于测量鸟类所处位置相对于观察者位置之间的方位角。在使用距离取样法的鸟类调查方案中，须准确测定该参数值。

⑤ **其他工具**：有助于鸟类野外调查的其他各类工具与装备。

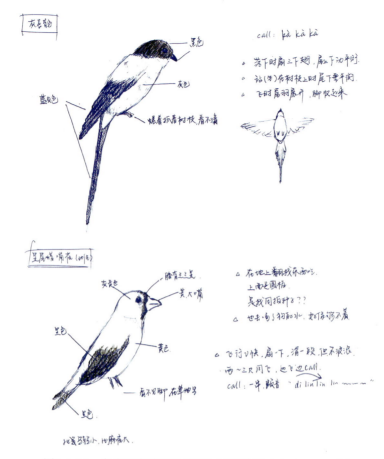

图3-1-8-3 鸟类观察的手绘简图与记录示例（绘图：孔玥峤）

2. 如何发现鸟类

在野外环境中，发现鸟类个体并确定其所在位置，是进行鸟类观察与记录的前提。尤其当处于视野受遮挡（例如森林生境）、光线有限（例如密林林下或晨昏时分）的环境中时，以及目标鸟类活动比较隐秘时，发现鸟类对于调查者来说是一个颇具挑战性的问题。

通常，我们有3种途径可以发现鸟类：

① 看：无论观察者处于静止状况（例如样点调查时）或移动状态（例如样线调查时），都须留意视野范围内所有发生移动的物体，并对移动目标进行快速判断，确定目标是否为正在活动的鸟类。鸟类有时会在一些位置长时间停歇，这类静止目标也是我们在观察周围环境时要留意的。在目光搜索天际线、山脊线、突出地标（例如大树、孤立枯树、岩石等）、水岸交界线时，须留意是否有鸟类身形的剪影或轮廓。

② **听**：在森林生境的鸟类调查中，依靠调查者听觉来发现鸟类具有极为重要的作用。一方面，鸟类发出的鸣叫与鸣唱是我们须留意倾听的目标，这些鸣声不仅可以帮助我们确定鸟类所在的位置，还可以帮助我们对鸟种进行识别与鉴定。另一方面，鸟类起飞/降落时扑动翅膀的声音，以及取食、移动时发出的声音，都可以为我们提供发现鸟类的线索。因此，为了保证对这些声音的敏感捕捉，同组的调查者在野外须尽量少交谈，同时尽量减少自身走动时发出的声音（例如脚步声、衣服摩擦声等）。部分鸟类（例如鸦科鸟类）在发现天空有猛禽飞过时，或在森林中遇到有停歇的猛禽时，会发出特殊的报警叫声。当听到此类报警时，调查者可以观察天空是否有猛禽或其他大型鸟类飞过，以及观察报警鸟类的位置与行为（例如鸦科鸟类和一些雀形目小鸟会围攻、骚扰猛禽），以发现相应的目标。

③ **同伴告知**：在野外鸟类观察与调查中，调查者通常结伴而行。不同调查者之间可以协调分工，分别负责不同范围内（例如样线两侧）鸟类的搜寻，发现目标后可以相互告知。另外，经验丰富的鸟类调查者可以把发现的鸟类告知其他同行者。

3. 如何描述鸟类

在调查者观察到某一只或一群特定的鸟类时，如果无法即时判定具体鸟种，则须通过细致观察，收集并记录有用的关键信息，对该鸟进行描述。这些信息可用来与鸟类志书、图鉴等工具书中的描述进行比对，也可发送给专业鸟类学研究者或有经验的观鸟者，以对鸟种进行识别。

在描述一只未知鸟类的时候，以下各条为需要明晰的关键信息，且重要性具有先后次序，即越靠前的信息其重要性程度越高。在这些信息条目之后，我们以王朗自然保护区内的一种鸟类为例来进行描述：

① **地点/区域**：王朗自然保护区，金草坡。
② **季节/时间**：6月底，早晨7：30。
③ **生境**：阳坡稀疏灌丛。
④ **集群状态**：4只结为小群。
⑤ **行为，鸣/叫声**：地面活动，刨土觅食，间或发出金属质感、粗哑的连串响亮叫声；受惊后在地面快速奔跑。
⑥ **形态特征**：

大小，体形（以熟悉的常见鸟为参照）：体形大于家鸡，总体形态与雉类相似，尾长而蓬松，上部尾羽明显上翘。

羽色，斑纹（翼斑、眉纹、贯眼纹、顶冠纹等）：整体羽色为灰蓝色，身体与翅膀上无明显斑纹；尾色深近黑，尾下部具明显白斑。

身体局部特征（喙、尾、脚爪、虹膜等）：脸部具红色裸皮，下缘有向后方伸出的白色耳羽；脚（跗跖）为亮红色。

⑦ 其他信息：无。

随着信息从上往下逐条积累，可能的备选鸟种种类数量也在急剧缩小。通常，在收集完体形信息之后，可能的备选鸟种只有很少数量了，这将非常有助于我们判断鸟种。以王朗自然保护区的这种鸟类为例，即使不考虑具体的形态特征，通过前面5条信息（地点、时间、生境、集群状态、行为）的描述，对王朗自然保护区鸟类熟悉的调查者就可以基本判断出该鸟的可能种类；再结合形态特征的描述，就可以确定该记录为鸡形目雉科的蓝马鸡（*Crossoptilon auritum*）。对于某个特定区域内的大部分鸟类物种，绝大多数情况下，并不需要收集完整上述所有类别的信息，即可完成对该鸟种的鉴定。

3.1.8.4 王朗自然保护区鸟类概述

王朗地区的鸟类物种丰富。保护区成立之后，与科研院所联合先后开展过针对蓝马鸡、血雉（*Ithaginis cruentus*）等特定物种的生态学研究与调查，对区内整体鸟类多样性进行过3次系统调查。李桂垣等（1989）最早总结了1983—1987年期间对王朗自然保护区鸟类的调查结果，通过采集标本和观察法鉴定整理出12目32科（4亚科）的139种，5亚种。刘少英等（2001）通过调查并结合前人的资料认为王朗自然保护区有152种鸟类。2020年，王朗自然保护区完成了最新一轮鸟类多样性编目与物种名录更新（尚晓彤 等，2020），系统收集整理了保护区2004—2019年基于实地调查与观测的鸟类记录。数据来源包括公众科学（citizen science）活动、红外相机调查、自动录音记录3大类。本轮调查以《中国鸟类分类与分布名录（第三版）》（郑光美，2017）的分类系统为依据，结果显示，王朗自然保护区内共记录有鸟类271种，隶属于16目55科（表3-1-8-3）。

在这271种鸟类中，包括国家一级重点保护野生动物5种，即鸡形目雉科斑尾榛鸡（*Tetrastes sewerzowi*）、红喉雉鹑（*Tetraophasis obscurus*）、绿尾虹雉（*Lophophorus lhuysii*）和鹰形目鹰科胡兀鹫（*Gypaetus barbatus*）、金雕（*Aquila chrysaetos*），国家二级重点保护野生动物23种。被IUCN红色名录评定为"濒危EN""易危VU""近危NT"级别的鸟类共10种，被中国脊椎动物红色名录评定为"濒危""易危""近危"级别的鸟类共34种。

表3-1-8-3 王朗自然保护区鸟类组成与保护级别（引自：尚晓彤 等，2020）

目	科	种	国家保护级别[a]			四川省重点[b]
			一级	二级	三有	
鸡形目Galliformes	1	11	3	6	2	0
雁形目Anseriformes	1	4	0	0	4	0
鸽形目Columbiformes	1	6	0	0	6	0
夜鹰目Caprimulgiformes	1	3	0	0	3	1
鹃形目Cuculiformes	1	5	0	0	5	1
鹤形目Gruiformes	1	1	0	0	1	1

续表

目	科	种	国家保护级别[a]			四川省重点[b]
			一级	二级	三有	
鸡形目Galliformes	1	11	3	6	2	0
雁形目Anseriformes	1	4	0	0	4	0
鸽形目Columbiformes	1	6	0	0	6	0
夜鹰目Caprimulgiformes	1	3	0	0	3	1
鹃形目Cuculiformes	1	5	0	0	5	1
鹤形目Gruiformes	1	1	0	0	1	1
啄木鸟目Piciformes	2	10	0	0	10	2
隼形目Falconiformes	1	2	0	2	0	0
雀形目Passeriformes	35	194	0	0	107	0
合计	55	271	5	23	155	6

a. 国家保护级别：一级——国家一级重点保护野生动物；二级——国家二级重点保护野生动物；三有——国家保护的有益的、有重要经济或者科学研究价值的陆生野生动物。
b. 四川省重点——四川省重点保护野生动物。

按照地理区系分，王朗自然保护区的鸟类物种中包括东洋界鸟类147种（54.24%），古北界鸟类94种（34.69%），广布种30种（11.07%）。按居留型分，包括留鸟165种（60.89%），冬候鸟14种（5.17%），夏候鸟67种（24.72%），旅鸟22种（8.12%），迷鸟3种（1.11%）（图3-1-8-4）。

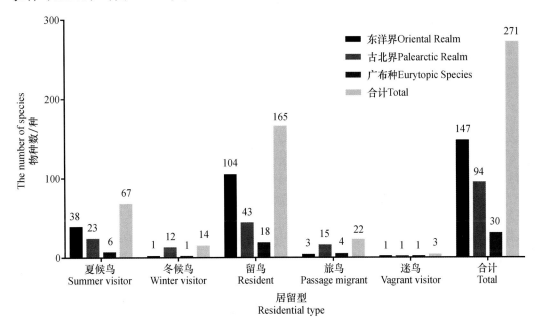

图3-1-8-4 王朗自然保护区鸟类区系组成与居留型（引自：尚晓彤 等，2020）

总体上来说，王朗自然保护区的鸟类物种多样性丰富，区系组成具有南北混杂的过渡特征，兼具东洋界与古北界成分。

王朗自然保护区在动物地理区划上处于古北界和东洋界分界线的南侧，属于东洋界西南区西南山地亚区（VA）。王朗自然保护区以东洋界鸟类（占王朗自然保护区鸟类物种总数的54.24%）和繁殖鸟类（占王朗自然保护区鸟类物种总数的85.61%）居多，古北界物种占保护区鸟类物种总数的34.69%，其中留鸟和夏候鸟中以东洋界物种为主，冬候鸟和旅鸟中以古北界物种为主。

王朗自然保护区的鸟类组成呈现出东洋界和古北界物种渗透的特点，并具有繁殖鸟和国家重点保护的鸟类多、鸟类资源丰富的特点，这主要与王朗自然保护区所处的地理位置有关系。我国鸟类动物地理区系归属于古北界和东洋界，以喜马拉雅山脉和秦岭山脉一带构成两界的分界线，西南山地亚区是我国鸟类丰富度最高的动物地理亚区。西南山地-横断山区为中国鸟类特有种物种多样性中心，且西南山地为物种分化中心。王朗自然保护区位于岷山山系腹心地带。岷山山系位于横断山脉的东北端，自甘南伸向川西，是长江上游嘉陵江、涪江、沱江、岷江的发源地，也是青藏高原与四川盆地间的过渡地带。在动物地理区划上，其西部属于青藏区青海藏南亚区；西南部属于西南区西南高山亚区；东临四川盆地及盆缘中低山，属华中区西部高原亚区。加上该山系大体为南北走向，地貌为高山峡谷，古北界的种类沿山脊南下，热带、亚热带的种类沿河谷北上，使两大界动物互相渗透，错杂共处，组成复杂的动物区系，并且孑遗物种、特有物种和濒危物种多。

3.1.9 哺乳类的分类与识别

3.1.9.1 哺乳类形态

哺乳类亦称兽类，即哺乳纲动物，是体表被毛、胎生（原兽亚纲单孔目为卵生）、哺乳的恒温脊椎动物。啮齿目、翼手目和劳亚食虫目是哺乳纲下物种数最多的3个目，但绝大部分物种均为小型兽类。这3个目的物种在王朗自然保护区内均有分布。在该区域，大中型兽类则主要为偶蹄目、食肉目、灵长目物种。

以王朗自然保护区常见的偶蹄目食草类和食肉目食肉类物种为例，兽类的形态特征描述示意见图3-1-9-1和图3-1-9-2。

在兽类物种的分类鉴定中，尤其是对于小型兽类来说，头骨、牙齿的形态特征是重要的分类鉴定依据（图3-1-9-3）。

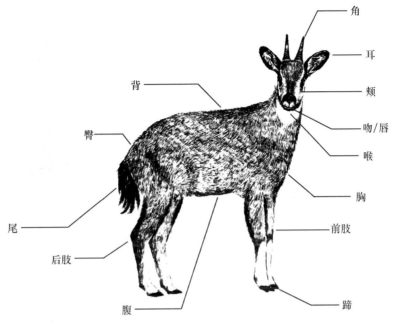

图3-1-9-1 偶蹄目食草类（中华斑羚）形态特征示意图（绘图：周圆；图像处理：杜明）

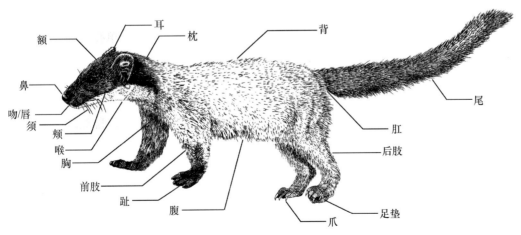

图3-1-9-2 食肉目食肉类（黄喉貂）形态特征示意图（绘图：龙玉；图像处理：杜明）

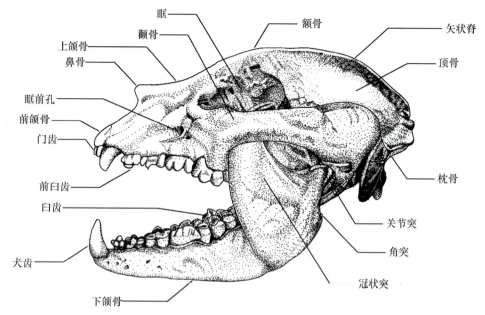

图3-1-9-3 兽类（大熊猫）头骨与牙齿形态示意图（绘图：龙玉；图像处理：杜明）

3.1.9.2 王朗自然保护区哺乳类概述

王朗自然保护区成立后，开展了众多的兽类研究与保护项目。早期调查中，研究者根据实地调查数据与历史文献记录，鉴定整理出保护区内分布有兽类62种，分属6目26科（刘少英 等，2001）。随着近年来保护区生物多样性调查投入的增加，以及调查技术手段的更新发展，王朗自然保护区记录到部分兽类物种分布新记录，同时也更正了一些早期调查中不可靠的模糊记录。

2014—2020年，保护区与科研院所合作，开展了新一轮的兽类多样性全面调查。按照兽类类群的特点，调查以小型兽类、大中型兽类两部分分别开展。

① 小型兽类调查由四川省林业科学研究院主持，于2018—2019年实施，在保护区内系统设置小型兽类调查样方26个，布设陷阱3 500个，采集小型兽类标本1 060号。经过形态学分析与DNA分子鉴定，结合历史采集记录，共记录到分属4目12科的小型兽类49种（引自：刘少英 等，2020，《王朗国家级自然保护区小型兽类调查报告》，内部资料）。

② 大中型兽类调查由北京大学主持，于2014—2018年实施，基于公里网格系统在保护区内布设红外相机，记录保护区内分布的大中型兽类与鸟类。共布设283个野外调查位点。其中，34个位点由于红外相机丢失或故障未采集到有效数据，为无效位点；其余249个位点相机正常工作，获得有效数据，为有效位点。在这249个有效位点上，相机总有效工作量为26 123相机日，平均每个位点的有效工作长度约为105个相机日。有效调查位点共覆盖保护区内168个公里网格（图3-1-9-4）。

在调查数据库中共收录133 733条红外相机记录，即133 733份照片或视频，其中包括兽类42 125份，鸟类16 862份，家畜41 332份，工作人员3 133份，其他人员93份，空拍30 188份。在调查区域内，从红外相机拍摄的照片与视频中共鉴定出分属6目15科的36种兽类，包括33个野生兽类与3个家养兽类物种。此外，在后续的红外相机监测中，于2020年底首次在保护区内记录到狼（*Canis lupus*），2021年首次记录到雪豹（*Panthera uncia*）。

前述两大类型调查结果中的部分物种存在重叠，例如岩松鼠（*Sciurotamias davidianus*）与红耳鼠兔（*Ochotona erythrotis*）在小型兽类调查与红外相机调查中均有记录。综合两部分调查数据与结果，获得王朗自然保护区确认有分布的兽类物种名录（表3-1-9-1）。保护区内共记录有分属7目22科的73种野生兽类，其中劳亚食虫目2科17种，翼手目1科2种，兔形目2科5种，灵长目1科1种，啮齿目7科24种，食肉目5科15种，偶蹄目4科9种。

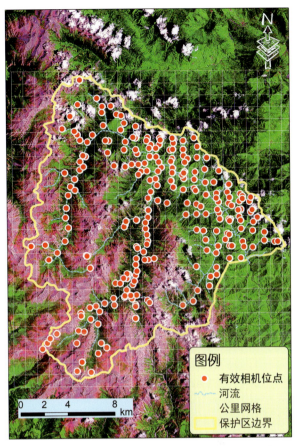

图3-1-9-4 王朗自然保护区红外相机调查有效位点

（制图：李晟）

表3-1-9-1 王朗自然保护区兽类物种名录

物种	国家保护级别	IUCN红色名录[a]	记录方式[b]
（一）劳亚食虫目Eulipotyphla			
1.鼹科Talpidae			
（1）巨鼹*Euroscaptor grandis*	—	LC	S
（2）长吻鼹*Euroscaptor longirostris*	—	LC	S
（3）甘肃鼹*Scapanulus oweni*	—	LC	S
（4）长尾鼩鼹*Scaptonyx fusicaudus*	—	LC	S
（5）长吻鼩鼹*Uropsilus gracilis*	—	LC	S
（6）少齿鼩鼹*Uropsilus soricipes*	—	LC	S

续表

物种	国家保护级别	IUCN红色名录[a]	记录方式[b]
2. 鼩鼱科Soricidae			
（7）四川短尾鼩*Anourosorex squamipes*	—	LC	S
（8）川鼩*Blarinella quadraticauda*	—	NT	S
（9）川西长尾鼩*Chodsigoa hypersibia*	—	n.a.	S
（10）大长尾鼩*Chodsigoa salenskii*	—	DD	S
（11）长尾鼩*Chodsigoa smithii*	—	NT	S
（12）缅甸长尾鼩*Episoriculus macrurus*	—	LC	S
（13）蹼足鼩*Nectogale elegans*	—	LC	O
（14）淡灰豹鼩*Pantherina griselda*	—	n.a.	S
（15）小纹背鼩鼱*Sorex bedfordiae*	—	LC	S
（16）甘肃鼩鼱*Sorex cansulus*	—	DD	S
（17）藏鼩鼱*Sorex thibetanus*	—	DD	S
（二）翼手目Chiroptera			
3. 蝙蝠科Vespertilionidae			
（18）宽耳蝠*Barbastella leucomelas*	—	LC	S
（19）金管鼻蝠*Murina aurata*	—	LC	S
（三）兔形目Lagomorpha			
4. 鼠兔科Ochotonidae			
（20）藏鼠兔*Ochotona thibetana*	—	LC	S，O，C
（21）间颅鼠兔*Ochotona cansus*	—	LC	S
（22）黄龙鼠兔*Ochotona huanglongensis*	—	n.a.	S
（23）红耳鼠兔*Ochotona erythrotis*	—	LC	S，C
5. 兔科Leporidae			
（24）灰尾兔*Lepus oiostolus*	—	LC	O，C
（四）灵长目Primates			
6. 猴科Cercopithecidae			
（25）川金丝猴*Rhinopithecus roxellana*	I	EN	C
（五）啮齿目Rodentia			
7. 鼹形鼠科Spalacidae			
（26）秦岭鼢鼠*Eospalax rufescens*	—	n.a.	O
（27）中华竹鼠*Rhizomys sinensis*	—	LC	S，C
8. 松鼠科Sciuridae			
（28）岩松鼠*Sciurotamias davidianus*	—	LC	S，C
（29）花鼠*Tamias sibiricus*	—	LC	S，C
（30）隐纹花鼠*Tamiops swinhoei*	—	LC	S，C
（31）灰鼯鼠*Petaurista xanthotis*	—	LC	L

续表

物种	国家保护级别	IUCN红色名录[a]	记录方式[b]
（32）复齿鼯鼠 *Trogopterus xanthipes*	—	NT	S, C
（33）喜马拉雅旱獭 *Marmota himalayana*	—	LC	C
9. 睡鼠科 Gliridae			
（34）四川毛尾睡鼠 *Chaetocauda sichuanensis*	—	DD	S
10. 鼠科 Muridae			
（35）中华姬鼠 *Apodemus draco*	—	LC	S
（36）大林姬鼠 *Apodemus peninsulae*	—	LC	S
（37）巢鼠 *Micromys minutus*	—	LC	S
（38）川西白腹鼠 *Niviventer excelsior*	—	LC	S
（39）社鼠 *Niviventer niviventer*	—	LC	S
（40）黄胸鼠 *Rattus flavipectus*	—	n.a.	S
（41）褐家鼠 *Rattus norvegicus*	—	LC	S
（42）攀鼠 *Vernaya fulva*	—	LC	S
11. 仓鼠科 Cricetidae			
（43）甘肃绒鼠 *Caryomys eva*	—	LC	S
（44）根田鼠 *Microtus limnophilus*	—	LC	L
（45）高原松田鼠 *Neodon irene*	—	LC	S
（46）四川田鼠 *Volemys millicens*	—	NT	S
12. 林跳鼠科 Zapodidae			
（47）四川林跳鼠 *Eozapus setchuanus*	—	LC	S
（48）中华蹶鼠 *Sicista concolor*	—	LC	S
13. 豪猪科 Hystricidae			
（49）中国豪猪 *Hystrix hodgsoni*	—	LC	O, C
（六）食肉目 Carnivora			
14. 熊科 Ursidae			
（50）亚洲黑熊 *Ursus thibetanus*	II	VU	O, C
（51）大熊猫 *Ailuropoda melanoleuca*	I	VU	O, C
15. 鼬科 Mustelidae			
（52）猪獾 *Arctonyx albogularis*	—	LC[c]	O, C
（53）黄喉貂 *Martes flavigula*	II	LC	O, C
（54）石貂 *Martes foina*	II	LC	C
（55）香鼬 *Mustela altaica*	—	NT	O, C
（56）黄鼬 *Mustela sibirica*	—	LC	O, C
（57）缺齿伶鼬 *Mustela aistoodonnivalis*	—	DD	S, O, C
16. 猫科 Felidae			
（58）雪豹 *Panthera uncia*	I	VU	C

物种	国家保护级别	IUCN红色名录[a]	记录方式[b]
（59）金猫 *Catopuma temminckii*	I	NT	C
（60）豹猫 *Prionailurus bengalensis*	II	LC	O，C
（61）荒漠猫 *Felis bieti*	I	VU	C
17. 犬科 Canidae			
（62）赤狐 *Vulpes vulpes*	II	LC	C
（63）狼 *Canis lupus*	II	LC	C
18. 灵猫科 Viverridae			
（64）花面狸 *Paguma larvata*	—	LC	O，C
（七）偶蹄目 Artiodactyla			
19. 猪科 Suidae			
（65）野猪 *Sus scrofa*	—	LC	O，C
20. 麝科 Moschidae			
（66）林麝 *Moschus berezovskii*	I	EN	O，C
21. 鹿科 Cervidae			
（67）小麂 *Muntiacus reevesi*	—	LC	O，C
（68）毛冠鹿 *Elaphodus cephalophus*	II	NT	O，C
（69）梅花鹿 *Cervus nippon*	I	LC	C
22. 牛科 Bovidae			
（70）四川扭角羚 *Budorcas tibetanus*	I	VU	O，C
（71）中华斑羚 *Naemorhedus griseus*	II	VU	O，C
（72）中华鬣羚 *Capricornis milneedwardsii*	II	NT	O，C
（73）岩羊 *Pseudois nayaur*	II	LC	O，C

a. IUCN红色名录级别：EN—濒危；VU—易危；NT—近危；LC—无危；DD—数据缺乏；n.a.—未收录或未评估。
b. 记录方式：S—实体标本记录；O—观察记录；C—红外相机记录。
c. IUCN红色名录中，四川分布的猪獾在分类上被认为是北猪獾 *Arctonyx albogularis*（英文名northern hog badger），评估等级为LC；大猪獾 *Arctonyx collaris*（英文名greater hog badger）被认为主要分布在东南亚中南半岛，评估等级为VU。

在这73个兽类物种中，被列为国家一级重点保护野生动物的有8种，分别是川金丝猴（*Rhinopithecus roxellana*）、大熊猫、雪豹、金猫（*Catopuma temminckii*）、荒漠猫（*Felis bieti*）、梅花鹿（*Cervus nippon*）、林麝（*Moschus berezovskii*）和四川扭角羚（*Budorcas tibetanus*）；被列为国家二级重点保护野生动物的有10种，分别为亚洲黑熊（*Ursus thibetanus*）、黄喉貂（*Martes flavigula*）、石貂（*Martes foina*）、豹猫（*Prionailurus bengalensis*）、赤狐（*Vulpes vulpes*）、狼、毛冠鹿（*Elaphodus cephalophus*）、中华斑羚（*Naemorhedus griseus*）、中华鬣羚（*Capricornis milneedwardsii*）与岩羊（*Pseudois nayaur*）。

在IUCN物种红色名录（http://www.iucnredlist.org）中被评估为濒危（EN）的有2

种，分别是川金丝猴和林麝；被评估为易危（VU）的有6种，分别是亚洲黑熊、大熊猫、雪豹、荒漠猫、四川扭角羚与中华斑羚；被评估为近危（NT）的有8种，分别是川鼩（*Blarinella quadraticauda*）、长尾鼩（*Chodsigoa smithii*）、四川田鼠（*Volemys millicens*）、复齿鼯鼠（*Trogopterus xanthipes*）、香鼬（*Mustela altaica*）、金猫、毛冠鹿、中华鬣羚；被评估为数据缺乏（DD）的有5种，分别是大长尾鼩（*Chodsigoa salenskii*）、甘肃鼩鼱（*Sorex cansulus*）、藏鼩鼱（*Sorex thibetanus*）、四川毛尾睡鼠（*Chaetocauda sichuanensis*）与缺齿伶鼬（*Mustela aistoodonnivalis*）（IUCN物种红色名录中列为*Mustela russelliana*的同物异名）。

对于2014—2018年红外相机调查中记录到的33种野生兽类与3种家养兽类，可以基于红外相机拍摄的独立有效探测数来计算各物种的相对多度指数（relative abundance index，RAI，即每1 000相机日以独立有效探测数计算的该物种拍摄率），用以评估各物种种群数量的相对大小（表3-1-9-2）。

表3-1-9-2　基于红外相机调查数据计算得到的王朗自然保护区兽类相对多度

物种[a]	记录数（照片+视频）	独立有效探测数	相对多度指数RAI
（一）兔形目Lagomorpha			
1. 鼠兔科Ochotonidae			
（1）藏鼠兔*Ochotona thibetana*	1 200	150	5.74
（2）红耳鼠兔*Ochotona erythrotis*	1 418	300	11.48
2. 兔科Leporidae	33	6	0.23
（3）灰尾兔*Lepus oiostolus*			
（二）灵长目Primates			
3. 猴科Cercopithecidae			
（4）川金丝猴*Rhinopithecus roxellana*	293	16	0.61
（三）啮齿目Rodentia			
4. 鼹形鼠科Spalacidae			
（5）中华竹鼠*Rhizomys sinensis*	29	3	0.11
5. 松鼠科Sciuridae			
（6）岩松鼠*Sciurotamias davidianus*	25	9	0.34
（7）花鼠*Tamiops sibiricus*	93	21	0.80
（8）隐纹花鼠*Tamiops swinhoei*	609	121	4.63
（9）复齿鼯鼠*Trogopterus xanthipes*	129	15	0.57
（10）喜马拉雅旱獭*Marmota himalayana*	236	30	1.15
6. 豪猪科Hystricidae			
（11）中国豪猪*Hystrix hodgsoni*	484	44	1.68

续表

物种[a]	记录数 （照片+视频）	独立有效探测数	相对多度指数RAI
（四）食肉目 Carnivora			
7. 熊科 Ursidae			
（12）亚洲黑熊 *Ursus thibetanus*	454	35	1.34
（13）大熊猫 *Ailuropoda melanoleuca*	745	39	1.49
8. 鼬科 Mustelidae			
（14）猪獾 *Arctonyx albogularis*	1 875	219	8.38
（15）黄喉貂 *Martes flavigula*	643	102	3.90
（16）石貂 *Martes foina*	76	10	0.38
（17）香鼬 *Mustela altaica*	31	13	0.50
（18）黄鼬 *Mustela sibirica*	838	143	5.47
（19）缺齿伶鼬 *Mustela aistoodonnivalis*	6	2	0.08
9. 猫科 Felidae			
（20）金猫 *Pardofelis temminckii*	3	1	0.04
（21）豹猫 *Prionailurus bengalensis*	1 346	127	4.86
（22）荒漠猫 *Felis bieti*	4	1	0.04
10. 犬科 Canidae			
（23）赤狐 *Vulpes vulpes*	859	56	2.14
（24）家犬 *Canis lupus familiaris*	97	7	0.27
11. 灵猫科			
（25）花面狸 *Paguma larvata*	491	67	2.56
（五）偶蹄目 Artiodactyla			
12. 猪科 Suidae			
（26）野猪 *Sus scrofa*	2 103	153	5.86
13. 鹿科 Cervidae			
（27）毛冠鹿 *Elaphodus cephalophus*	6 628	664	25.42
（28）小麂 *Muntiacus reevesi*	993	111	4.25
（29）梅花鹿 *Cervus nippon*	3	1	0.04
14. 麝科 Moschidae			
（30）林麝 *Moschus berezovskii*	397	45	1.72
15. 牛科 Bovidae			
（31）四川扭角羚 *Budorcas tibetanus*	5 373	70	2.68
（32）中华斑羚 *Naemorhedus griseus*	6 564	467	17.88
（33）中华鬣羚 *Capricornis milneedwardsii*	2 679	132	5.05
（34）岩羊 *Pseudois nayaur*	4 164	235	9.00
（35）家牛 *Bos taurus*	29 673	413	15.81

续表

物种[a]	记录数 （照片+视频）	独立有效探测数	相对多度指数RAI
（六）奇蹄目Perissodactyla			
16. 马科Equidae			
（36）家马*Equus caballus*	11 562	213	8.15
总计	82 156	4 041	154.69

a. 不包括未能鉴定出具体物种的记录。

以独立有效探测来计的话，调查中共记录兽类独立有效探测3 668次，家畜633次。物种相对多度计算的结果显示，物种相对多度最高的两个类群分别是偶蹄目和食肉目。偶蹄目中相对多度指数最高的是毛冠鹿（RAI=25.42），其次是中华斑羚（RAI=17.88）、岩羊（RAI=9.00）；相对多度指数最低的是梅花鹿（RAI=0.04，仅1次有效探测）。而在食肉目中，相对多度指数最高的是猪獾（RAI=8.38），其次是黄鼬（RAI=5.47）和豹猫（RAI=4.86）；相对多度指数最低的是金猫与荒漠猫（RAI=0.04，各仅有1次有效探测）。

3.2 大型真菌、地衣及植物的鉴定与植被调查

3.2.1 大型真菌的采集与鉴定

不同的大型真菌生长在不同的生态环境中，如草地、裸地、活立木、枯立木、树桩、腐木等。许多大型真菌对生境的偏好是较为固定或专一的，如裂褶菌总是发生于枯木上；也有一些适应的生境类型则更多，如小假鬼伞就可以发生在腐殖质丰富的泥土里或腐木、树桩上。大型真菌发生的习性有单生、簇生、叠生等。大型真菌一般在每年的4—5月开始发生，6—8月数量最多。夏季雨后的第二天，许多大型真菌的子实体就会开始萌发，这是野外观察和采集大型真菌的最佳时期。

3.2.1.1 采集工具

① 保鲜袋：盛放采集的标本，放入标本后应充气封口。
② 手提袋：携带标本。
③ 水果刀：挖掘土生标本或切割木生标本。
④ 刀片：解剖标本。
⑤ 放大镜：观察微小特征。
⑥ 采集记录本、铅笔、号牌、尺子：野外记录。
⑦ 相机：图像记录。
⑧ 手机或GPS定位仪：记录经纬度坐标、海拔。

3.2.1.2 采集方法

采集过程要按一定顺序进行，发现标本后不要马上动手采集，应先观察，记录其生境、习性，然后拍照，采集，并填写记录表。

拍照的内容包括子实体的生境照，子实体及其着生的基质、周围的树种；子实体正面照，菌盖的颜色、条纹、附属物；子实体侧面照，菌柄、菌环、菌托及其附属物；子实体背面照，菌褶、菌孔、菌管或菌齿；纵剖照，菌柄内部结构、菌褶的着生方式等。

采集方法根据菌类的质地和生长基质的不同而有所不同。对于地上生的伞菌类、腹菌类和盘菌类，可用利器挖掘，但要保持标本的完整性，包括地下部分的根状菌索、假根；菌柄基部的绒毛；菌柄、菌盖上的附属物，如鳞片、绒毛、菌缘的菌幂残余，以及菌柄上的菌环、菌托；丝膜菌的丝膜等。尽量将其菌蕾、未开伞的幼体、已开伞的成熟子实体和过成熟子实体一齐采到。对于立木、树桩和腐木上的菌类，可连带部分树皮剥下或截取一小段树枝。野外的大型真菌尽量不要全部采集，应留下部分子实体继续传播孢子。

3.2.1.3 野外记录

采集大型真菌标本时，应根据标本的特征及其他须记录的事项进行仔细观察和测量，然后按表中项目认真填写（表3-2-1-1）。记录表中各项在短暂的采集过程中，不可能全部填写，可只填写主要部分，其余部分在整理标本时再补充。在取得孢子印后，可填写孢子印栏。

表3-2-1-1 大型真菌标本采集记录表

编号：		年 月 日		图	照片	
菌名	地方名			中文名		
	学名					
产地				海拔	m	
生境	针叶林、阔叶林、混交林、灌丛、草地、草原			基物：地上、腐木、立木、粪土		
生态	单生 散生 群生 丛生 簇生 叠生					
菌盖	直径 cm		颜色：	边缘 中间	黏 不黏	
	形状：钟形、斗笠形、半球形、漏斗形、平展			边缘：有条纹、无条纹		
	块鳞、角鳞、丛毛鳞片、纤毛、疣、粉末、丝光、蜡质、龟裂					
菌肉	颜色 味道 气味			伤变色 汁液变色		
菌褶	宽度 mm	颜色		密度：中、稀、密		离生
	等长 不等长 分叉					弯生
菌管	管口大小： mm			管口形状：圆形、角形		直生
	管面颜色： 管里颜色：			易分离、不易分离、放射、非放射		延生
菌环	膜状、丝膜状、颜色： 条纹			脱落、不脱落、上下活动		
菌柄	长： cm 粗： cm			颜色：		
	圆柱形、棒状、纺锤形			基部假根状、圆头状、杵状		
	鳞片、腺点、丝光、肉质、纤维质、脆骨质、实心、空心					

续表

菌托	颜色：		苞状	杯状	浅根状	
	数圈颗粒组成		环带组成	消失	不易消失	
孢子印	白色	粉红色	锈色	褐色	青褐色	紫褐色　黑色
附记	食用、毒用、药用、产量情况					
备注						

3.2.1.4 孢子印的制作

各种真菌的孢子在形态、大小、颜色等各方面都有很大差异,是真菌鉴定中的主要特征之一,所以采集真菌一般应制作孢子印。孢子印的制作就是把菌褶或菌管上的子实层所产生的担孢子接收在白纸或黑纸上。

将新鲜的子实体用刀片齐菌褶把菌柄切断,把菌盖扣在白纸上(有色孢子)或黑纸上(白色孢子),也可把一半白纸和一半黑纸粘连成一张纸而将菌盖扣于上面,再用玻璃罩扣上。经过2~4 h,担孢子就会散落在纸上,从而得到1张与菌褶或菌管排列方式相同的孢子印。

获得孢子印以后,应及时记录新鲜孢子印的颜色,将其编上和标本相同的编号并一起保存,以备鉴定时查用。孢子印的颜色多样,如白色、粉红色、褐色、黑色等。制作孢子印时,应依孢子颜色用有反差性的纸,白色的孢子多用黑色或蓝色的纸,其他颜色的孢子可用白色纸。为使孢子印上的孢子干后不脱落,可在纸上涂一层阿拉伯胶或胶水。

3.2.1.5 标本的制作及保存

大型真菌的标本通常采用烘干法保存。将标本放在通风处令其自然干燥,或放在日光下晒干,实验室中可用吹风机吹干或烘干机烘干。干标本制作好后,把标本连同采集记录表、编号一起放入纸盒或纸袋中,并在盒内或袋内放些樟脑等防虫药品和干燥剂。在纸盒或纸袋外面贴上标签,注明菌名、产地、日期和采集人等,然后放入标本柜中保存。

3.2.1.6 大型真菌的采集与鉴定

菌类标本的鉴定可根据其外观形态、色泽、孢子印及采集记录等资料,参照有关分类学著作,确定其名称及在分类学上所属的门、纲、目、科、属、种。鉴定结果写在标本标签上,注明采集人、采集地点、采集时间、鉴定的学名和地方名、鉴定人等。

表3-2-1-2所列为常见大型真菌的识别特征及主要代表种。

表3-2-1-2　常见大型真菌的识别特征及主要代表种

菌体识别特征	分类	主要代表种
1. 子囊菌亚门		
2. 子囊果生于地下	块菌目地菇科地菇属	瘤孢地菇
2. 子囊果生于地下 　3. 菌盖圆锥形，表面满凹穴	盘菌目羊肚菌科羊肚菌属	羊肚菌
3. 菌盖马鞍形	盘菌目马鞍菌科马鞍菌属	马鞍菌
3. 菌盖钟形	盘菌目羊肚菌科钟菌属	波地钟菌
3. 子囊果盘状	盘菌目盘菌科盘菌属	森林盘菌
2. 子座棍棒形，直立	肉座菌目麦角菌科虫草属	冬虫夏草
1. 担子菌亚门		
2. 担子果胶质，担子有隔	木耳目木耳科木耳属	木耳
	银耳目银耳科银耳属	银耳
	银耳目银耳科焰耳属	焰耳
2. 担子果花球状	非褶菌目绣球菌科绣球菌属	绣球菌
2. 担子果树枝状、珊瑚状或柱状	非褶菌目枝瑚菌科	金黄枝瑚菌、珊瑚菌
2. 担子果舌状，子实层管状	非褶菌目革盖菌科	硫磺菌
2. 担子果头状、齿状，子实层长在肉刺上	非褶菌目齿菌科	猴头菌、翘鳞肉齿菌
2. 担子果号角状、漏斗状，子实层平滑或长在分枝的皱褶上	伞菌目鸡油菌科	金黄喇叭菌、鸡油菌
2. 担子果伞形 　3. 子实层管状 　　4. 担子果肉质	伞菌目牛肝菌科 非褶菌目多孔菌科	橙黄疣柄牛肝菌、褐疣柄牛肝菌宽鳞大孔菌
4. 担子果非肉质	非褶菌目多孔菌科	单色云芝、木蹄层孔菌、树舌
3. 子实层刀片状，菌褶呈辐射状排列	伞菌目桩菇科	黑毛桩菇、潞西褶孔菌
	蜡伞科	红紫蜡伞
	铆钉菇科	铆钉菇
	红菇科	松乳菇、变绿红菇
	白蘑科	香菇、亚侧耳、糙皮侧耳、烟云杯伞、蜜环菌、安络小皮伞、堆金钱菌、口蘑
	粉褶菌科	角孢粉褶菌、丛生斜盖伞
	鹅膏科	橙盖鹅膏
	光柄菇科	草菇、灰光柄菇
	环柄菇科	红顶环柄菇
	蘑菇科	双孢蘑菇
	球盖菇科	半球盖菇、光帽鳞伞
	丝膜菌科	丝膜菌
	鬼伞科	墨汁鬼伞
2. 担子果笔状，"笔头"有黏而臭的产孢体，"笔"下部有脚苞	鬼笔目鬼笔科	长裙竹荪、白鬼笔
2. 担子果球包状，成熟后成粉末状	马勃目马勃科 硬皮马勃目栓皮马勃科	网纹马勃 栓皮马勃

3.2.2 地衣标本的采集与鉴定

地衣是由真菌与藻类共生形成的一类共生复合生物体。因生长基质的不同,地衣可分为岩生、土生和附生等不同类型,呈现出不同的生长型,如壳状、叶状、枝状等。根据地衣生长型的不同,采集和保存的方法也不同。

3.2.2.1 采集工具

采集刀、枝剪、锤子、放大镜、卷尺、铅笔、采集记录本、号牌、包装纸、小纸袋、采集袋或背包、废报纸、照相机等。

3.2.2.2 采集方法

1. 岩生地衣的采集

岩生壳状地衣无论是岩石表生或内生,通常都应使用锤子直接将生长地衣的基物敲下。如果生长地衣的岩石表面十分平坦,无法利用采集工具采集时,可将地衣体的完整个体拍照记录,然后用采集刀小心地将地衣体从岩石表面剥离,并在野外采集记录中注明该标本的野外照片及其标本采集编号。

以固着器紧密固着在岩石表面的叶状地衣通常使用采集刀的末端将固着器与岩石表面相接处切割来采集。如地衣因干燥而易脆时,则须喷水软化,然后再进行采集。疏松地固着在岩石表面的叶状或枝状地衣用采集刀或直接用手即可采集。

2. 土生地衣的采集

以固着器固着在土壤表面的叶状或枝状地衣可使用采集刀采集,但要尽可能保证所采地衣体的完整性。坚硬土质或疏松沙土上生长的壳状或小鳞片状地衣在采集时应连同基质一起采集。

3. 附生地衣的采集

附生在森林、灌丛上的叶状或枝状地衣与岩生叶状或枝状地衣采集方法相同,树皮表生或内生的壳状地衣应使用采集刀将生有地衣体的树皮采集下来。

标本采集后,放入小纸袋中,纸袋上写清采集编号,并在采集记录本中做好记录。

3.2.2.3 地衣标本的制作

叶状或枝状地衣在采集之后要趁地衣体尚处于湿润状态,用具有吸水作用的草纸或旧报纸压制成蜡叶标本,压制方法与植物标本的制作方法相同。对于壳状地衣,连同其生长基质按体积大小分别装入硬纸标本盒或标本袋内即可。

注意,务必将含有学名、产地、经纬度、海拔、基物、采集时间、采集人、采集编号等信息的标签粘贴在纸袋(盒)外;将野外的原始记录签粘贴在标本袋内。

3.2.2.4 地衣标本的保存

将上述采集鉴定后的地衣标本进行低温灭虫（卵）处理。将待处理的标本置入塑料袋内密封，然后在-35℃或更低温度的冰柜中冷冻10～15天。然后，将上述处理后的地衣标本按照编号或者字母的升降顺序放入标本柜中进行保存，以便查询研究。

3.2.2.5 地衣标本的鉴定

采集回来的地衣标本要进行分类鉴定。常用的鉴定方法有形态解剖法和化学鉴定法。

1. 形态解剖法

在地衣鉴定时，首先要观察其形态特征，如地衣体形状、色泽，并且借助放大镜及体视显微镜来观察地衣体表面的附属结构，如假根、粉芽、杯点及衣缨等。然后利用徒手切片法制片，在显微镜下观察其内部构造，如地衣体的皮层、藻层、髓丝层、子囊盘、子囊及子囊孢子的特征，测量子囊果及孢子的大小。

子囊盘、子囊及子囊孢子的观察方法如下：

① 取材：选取成熟、发育良好的子囊盘。将选好的子囊盘置于盛有自来水的小培养皿或浅玻皿中，浸泡约1 min，使子囊盘变软。

② 制片：将浸软后的子囊盘置于吸水纸上，脱去表面多余的水分，用石蜡包埋，进行徒手切片。挑取发育好、切得薄的切片，放在载玻片上的水滴中，再补加1滴10%的氢氧化钾，使侧丝疏松，以便于在显微镜下观察。

③ 染色：若发现有发育好的子囊，可在盖玻片的右侧加1滴棉兰或鲁哥氏（Lugol's）染色液，在其左侧用长条吸水纸吸取，使染色液流过样品，进行染色。

④ 镜检：在显微镜下观察子囊、子囊孢子及其染色情况，必要时进行绘图和拍照。

2. 化学鉴定法

在地衣化学鉴定中，需使用如下试剂：

① 10%～25%的氢氧化钾水溶液（简称K）。

② 次氯酸钙溶液，即漂白粉饱和水溶液，或新鲜次氯酸钠溶液（简称C）。

③ 在待测部位用毛细管点K试剂，然后在该部位点C试剂（简称KC）。

④ 2%～5%的对苯二胺乙醇溶液（简称P）。

⑤ 1%的碘液（简称I）。

将上述试剂分别滴入地衣体皮层或髓层部分并观察有无显色反应。显色试验均在体视显微镜下进行。具体方法：在进行地衣皮层显色试验时，用纤细的毛细管将试剂轻轻滴在地衣体皮层表面，将一片滤纸条浸于地衣体表面的试剂小滴中，从白色滤纸条上便可精确地辨认出反应结果；在进行地衣髓层显色试验时，首先用小刀片轻轻削去地衣体皮层，要防止皮层碎屑粘留在待试的髓部，之后将试剂用毛细管滴在待测髓部中央，其他步骤与上述方法相同。显色试验结果的习惯记录方法是（以K为例）：地衣体K+红（即地衣体遇氢氧化钾变红）；地衣体K+黄→红（即地衣体遇氢氧化钾变黄，随后变红）；髓层KC+红（即髓层遇氢氧化钾及次氯酸钠联合反应变红）；地衣体K-（即地衣体遇氢氧化钾不变色）。

在进行显色试验的同时，还常常需要检测地衣体髓层的次生代谢产物是否有荧光。具体方法：用刀片轻轻削去地衣体皮层，使髓层裸露，在黑暗条件、360 nm紫外光下观察髓层有无荧光。记录方法：UV-（无荧光）；UV+，UV++，UV+++（三者均表示有荧光，"+"表示荧光强度）。

对部分标本可用标本薄层层析法（简称TLC）进行地衣化学物质的测定和分析。

3.2.3 植物标本的采集、制作及形态鉴定

标本，其实质是具有代表性的样品。生物标本是取动物、植物或微生物等的一些个体或个体的部分作为样品。这些样品可以是新鲜的，也可以是干燥的或浸泡的。生物标本是人类认识、利用自然的历史见证和档案，是物种多样性最直接的凭证。通过对生物标本的系统研究，科学家可以得到生物物种相关的大量形态学、生态学、生物学和地理分布等信息。这些信息对人们认识生物进化的历史，探索地球及其周围环境的演化过程，具有重大意义。

植物学最初是作为一种医学实践而出现的。公元1500年以前，研究植物相关的药学家和神学人员往往依赖于活的植物材料，因此植物园是非常重要的教学平台。然而，植物园需要雄厚的运行经费，而且具有季节性，因此意大利博洛尼亚（Bologna）大学的植物学教授卢卡·吉尼（Luca Ghini, 1490—1556）发明了标本。他将植物材料直接在书本内压干，称之为"hortus siccus"，再将标本存储在柜子中，这样就可以在需要的时候研究和学习这些植物。因此，植物标本的发明改变了长期存在的教学方式，是当时的一项重大技术创新。这种标本的实用性很快就显现出来，卢卡·吉尼的技术很快也遍及欧洲。卢卡·吉尼的学生蔡博（Ghirardi Cibo）在约500年前（1532年）建成了第一个植物标本室（herbarium）。法国医师兼植物学家图尔内福（Joseph Pitton de Tournefort）首先将"herbarium"一词应用于描述一系列干燥、压榨的植物。早期的植物标本由标本捆成的书状薄片组成，后来生物分类学之父林奈（Carolus Linnaeus）将标本解开，分解成一张张独立的标本。这些标本根据各自所属类别被整齐地放在狭窄而垂直的架子上，可以很方便地重新整理和放置。这种方法在18世纪下半叶变得普遍并流传下来，直到现在植物标本仍然保持着原来的基本样式并被广泛应用于植物分类学、植物生态学等学科的研究和教学。目前馆藏量大的标本馆，如法国国家自然历史博物馆（P）、俄罗斯科学院科马洛夫植物研究所（LE）、英国皇家植物园-邱园（K）、日内瓦植物园（G）、密苏里植物园（MO）、哈佛大学植物标本馆（GH）等馆藏量都在500万份以上，其中法国国家自然历史博物馆馆藏植物标本达1 000万份。中国收藏植物标本最多的是中国科学院植物研究所标本馆（PE），有265万份。此外，昆明植物研究所（KUN）有植物标本120多万份，华南植物园（IBSC）有植物标本100万份。北京大学植物标本馆（PEY）是中国

成立最早的标本馆之一，收藏有中国第一个进行大规模植物采集的植物学家——钟观光先生的大部分标本，同时还有京师大学堂时期采集的标本，目前馆藏标本6万余份。

植物标本的制作原理就是通过物理风干、真空干燥、化学防腐处理等各种处理方法，将植物永久保存，并保持其基本的形态特征。根据保存状态可以将植物标本分为腊叶标本和浸制标本；根据用途可以分为研究标本、教学标本和展示标本。由于腊叶标本能保持原植物的基本形态，而不同物种具有不同的形态，因此可以通过标本研究植物多样性、物种的变异以及物种之间的关系等。由于每一份标本都具有详细的生境信息，因此可以通过标本研究植物种类的分布以及物种对环境的适应等。与此同时，一个狭小的空间就能存放数千份标本，相当于一个缩小版的花园，因此在进行植物多样性教育时具有特别的优势。植物标本长期以来都是植物分类学与生态学研究和教学领域使用的基本材料，然而叶绿素不稳定，干燥后在光照下容易分解；花青素等色素也容易被氧化，因此大多数腊叶标本色泽暗淡，甚至叶片还容易脱落。此外，腊叶标本是平面结构，不利于对植物立体结构的观察。相较而言，浸制标本常用于自然博物馆等场所的展览和教学，虽然制作过程复杂，但能保持植物的立体结构，尤其是花或果实的形态。在教学中，腊叶标本和浸制标本各具优势，常结合起来使用。

3.2.3.1 植物标本的采集

标本采集是标本制作过程中最基本的步骤，采集时的植物状态直接影响标本的最终效果。标本采集时需要记录植物生存的环境信息、地理位置以及植物的形态、大小、颜色和生长状况等信息。这些信息对分析植物的特征和分布具有重要的作用，一些标本甚至记载着在当地的用途（宗教祭祀、文化或药用等）。一份标本的价值与信息的丰富度呈正相关关系。

1. 种子植物标本的采集

植物标本的采集根据不同的目的，其方式也是不一样的。如具有普查性质的采集是将整个地区的所有植物都进行采集；而具有特殊目的的采集则是对一些具体的类群进行主要采集。但是无论是哪种采集方式，都须进行精心准备。准备越详细，野外采集时就会越顺利。

（1）采集工具

① 标本夹：供压制标本和采集标本之用。

② 吸水纸：压制标本时吸收水分之用，以麻纸最好。

③ 采集袋：可用购物袋代替。

④ 掘根器：用以挖掘具地下特殊根的草本或灌木。

⑤ 枝剪和高枝剪：用以剪断木本或有刺植物。

⑥ 手锯：一些粗大的植物须用手锯才能锯断。

⑦ 号签、采集记录签和定名签：用以野外采集时标号、记录植物生长环境以及初步定名称。

⑧ 照相机：对植物的花、果实和生境进行拍照记录。

⑨ GPS定位仪：对植物的生长地进行精确定位，同时还可以测量海拔、坡向，具有指北针功能。

（2）采集注意事项

一份标准的植物标本应该是能代表该种植物的带花和果实的枝条或全株，大小在长40 cm、宽25 cm范围内。一般要一式3份（数量视需求而定），稍加修整并挂上号牌，然后夹入吸水纸中压好。在野外时，可以将同号的几份标本暂时夹在一起。

采集种子植物标本应注意以下各点：

① 必须采集完整的标本。除采集植物的营养器官外，还必须具有花或果实。

② 采集草本植物时应采带根的全草。如发现基生叶和茎生叶不同时，要注意采基生叶。高大的草本植物，采下后可折成"V"或"N"字形，然后再压入标本夹内；也可选其形态上有代表性的枝条剪成上、中、下3段，分别压在标本夹内，但要注意编同一个采集号，以便鉴定时查对。

③ 乔木、灌木或特别高大的草本植物，只能采其带花或果实的植物体的一部分。但必须注意采集的标本应尽量能代表该植物的一般情况。如有可能，最好拍一张该植物的全形照片，以补标本不足。

④ 水生草本植物在提出水面后，很容易缠成一团。可用硬纸板从水中将其托出，连同纸板一起压入标本夹内。

⑤ 对一些具有地下茎（如鳞茎、块茎、根状茎等）的科属，如百合科、石蒜科、天南星科等，在没有采到地下茎的情况下是难以鉴定的，因此应特别注意采集这些植物的地下部分。

⑥ 雌雄异株的植物应分别采集雌株和雄株，以便研究时鉴定。

⑦ 有些植物一年生新枝的叶形和老枝上的叶形不同，或者新生叶有毛茸或叶背具白粉，而老叶则无毛，如毛白杨的幼叶和老叶，因此，该类植物的幼叶和老叶都要采。对一些先叶开花的植物，采花枝后，待出叶时应在同株上采其带叶和结果的标本。有些木本植物的树皮颜色和剥裂情况是鉴别种类的依据，因此，应剥取一块树皮附在标本上，如桦木属的一些种。

⑧ 寄生植物应注意连同寄主一同采下，并要分别注明寄主和寄主植物，如桑寄生、列当等标本的采集。

⑨ 一种植物的标本一般要采2~3份，并编同一编号，每个标本上都要系上号签。制作好的标本除自己保存外，对一些疑难的种，可将其中同一编号的一份标本送研究机关，请代为鉴定。

（3）做好野外记录

野外记录包括植物的产地、生长环境、性状、花的颜色和采集日期等信息，对于标本的鉴定和研究有很大帮助。一张标本价值的大小，常以野外记录详细与否为标准。因此，在野外采集标本时，应尽可能地随采、随记录和编号，以免过后忘记或错号等。野外记录的编号和号签上的编号要一致。从野外回来后，应根据野外记录签上的记录，如实地抄在固定的记录本上。现在常用手机APP（如中国科学院昆明植物研究所开发的"生命观察"）记录物种生境信息，极大地方便了野外采集。

2. 孢子植物标本的采集

孢子植物类群复杂，各类群都有一些特点，因此标本的采集方式也有一些不同。孢子植物包括蕨类植物、苔藓植物和藻类植物。这3种类型的植物形态之间差别较大，在鉴定中依据的侧重点也不相同，因此不同的类群也需要不同的采集方法。

（1）蕨类植物标本的采集

蕨类植物的分类依据是孢子囊群的结构、形状、排列方式和叶的形状以及根茎等，因此标本要求具有孢子囊群的叶和一段根茎。如果植株太大，可以采集叶片的一部分（但要带尖端、中脉和一侧的一段），以及叶柄基部和部分根茎，同时认真记下植物的实际高度、宽度、裂片数目和叶柄的长度。采集具有孢子囊群的叶对蕨类植物标本的采集是非常重要的。

（2）苔藓植物标本的采集

苔藓植物的孢子体形态在分类中是重要的特征，因此采集时要采集具有孢子囊的植株。如果有长在地面上的匍匐主茎，也一定要采下来。苔藓植物常长在树干、树枝上，这就要连树枝或树皮一起采下。苔藓植物有的单生，有的几种混生，应尽力做到每份标本一个种，分开采集，分开编号。孢子囊没有成熟的、颈卵器没有长成的也要适量采一些。标本采好以后，不同的物种要用纸分别包好，放在软纸匣里，不要夹，不要压，保持它们的自然形态。

（3）藻类植物标本的采集

山地藻类一般生长在沟谷的溪流或水塘中，以及潮湿的岸边泥土表面和树叶上。山地藻类一般都非常细小，因此对于山地藻类的采集主要是将各种类型的水、土壤和树叶等不同基质分别采集到不同的小塑料瓶中，用固定液（卡诺氏固定液或FAA固定液）进行固定，然后贴上标签。标签须包括采集地点、生长环境、采集时间、采集人等信息。

3.2.3.2 植物标本的制作

1. 标本的整理

当标本采集回来后，首先要整理标本。整理的原则是叶片不重叠，叶片正面和反面都有，花或果实正面朝上。将标本调整到适合的长度和宽度，修剪掉多余的叶片，但要保留叶柄的痕迹。对于一些具有肥厚根、茎的标本，应将其用刀片切成两半；对于一些叶片巨大的标本，如棕榈科植物，则要把叶片切成1/4～1/2合适大小。其次要压制标本，压制12 h左右更换一次草纸，同时对标本再进行一次整理。这次整理很重要，这是因为植物在标本夹内压了一段时间，植物标本已经软化，这时可以调整形态不佳的标本。

2. 标本的压制

标本压制指标本从三维立体结构变成二维平面结构的过程。在这个过程中，植物的水分丢失，变成干燥的标本。新鲜标本的失水方式有两种：吸水纸干燥法和暖风机（或烘箱）干燥法。

（1）吸水纸干燥法

传统上常用一种土法制造的草纸（或称黄纸），现在也有用滤纸或滤纸加变色硅胶制成的吸水能力强的压花板，通过每天更换草纸使标本达到快速干燥并保持原色的方法。

主要步骤包括：

① 打开标本夹，整理好草纸，使之平展而整齐。

② 将标本夹的其中一个夹板平放在一个平台上，将2~5张整理好的草纸放在夹板上。

③ 将经过修剪整理的新鲜标本放在草纸上，在保证科学的基础上力求美观。体积较小的标本可以数份压在一起（同一编号），但不能把不同种类的标本（不同编号）放在一张纸上，以免混淆。

④ 对一些肉质植物，如景天科植物，在压制标本时，须把它们先放入沸水中煮3~5 min，然后再按照一般方法压制。这样处理可以防止落叶，并使植物在标本压制过程中停止生长。

⑤ 一边整理新鲜标本一边盖上2~5张草纸，如此重复，直到压完所有标本。

⑥ 将另一个夹板盖到最后一张草纸上，然后用标本夹上的绳子将标本连同草纸一起捆住，并用力压紧。

⑦ 当天或第二天用同样的方法更换草纸，如此反复。一般7天左右，新鲜标本就会变成干燥的平面型标本。更换草纸时最好把含水多的植物分开压，并增加换纸次数。

吸水纸干燥法的优点：

① 适合对大部标本进行压制，材料简单，占用空间小，方便携带。

② 便于整理。一些在首次整理时没有调整好的标本可以在第二次或第三次换纸时整理，因此此法容易制出优良的标本。

③ 利于识别植物。一般来说，一份标本从采回来到失水干燥需要一周时间。每天的换纸使我们对所采植物有了更深入的认识，因此标本压干了，植物也就认识了。

吸水纸干燥法的缺点：

① 干燥速度太慢，不利于大量采集。

② 吸水纸每天都需要太阳晒，受天气影响大。

③ 需要每天换纸，相对较麻烦。

④ 对于一些肉质植物和含水分较多的植物，此法花费时间太多，容易发霉，需要辅助措施。

（2）暖风机干燥法

此法近年来在国内外应用比较普遍，其关键部件是一个可调节温度和风速的暖风机和一些瓦楞纸。利用暖风机向夹着标本的瓦楞纸吹暖风从而达到快速干燥的目的。

主要步骤包括：

① 打开标本夹，将标本夹的其中一个夹板平放在地上，将1张瓦楞纸放在夹板上。

② 将经过修剪整理的新鲜标本放在1张报纸上，一边整理标本一边用报纸将标本压住。在标本整理时必须一次性整理好，因为干燥后无法再进行调整。

③ 将装有新鲜标本的报纸放到第一张瓦楞纸上，然后对标本进行最后调整。

④ 在新鲜标本上再盖1张瓦楞纸，如此重复，直到压完所有标本。

⑤ 将另一个夹板盖到最后一张瓦楞纸上，然后用绳子将标本和瓦楞纸一起捆上，并稍微压紧。但是瓦楞纸不能压得太紧，否则把小瓦楞压扁将不利于通风。

⑥ 将暖风机对准标本夹并将暖风机两侧裹住，留出前面和后面作为进风口和出风口。暖风机的温度一般调中档，持续吹12 h左右，绝大部分标本都会变干燥，而且颜色和原色基本一致。须注意的是，标本的烘制不能在地毯上或者易燃易爆的试剂或仪器旁边进行，应在浴室等四周没有可燃物质的地方进行。

暖风机干燥法的优点：

① 快速干燥，一般10 h就可干燥，易于大量采集。

② 对于多雨季节的采集或水分含量高的植物也适合。

③ 能够使植物保持原来的颜色。

暖风机干燥法的缺点：

① 占用空间大，不适合单人采集用。

② 温度高，控制不好就会使标本烤焦，同时还容易引起火灾。

③ 标本必须在烘烤之前整理好，后面不能调整。

由此可见，以上两种植物标本干燥法各有优缺点。在野外如果条件允许，可以两种方法结合起来用。先用草纸压上2天，把标本压软并做必要的调整之后，再用暖风机、瓦楞纸将其烘干。这样可迅速干燥，标本质量也可得到保障。

3. 标本的消毒

消毒的方法就是把标本放进消毒室或消毒箱内，将敌敌畏或四氯化碳与二硫化碳混合液置于玻璃器皿内，利用毒气熏杀标本上的虫子或虫卵。约3天后即可取出上台纸。如果是上台纸后消毒，早期的腊叶标本常用升汞（5%氯化汞酒精溶液）消毒。但升汞毒性太大，后来多用溴甲烷熏蒸的方法。现在常用-40℃低温冰柜冷冻20天，孵化10天，再冷冻20天的方法，可将虫子和虫卵杀死。

4. 上台纸

上台纸是制作腊叶标本的一个关键步骤。台纸以厚的、没有经过漂白的卡片纸为佳，大小为长40 cm，宽29 cm。

主要步骤包括：

① 将白色台纸平整地放在桌面上。

② 把消毒好的标本放在台纸上。根据标本设计造型，摆好位置，同时在右下角和左上角都要留出贴定名签和采集记录签的位置。对体积过小的标本，如浮萍，不使用纸条固定时，可将标本放在一个折叠的纸袋内，再把纸袋贴在台纸的中央。这样在观察时可随时打开纸袋。

③ 用刻刀在标本的适当位置上切出数对小纵口。

④ 用具有韧性的白纸条，由纵口穿入，从背面拉紧，并用胶水在背面贴牢。上台纸时最好不要用糨糊，因为糨糊容易生虫，损坏标本。

⑤ 标本固定好后，通常在台纸的左上角贴采集记录签，在右下角贴定名签。

⑥ 贴上标本馆的条形码编号，完成一份标本的制作。

近来有人用整体胶粘法装订标本，就是用乳胶直接将经过消毒的标本全部粘在台纸上。本法制作速度快，但是质量不如用纸片粘贴的方法好，也不利于标本的使用。

采集记录签的大小约为9 cm × 13 cm，其式样如图3-2-3-1。

中国植物

采集人：__________ 采集号：______ 采集日期：______

产地：__________省（市）__________县__________

环境：______________________________

海拔：________m 性状：__________ 体高：__________

胸高：________ 直径：__________ 树皮：__________

叶：______________________________

花：______________________________

果实：______________________________

别名：______________ 科名：______________

学名：______________________________

附记：______________________________

图3-2-3-1 植物标本采集记录签

定名签的大小约为5 cm×10 cm，其式样如图3-2-3-2。

北京大学植物标本室

中 名：_____

学 名：_____

鉴定人：_____　日　期：_____

图3-2-3-2　植物标本定名签

凡经上台纸并装入纸袋的植物标本，经正式定名后，都应放进标本柜中保存。

5. 怎样处理特殊的植物标本

植物的花、果实或地下部分（如鳞茎、球茎等），为了教学、陈列和科研之用，必须浸泡在药液中，才能长期保存。浸泡的药液可分为一般溶液和保色溶液两种。

（1）一般溶液

有些植物的花和果实是用于实验的材料，即可浸泡在4%的福尔马林溶液中，也可浸泡在70%酒精溶液中。前者配法简单，价格便宜，但易于脱色；而后者脱色虽比前者慢一点，但价格较贵。如果是做切片之用，可将材料浸泡在FAA固定液中固定保存。

（2）保色溶液

保色溶液的配方较多，但到目前为止，只有绿色较易保存，其余的颜色都不很稳定。这里简单介绍几种保色溶液的配方，仅供参考。

① 绿色果实的保存配方。

配方1：硫酸铜饱和水溶液75 mL、福尔马林50 mL、水250 mL。将材料在配方1中浸泡10～20天，取出洗净后浸入4%的福尔马林溶液中长期保存。

配方2：亚硫酸1 mL、甘油3 mL、水100 mL。事先将果实浸在饱和硫酸铜溶液中1～3天，取出洗净后再浸入0.5%亚硫酸中1～3天，最后于配方2中长期保存。

② 黄色果实的保存配方。

配方：6%亚硫酸268 mL、80%～90%酒精568 mL、水50 mL。直接把要浸泡的植物材料浸泡在此混合液中，便可长期保存。

③ 黄绿色果实的保存配方。

把标本在5%的硫酸铜溶液里浸泡1～2天，取出洗净，再浸入用6%亚硫酸30 mL、甘油30 mL、95%酒精30 mL和水900 mL配制的保存液中保存。在此之前，须先向果实注射少量保存液。

④ 红色果实的保存配方。

配方1：福尔马林4 mL、硼酸3 g、水400 mL。

配方2：福尔马林25 mL、甘油25 mL、水1000 mL。

配方3：亚硫酸3 mL、冰醋酸1 mL、甘油3 mL、水100 mL、氯化钠50 g。

配方4：硼酸30 g、酒精132 mL、福尔马林20 mL、水1360 mL。

先将洗净的果实浸泡在配方1的混合液中24 h，如不发生混浊现象，即可放在配方2或配方3抑或配方4的混合液中长期保存。

⑤ 紫色、黑紫色和深褐色的保存配方。

将福尔马林50 mL、10%氯化钠水溶液100 mL和水870 mL混合搅拌，沉淀过滤后制成保存液。先用注射器往标本里注射少量保存液，再把标本放入保存液里保存。

无论采用哪种配方，在浸泡时药液都不可过满，浸泡后用凡士林、桃胶或聚氯乙烯黏合剂等封口，以防药液挥发。

3.2.3.3 植物的鉴定

物种定名是一个比较专业的工作，需要具有一定的植物分类知识和必要的工具书才能进行。相关植物分类学知识可以参考大学教材如周云龙主编的《植物生物学》等，或植物分类学教材如汪劲武主编的《种子植物分类学》和《轻轻松松认植物》等；工具书可参考《中国植物志》（http://www.iplant.cn）和各省市植物志（如《北京植物志》等）或植物分类学专著（如王文采院士的《中国楼梯草属植物》、洪德元院士的《世界芍药属专著Ⅲ》等）以及植物名录等。必要的时候还可以到标本馆或标本资源平台进行核对（如北京大学生物标本馆网站http://biomus.pku.edu.cn；中国国家标本平台NSII http://www.nsii.org.cn），也可以请各科专家帮忙鉴定。现在常用手机APP进行智能鉴定，依托于庞大的植物图片数据库和先进的人工智能深度学习技术，很多手机APP（如"形色""花伴侣"等）对植物的识别已经越来越精准。但是也会有错误，这时就需要使用者具有一定的分类学基本知识，能通过特征判断答案的准确性。

3.2.3.4 标本入库

将采集记录签贴在台纸的左上角，定名签贴在右下角，同时将脱落的材料用纸袋装好贴在右上角备用。然后在台纸上（一般在左下角）贴好标本馆的编号，按照顺序放入标本库中就完成了一份腊叶标本的制作（图3-2-3-3）。

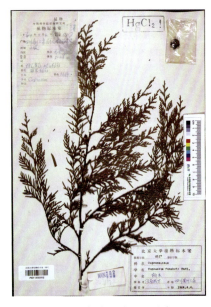

图3-2-3-3 柏木标本（采集制作者：汪劲武；四川南川三泉，19640404，PEY）

3.2.3.5 植物腊叶标本作品赏析[1]（图3-2-3-4～图3-2-3-13）

---

[1] 以下标本现存北京大学生物标本馆（PEY）。

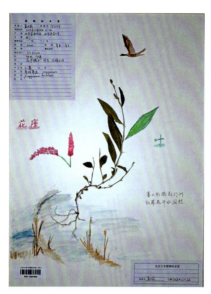

图3-2-3-4　红蓼 *Polygonum orientale*

（采集制作者：夏天茹；北京海淀，20181028）
制作者绘制了放大的花序，添加了背景和飞雁，呈现为一幅描绘秋天的山水画。

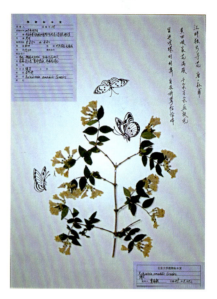

图3-2-3-5　猬实 *Kolkwitzia amabilis*

（采集制作者：贾瑞敏；北京海淀，20190508）
标本压制非常完美，蝴蝶和唐诗与标本相得益彰，意境瞬间被提升。

图3-2-3-6　尖裂假还阳参 *Crepidiastrum sonchifolium*

（采集制作者：杨帆；北京海淀，20190508）
手绘的放大头状花序与一段压制的花葶虚实结合，别有韵味。

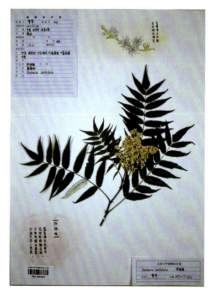

图3-2-3-7　珍珠梅 *Sorbaria sorbifolia*

（采集制作者：曾卓；北京海淀，20190924）
以诗咏其风骨，以画描其颜色，一幅普通的腊叶标本配上诗画，把植物的特点展现得精美绝伦。

图3-2-3-8 朱槿 *Hibiscus rosa-sinensis*

（采集制作者：张雅乔；北京海淀，20190924）花的解剖展现了锦葵科单体雄蕊的特征，花瓣和叶片构成的小鸟呈现出鸟语花香的意境。

图3-2-3-9 圆叶牵牛 *Ipomoea purpurea*

（采集制作者：龚梓桑；北京海淀，20181028）植物原有的线条柔美轻盈，水彩渲染朦胧雅致，一幅"日出江花红胜火，春来江水绿如蓝"跃然纸上。

图3-2-3-10 荇菜 *Nymphoides peltata*

（采集制作者：陆翔宇；北京海淀，20190914）这是一幅有花、有根的水生植物标本，再配上一行诗，更增加了画面的灵动感。

图3-2-3-11 珙桐 *Davidia involucrata*

（采集者：孟世勇；贵州，201505；制作者：倪文青；20181102）

用点线法绘就的叶片、苞片和花序简洁精准，具有别样的科学美感。

图3-2-3-12　银杏 *Ginkgo biloba*　　　　　图3-2-3-13　石花菜 *Gelidium amansii*

（采集制作者：杨舒雅；北京海淀，20181029）　（采集制作者：王荣羿；山东烟台，20150715）
作品作者利用其高超的绘画技法将二次元和科学标本进行了完美结合，银杏叶似凤尾，又似凤冠，惊艳绝伦，令人怦然心动。　　海滨的藻类标本需要在水盆里用台纸缓慢抬升，才能将其"油油的在水底招摇"的样子完美保留。此标本已近10年，颜色仍然鲜艳。

3.2.4 植物群落多样性调查

植物群落指生活在一个特定区域内，相互之间具有直接或间接关系的所有植物的总体。群落结构总体上是对环境条件的生态适应。群落的环境不是均匀一致的，空间异质性的程度越高，意味着有更加多样的小生境，所以能允许更多的物种共存。中国共有3万多种高等植物，是地球上植物多样性最丰富的国家之一。中国植物多样性具有种类繁多、特有性高、区系起源古老、栽培植物及其野生亲缘种的种质资源异常丰富等特点，在全世界占有十分独特的地位。然而，剧烈的气候变化以及人类活动导致的栖息地破碎化等因素对生物多样性产生了极大的威胁。因此评估一个地区的生物多样性，判断该地区植物多样性的影响因素以及生物群落之间的关系等，成为生态学或生物多样性领域的重要课题。

3.2.4.1 植物群落垂直分布及其生态现象观测

植物与环境之间长期的相互作用，形成了各种各样的植物种群。这些种群通过各种方式形成与环境相适应的形态，如高海拔地区的矮化植物。同时，植物与植物之间也以各种各样的形式相处，形成相应的自然群落，如马先蒿属（*Pedicularis*）植物与东方草莓

(*Fragaria orientalis*)的半寄生关系。许多山体地形复杂，垂直高差达数千米，植物种类丰富，群落结构类型多样，可以通过踏勘观察到许多自然生态现象，主要包括以下几种。

（1）植被分布的垂直地带性规律

植物群落往往与其生境具有密切的关系，尤其是受到地质历史、地形以及气候环境的影响。由于温度从低纬度到高纬度或低海拔到高海拔呈现出逐渐降低的特点，植被类型在纬度上和垂直方向上的分布呈现出地带性分布。这种规律的主导因子是水热条件的规律性变化。

随着海拔的升高，气温随之降低，自然环境及植被也呈现出有规律的带状变化，这就是植被分布的垂直地带性。不同植被类型在垂直方向上的带状分布组合称为植被的垂直带谱，垂直带谱与山体所在水平位置（即纬度、经度）有关。垂直地带性规律从属于水平地带性规律，每一山体自下而上依次分布的植被类型，与山脚所处水平位置向高纬度地区依次分布的植被类型相对应。山体海拔越高，山体所在纬度越低，则垂直带谱越完整。

（2）高山物候现象

植物适应一年中气候条件的节律变化而形成与此相适应的生长发育节律称为物候。随着海拔升高，年均气温降低，春季植物的物候会推迟，春末开花植物表现为明显的花期推迟，如山桃（*Prunus davidiana*）、紫花地丁（*Viola philippica*）和二月兰（*Orychophragmus violaceus*）等。秋季开花植物花期会随海拔的升高而提前，如野菊（*Chrysanthemum indicum*）等。物候观察项目包括休眠期、萌芽期、抽枝期、展叶期、开花期、坐果期、果实膨大期、落叶期等，每个时期又分为开始期、盛期、末期。

（3）高山植物的生态适应现象

高山上具有日照充足、紫外线等短波辐射强、温度低、气候波动大、风力强劲、昆虫稀少、土壤贫瘠等外部因素，但是在不同的生境中起主导作用的因素是不同的。一些生境的主要限制因素是紫外线等短波辐射强，这里的植物普遍矮化，如乔木物种灌木化、节间缩短，植株粗壮，如青藏垫柳（*Salix lindleyana*）、北极果（*Arctous alpinus*）；一些昆虫稀少、温度低、气候波动大的生境则出现鲜艳的花瓣，甚至形成小"温室型"的花，如风毛菊属（*Saussurea*）、蝇子草属（*Silene*）和贝母属（*Fritillaria*）的一些种类；一些土壤贫瘠、风力强劲的山顶植物可能会紧贴地面生长，多数出现明显的偏冠或旗冠等。

1. 实验器材

海拔仪、GPS定位仪（或者各种手机APP）、皮尺、钢尺、指南针、记录板、pH混合指示剂及比色皿、瓷盘等。

2. 实验步骤

① 利用手机APP或GPS定位仪搜索卫星，并用已知海拔的地点进行校准。

② 在选定的植被垂直带谱上，从低海拔向高海拔，垂直高差每隔100 m确定一个具有代表性的典型植被类型。典型植被类型调查点一般设在整百米高度，如600 m、700 m、

800 m、900 m、1 000 m等，但各组也可互相错开，以便组间数据共享及结果分析。

③ 调查并记录该群落所处的海拔高度、坡向、坡度、土壤pH、土壤类型（山地黄壤、山地黄棕壤、山地棕壤、山地暗色森林土、山地草甸土、山地沼泽土、红壤等）、群落各层优势种，人为干扰程度（强、中、弱），地带性植被类型和群落名称（双名法），结果记入表3-2-4-1中。

表3-2-4-1 群落垂直地带性类型调查记录表

海拔高度/m	坡向	坡度	土壤pH	土壤类型	优势种			人为干扰	植被类型	群落名称
					乔木	灌木	草本			

调查人：　　　　　　　　　　　　日期：

④ 在每个海拔高度的植物群落中，分别调查并记录乔木层中主要种类的物候期，平均株高，平均节间距，树冠色彩，树冠形状（塔形、圆形、伞形），是否偏冠等，结果记入表3-2-4-2中。物种种类应根据其在群落中的优势度及生长和分布状况确定，尽量选择优势度高、物候期明显且在不同海拔均有分布的物种或相近种，以便比较分析。

表3-2-4-2 乔木层生态现象调查记录表

海拔高度/m	群落名称	主要种类	物候期	平均株高/m	平均节间距/m	树冠色彩	树冠形状	是否偏冠

调查人：　　　　　　　　　　　　日期：

⑤ 分别调查记录群落中灌木层和草本层的主要种类，物候期，平均株高，平均节间距（灌木层），花色（草本层），叶片色彩，生长状况（良、中、差）等，结果计入表3-2-4-3和表3-2-4-4。

表3-2-4-3　灌木层生态现象调查记录表

海拔高度/m	群落名称	主要种类	物候期	平均株高/m	平均节间距/m	叶片色彩	生长状况
调查人：			日期：				

表3-2-4-4　草本层生态现象调查记录表

海拔高度/m	群落名称	主要种类	物候期	平均株高/m	花色	叶片色彩	生长状况
调查人：			日期：				

3.2.4.2　群落的结构

群落的结构（community structure）是指群落中所有种类及其个体在空间、时间上的配置状况。群落结构往往包括物理结构和生物结构。种类组成是指一个群落内的植物成分，即乔木、灌木以及其他林下植物各有哪些种类，这是群落结构的主要特征之一。植物群落并不是个体和种的组合，而是以生长型（growth form）为代表的生态群组合。

植物生活型是植物对于综合生境条件长期适应而在外貌上反映出来的植物类型，如大小、形状、分枝和植物的生命周期长短等。我们一般把植物分为乔木、灌木、半灌木、木质藤本、多年生草本、垫状植物等生活型，所以生活型是指植物群落的一定的共同外貌。一定气候条件下的一个群落，经常以一定频度分布的生活型为特征。Raunkiear生活型分类的主要依据是：在植物活动处于最低潮的季节（即恶劣气候条件下），更新芽距土壤表面的位置高低和对苗端提供的保护方式。主要类型包括：

① 高位芽植物（Ph）：多年生芽着生在空气中的枝条上，高于地面25 cm以上，包括乔木、高灌木、藤本、附生植物、高茎的肉质植物。

② 地上芽植物（Ch）：多年生芽紧贴地面（高度低于25 cm），如匍匐灌木、矮木本植物、矮肉质植物、垫状植物。

③ 地面芽植物（H）：多年生草本，地上部分在生长季结束时死去，留下休眠芽在地表或地表下，被积雪或枯枝落叶保护，如季节性宽叶草本、禾草、莲座状植物。

④ 隐芽植物（G）：休眠芽位于土壤表层以下或没于水中，如深根茎植物、球茎植物、块根植物、水面植物、沉水植物。

⑤ 一年生植物（Th）：以种子度过不利季节的植物，如一年生草本植物。

某一生活型的百分率=（该生活型的植物种数/该群落所有的植物种数）×100%

群落中各生活型百分率序列即为该群落的生活型谱。

气候相似区具有相似的生活型谱，在表3-2-4-5中列出了不同气候带植物群落的生活型谱。

表3-2-4-5 Raunkiear生活型谱

气候带	调查种数	生活型百分率/%				
		高位芽植物	地上芽植物	地面芽植物	隐芽植物	一年生植物
热带	258	61	6	12	5	16
温带	1 084	7	3	50	22	18
北极带	110	1	22	60	15	2
荒漠带	194	12	21	20	5	42

一般情况下，在气候温暖潮湿的地区，群落中高位芽植物占优势；在干旱炎热的荒漠和草原，一年生植物占优势；在温带和一些草原地区，地面芽植物占优势；在气候冷湿地（沼泽），隐芽植物占优势；寒带及高山地区则地上芽植物占优势。

表现面积是在一个最小地段内，对一个特定群落类型提供足够的空间环境，或能保证展现出该群落类型的种类组成和结构的正式特征的群落面积，抑或"能包括群落绝大多数种类，并表现出群落一般结构特征的最小面积"，也称为群落最小面积。不同的群落类型在不同的环境条件下，群落最小面积会有所差别。

1. 实验步骤

调查方法采用种-面积曲线法，即在按一定比例增加取样的同时，记录与面积相应的植物种类、生活型和植物累计种数。确定群落的表现面积后，该群落的植物种类名录、群落生活型谱即可得出。

① 根据植物群落的优势种、外貌特征和地形部位的变化选择具有代表性的典型调查地段取样调查。

② 按巢式小区几何系统取样法从4 m²开始逐步扩大取样面积，具体取样方式如图3-2-4-1所示。在扩大面积时，不要超出该群落所固有的特征。实际操作中可以比较容易地由优势树种、地形部位等方面加以确定。对于森林群落，当单株林木占的面积很大，而树

冠下又很少有植物时，开始的取样面积可以为2 m×2 m、5 m×5 m、10 m×10 m。如果是草本植物群落，则开始样方的面积最好为1 m×1 m。

③ 调查过程中一些不能马上确定名称的植物，应采集标本，做好标记，并在表中记录相应的编号，以便查对种名。

④ 按图3-2-4-6的方式扩大取样面积，具体如下：

1：第一次取样面积为2 m×2 m；

1+2：第二次累计取样面积为2 m×4 m；

1+2+3：第三次累计取样面积为4 m×4 m；

1+2+3+4：第四次累计取样面积为4 m×8 m；其余类推。

⑤ 不断扩大累积取样面积的同时，记录相应出现的新物种的名称、生活型和累计种数。

⑥ 以X轴代表累计取样面积，Y轴代表累计取样面积上所发现的累计植物种数，绘制出种-面积曲线。

在最初的一些取样过程中，相应面积累计的种数会上升得较快，种-面积曲线表现得比较陡。随着取样次数的增加，累计取样面积增大，新出现的种类数逐渐减少，重复出现的种类数逐渐增多。当样方面积继续增大时，累计的种类数变化很小甚至无变化，种-面积曲线趋于平缓。此时在曲线上出现一个由陡变缓的转折点，继续扩大累计取样面积已无意义。我们把处于转折点的面积称为该群落的表现面积或群落最小面积。这可以作为以后调查样地的参考面积，如南方热带雨林的群落最小面积是2 500 m^2，温带阔叶林的群落最小面积是400 m^2。

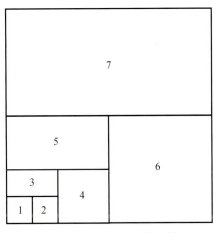

图3-2-4-1 巢式小区几何系统取样法图示

3.2.4.3 生物多样性指数分析

生物多样性在尺度上可分为α多样性、β多样性和γ多样性。α多样性是反映群落中物种丰富度和个体在物种中分布均匀程度的指标；β多样性反映群落内环境异质性变化或随群落间环境变化而导致的物种丰富度和均匀度变化；γ多样性反映在更大生态学尺度上，如景观水平上测量的物种多样性变化或差异。本部分关注α多样性和β多样性。

1. α多样性指数

α多样性指数反映群落中所含物种的多寡（物种丰富度）和群落中各个物种的相对密度（物种均匀度）。不同的α多样性指数侧重点各有不同，主要有：

（1）物种丰富度指数，Gleason指数：

$$D = S/\ln A$$

式中：A为单位面积；S为群落中的物种数目。

（2）Simpson指数

$$D = 1 - \sum P_i^2$$

式中：P_i为种i的个体数占群落中总个体数的比例。

（3）Shannon-Wiener指数

$$H' = -\sum (P_i \cdot \ln P_i)$$

式中：$P_i = N_i/N$，N为所在群落的所有物种的个体数之和。

（4）Pielou均匀度指数

$$H_{\max} = \ln S$$

式中：H为实际观察的物种多样性指数；$H_{\max}$为最大的物种多样性指数；S为群落中的总物种数。

2. β多样性指数

β多样性指沿环境梯度，不同生境群落之间物种组成的相异性，或物种沿环境梯度的更替速率，也被称为生境间的多样性。控制β多样性的主要生态因子有土壤、地貌及干扰等。不同群落或某个环境梯度上不同地点之间的共有种越少，β多样性越大。β多样性指数可以指示物种被生境隔离的程度，并比较不同地段的生境多样性。β多样性与α多样性一起构成了总体多样性。

（1）Whittaker指数（β_w）

$$\beta_w = S/ma - 1$$

式中：S为所研究系统中记录的物种总数；ma为各样方或样本的平均物种数。

（2）Cody指数（β_C）

$$\beta_C = [g(H) + l(H)]/2$$

式中：$g(H)$是沿生境梯度H增加的物种数目；$l(H)$是沿生境梯度H失去的物种数目，即在上一个梯度中存在而在下一个梯度中没有的物种数目。

（3）Wilson-Shmida指数（β_T）

$$\beta_T = [g(H) + l(H)]/2a$$

该指数是将Cody指数与Whittaker指数结合形成的。式中变量含义与上述两式相同。

（4）Jaccard指数（C_J）

$$C_J=j/(a+b-j)$$

式中：j是两环境共有种数；a是环境A的物种数；b是环境B的物种数。

3. 生物多样性指数测定实验流程

如图3-2-4-2，首先根据研究目的设计研究方案，确定样方面积、样方位置或选址原则、样方数量。样方面积应不小于群落最小面积。最小面积通常根据种-面积曲线的绘制来确定。一般乔木林为20 m×20 m，灌木为5 m×5 m，草本为1 m×1 m（图3-2-4-3）。

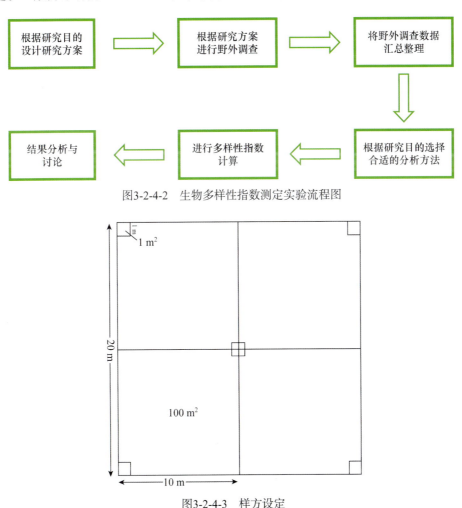

图3-2-4-2　生物多样性指数测定实验流程图

图3-2-4-3　样方设定

在比较两个群落的物种多样性特征时，最简单的方法是比较两个群落中某类群物种的数量，即物种丰富度就是物种数。由于物种多样性包括均匀度和物种数等特征，仅仅使用物种数可能存在误差，也不能真实反映两个群落之间的物种多样性差异。因此需要对常用的物种多样性指数及其测度方法进行比较分析，了解各指数的特点和生态学意义。

3.2.4.4 植物样方调查

样方法是利用一定面积作为整个群落的代表，计算该面积的植物种类、频度、多度、优势度和重要值。这个方法可以确定群落的优势种，也可以对植被进行分类和其他分析。

1. 样方大小

样方面积应根据种-面积曲线法（见3.2.4.2小节）来获得。按照G.W.Cox的观点，草本以$1\ m^2$，灌木以$4\sim 20\ m^2$，森林以$100\ m^2$为宜。

2. 样方数目

样方数目过多会给调查带来困难，过少又代表不了整个群落的特征，其最低限度为囊括该群落的大多数种，即大于该群落最小面积。

3. 拉样方

在选定的地段内，根据样方数目和大小，用皮尺（或尼龙绳）把要调查的地块围起来。若是森林群落，在每一块样方的同一方向角（如右下角）还须围一个$1\ m\times 1\ m$或$2\ m\times 2\ m$的小样方以调查草本和灌木。

4. 调查项目

调查目的不同，调查项目也不同，最基本的调查项目应该包括种名、高度、胸径、冠幅等。

3.2.4.5 植物群落的环境因子作用分析

植物在生长发育过程中，需要接受多种生态因子如光照强度、温度、水分、空气和土壤养分等的生态作用。这些生态因子对植物的生长发育产生重要作用，进而影响种群的数量和整个群落的结构。因此，了解环境生态因子对植物的生长与分布的影响，是认识植物群落组成及与环境之间相互关系的基础。

1. 实验器材

样方绳、皮尺、样方框、卷尺、计算器、坡度仪、测高仪、GPS定位仪或手机APP（如"生命观察"等）、标本夹。

2. 样地的选择

按照植被调查方法实验的样地选择标准，确定样地。

3. 群落类型与样方大小的确定

选择处于同一海拔高度的南北两个坡面的次生阔叶林群落、灌丛群落和草本群落。按照样地选择原则设置样方。

相同群落类型的南北两个坡面，要设置同样大小和包含同样树种的样方。次生阔叶林群落样方选10 m×10 m，分乔木、灌木、草本三个层次进行数据统计；灌丛群落样方选5 m×5 m，分灌木、草本两个层次进行数据统计；草本群落样方选1 m×1 m，统计样方内的所有植物种类。次生阔叶林与灌丛群落的样方须重复3次；草本群落的样方则须重复5次。

4. 群落内各数量指标的调查

在开始各项数量指标的调查前，应详细记录森林群落样地的基本情况，并填写表3-2-4-6。

（1）次生阔叶林群落数量指标的调查

① 乔木层的调查：在10 m×10 m的样方内识别乔木层树种种数，目测出样方的总郁闭度。然后统计每个树种的株数，用卷尺和测高仪测量胸径、树高并目测每个树种的郁闭度。将数据记录到表3-2-4-7中。

② 灌草层的调查：首先在同样的10 m×10 m样方内识别灌木层的物种数，目测每个灌木种类的盖度、平均高度以及多度。然后进行草本层每个植物物种的盖度、平均高度以及多度的数据调查。将数据填入表3-2-4-8中。

（2）草本群落数量指标的调查

在1 m×1 m的样方内识别并记录草本层中的所有植物种数，目测每个植物种类的盖度、平均高度以及多度。将数据填入表3-2-4-8中。

5. 地理数据的测定

运用GPS定位仪或手机APP（如"生命观察"等）测定每个样方的经纬度。用坡度仪测出样地山体的坡度，并测出坡向。判断土壤类型、土层厚度、地形以及群落内的人为及动物活动等情况。将这些数据与情况填入表3-2-4-6中。这些地理数据与群落内其他情况记录得越详细，就越有利于对群落物种多样性高低的理解。

表3-2-4-6　森林群落样地基本情况调查表

调查表：		样方号：		日期：	
植物群落类型：					
地理位置：	纬度：		经度：		海拔：
地貌：			土壤类型：		
坡向：	坡度：		地形：		坡位：
群落内地质情况：			人为及动物活动情况：		

表3-2-4-7 森林群落样方乔木层调查表

物种编号	胸径/cm	高度/m	郁闭度
1			
2			
3			
……			

表3-2-4-8 森林群落样方灌草层调查表

灌草层：　　　　　　　样方面积：　　　　　　　总盖度：

物种名称	多度	盖度	平均高度/cm
1			
2			
3			
……			

3.2.5　森林动态样地调查

永久性大型森林动态样地通常是指面积在15 ha以上，以固定的时间间隔对所有胸径（DBH）1 cm以上木本植物的植株进行定期清查，以持续追踪林木空间分布、群落组成以及更新动态的森林样地，经常简称为"大样地"。大样地标记、鉴定和定位样地内的每一棵树，是生态学研究中量化评估森林动态的重要工具。通过对大样地的调查和连续监测，可以研究物种的空间分布格局、物种间相互作用、植被群落结构与更新等。近几十年来，以气候变化为代表的全球环境变化成为日益受到关注的重要议题，而大样地的监测为我们提供了评估森林碳循环动态以及气候变化对生物多样性和生态过程影响的基础数据和信息。

自20世纪80年代起，众多科研机构、大学和保护区合作建立起了覆盖各大洲热带与温带森林的ForestGEO森林动态监测样地网络（forest global earth observatory network，https://forestgeo.si.edu），发展并建立起了一套标准的森林植被调查监测方案。截至2021年，这个网络包括有分布在27个国家和地区的约70个样地，全部依照世界热带森林研究中心（CTFS，Center for Tropical Forest Science）所建立的大样地标准技术规程建立，在全球的植被群落结构、生物多样性、碳循环等方面的长期变化趋势监测中处于核心及领军位置。

中国内地的首个大样地为浙江古田山亚热带常绿阔叶林24 ha样地，于2004年建成。此后，中国的大样地建设快速发展。截至2020年5月，中国依照CTFS规程建立的大样地已有20多个，包括黑龙江大兴安岭兴安落叶松林25 ha样地、吉林长白山温带针阔混交林25 ha样地、北京东灵山暖温带落叶阔叶林20 ha样地、河南宝天曼暖温带落叶阔叶林25 ha样地、湖南八大公山中亚热带山地常绿落叶阔叶混交林25 ha样地、广东黑石顶亚热带常绿阔叶林50 ha样地、广西弄岗喀斯特季节性雨林15 ha样地、云南西双版纳热带雨林20 ha样地、海南尖峰岭热带山地雨林60 ha样地等，覆盖了从热带雨林到寒带针叶林的广大纬度梯度与典型森林类型，已成为全球建成大样地数量最多的国家之一。多个中国大样地已加入ForestGEO样地网络，同时中国大样地也建立起"中国森林生物多样性监测网络（CForBio）"。这不仅是我国开展与森林资源、生态环境、生态学理论研究及物种保护有关的综合性研究实验平台，而且是培养生态学与保护生物学领域高级科技人才的基地，同时也促进了国内外生态学与保护生物学领域的合作研究与学术交流。

在本节中，我们将先对王朗25 ha森林动态监测样地（简称"王朗大样地"）的概况进行介绍，然后以王朗大样地为例，简要介绍大样地的建设、调查步骤与长期监测内容。

3.2.5.1 王朗大样地简介

王朗大样地的全称为"四川王朗亚热带亚高山暗针叶林25 ha样地"。王朗大样地位于王朗国家级自然保护区的大窝函沟（图3-2-5-1），地处岷山北部野生大熊猫核心栖息地（图3-2-5-2）。王朗大样地于2013年开始前期勘察选址，2016年动工建设，于2018年11月正式建成。该样地依照ForestGEO样地网络共用的CTFS大样地标准建设规程建立，共划分为630个20 m×20 m的样方，对所有胸径≥1 cm的木本植物均进行了挂牌、测量、定位与物种鉴定。

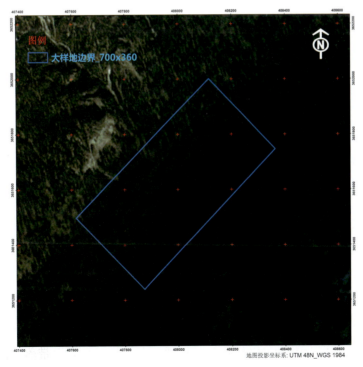

图3-2-5-1　王朗大样地位置示意图（制图：李晟）

图3-2-5-2 王朗大样地景观（拍摄者：王利平）

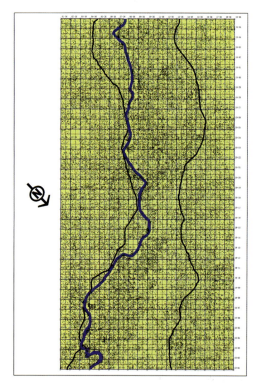

图3-2-5-3 王朗大样地及挂牌木本植物分布示意图（制图：樊凡）

中央蓝色曲线为样地内河流；两侧黑色曲线为沟谷平地两侧的坡基线，即两条黑线中间为沟谷平地，左侧黑线的左边为阴坡，右侧黑线的右边为阳坡。

王朗大样地中心坐标为北纬33°00′01.0″，东经104°01′09.0″。样地所在地年平均气温2.26℃，年降水量1 088 mm。样地长700 m，宽360 m，面积25.2 ha（水平投影面积），海拔从2 849 m至2 947 m，高差为98 m。样地纵轴线与山谷走向平行，根据样地内的地形与山势，样地可大致分为与轴线平行的三部分（图3-2-5-3）：东侧（图中左侧）为阴坡山地；中央为沟谷平地，有一条河流纵向流过（偏向阴坡坡基）；西侧（图中右侧）为阳坡山地。整个样地被划分为20 m×20 m的样方，共有18列、35行。每个样方的四角用钢筋打入地下作为界桩，钢筋外套有白色PVC管。样地内20 m样方的界桩共有19列、36行；界桩按照从左到右（01～19列）、从下到上（01～36行）的顺序编号，每根界桩上悬挂有以界桩"列号+行号（4位数字）"命名的铝制标牌（奇数列标牌为黄底黑字，偶数列标牌为红底白字）。20 m×20 m样方取该样方左下角界桩的编号作为该样方的编号。每个20 m×20 m样方内，四边中点和样方中心树立有短界桩，把整个20 m×20 m样方再划分为4个10 m×10 m的小样方。

王朗大样地为亚高山暗针叶林原始林,是青藏高原东缘大横断山系内亚高山针叶林的典型代表(图3-2-5-4)。岷江冷杉(*Abies fargesii* var. *faxoniana*)、紫果云杉(*Picea purpurea*)和方枝柏(*Juniperus saltuaria*)为样地林冠层优势树种(图3-2-5-5),最大树龄>600年,以岷江冷杉为建群种。林下灌木层以忍冬属(*Lonicera* spp.)灌木为优势种,同时也分布有较多的紫萼山梅花(*Philadelphus purpurascens*)、冷地卫矛(*Euonymus frigidus*)与长尾槭(*Acer caudatum*)。另外,样地内林下还分布有浓密的缺苞箭竹(*Fargesia denudata*)。

图3-2-5-4　王朗大样地航拍图(提供者:董磊)
树冠呈尖锐锥状的为紫果云杉,树冠呈圆塔状、冠幅直径更大的为岷江冷杉。

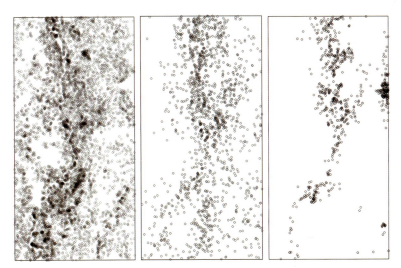

图3-2-5-5　王朗大样地内林冠层优势树种的空间分布(左:岷江冷杉;中:紫果云杉;右:方枝柏)

王朗大样地第一轮清查木本植物树种计46种，隶属于15科27属，包括裸子植物2科4属4种，被子植物13科23属42种；其中乔木14种，灌木29种，藤本3种。总计挂牌56 574个独立植株，55 814个分枝，合112 388个独立个体，独立个体平均密度为2 245株/ha。乔木、灌木、木质藤本独立植株分别为20 298株、35 185株和1 091株。样地内包括针叶物种4种，常绿阔叶物种6种（均为杜鹃花属Rhododendron物种），落叶阔叶物种36种，独立植株数分别为11 905株、268株和44 401株（表3-2-5-1）。

表3-2-5-1 王朗大样地挂牌木本植物名录（按植株数量排序）

科	属	中文种名	学名	数量
松科	冷杉属	岷江冷杉	*Abies fargesii* var. *faxoniana*	9 440
忍冬科	忍冬属	红脉忍冬	*Lonicera nervosa*	6 334
绣球科	山梅花属	紫萼山梅花	*Philadelphus purpurascens*	6 158
卫矛科	卫矛属	冷地卫矛	*Euonymus frigidus*	5 409
无患子科	槭属	长尾槭	*Acer caudatum*	3 441
蔷薇科	花楸属	陕甘花楸	*Sorbus koehneana*	2 670
忍冬科	忍冬属	唐古特忍冬	*Lonicera tangutica*	2 617
桦木科	桦木属	红桦	*Betula albosinensis*	2 561
忍冬科	忍冬属	华西忍冬	*Lonicera webbiana*	2 475
茶藨子科	茶藨子属	细枝茶藨子	*Ribes tenue*	1 819
蔷薇科	蔷薇属	峨眉蔷薇	*Rosa omeiensis*	1 683
松科	云杉属	紫果云杉	*Picea purpurea*	1 645
忍冬科	忍冬属	蓝果忍冬	*Lonicera caerulea*	1 634
蔷薇科	蔷薇属	华西蔷薇	*Rosa moyesii*	1 560
蔷薇科	李属	川西樱桃	*Prunus trichostoma*	960
蔷薇科	李属	臭樱	*Prunus hypoleuca*	952
柏科	圆柏属	方枝柏	*Juniperus saltuaria*	816
忍冬科	忍冬属	长叶毛花忍冬	*Lonicera trichosantha* var. *deflexicalyx*	769
猕猴桃科	藤山柳属	猕猴桃藤山柳	*Clematoclethra scandens* subsp. *actinidioides*	741
小檗科	小檗属	华西小檗	*Berberis silva-taroucana*	559
蔷薇科	珍珠梅属	高丛珍珠梅	*Sorbaria arborea*	495
毛茛科	铁线莲属	薄叶铁线莲	*Clematis gracilifolia*	342
蔷薇科	李属	细齿稠李	*Prunus obtusata*	270
忍冬科	忍冬属	刚毛忍冬	*Lonicera hispida*	210
茶藨子科	茶藨子属	四川茶藨子	*Ribes setchuense*	190
五加科	五加属	红毛五加	*Eleutherococcus giraldii*	190
杜鹃花科	杜鹃花属	山光杜鹃	*Rhododendron oreodoxa*	176
杨柳科	柳属	皂柳	*Salix wallichiana*	104
无患子科	槭属	深灰槭	*Acer caesium*	101

续表

科	属	中文种名	学名	数量
蔷薇科	栒子属	灰栒子	*Cotoneaster acutifolius*	70
杜鹃花科	杜鹃花属	紫花杜鹃	*Rhododendron amesiae*	48
蔷薇科	绣线菊属	川滇绣线菊	*Spiraea schneideriana*	42
杜鹃花科	杜鹃花属	无柄杜鹃	*Rhododendron watsonii*	21
杜鹃花科	杜鹃花属	黄毛杜鹃	*Rhododendron rufum*	18
茶藨子科	茶藨子属	长果茶藨子	*Ribes stenocarpum*	16
蔷薇科	金露梅属	银露梅	*Dasiphora glabra*	8
毛茛科	铁线莲属	须蕊铁线莲	*Clematis pogonandra*	8
柏科	刺柏属	刺柏	*Juniperus formosana*	4
绣球科	绣球属	挂苦绣球	*Hydrangea xanthoneura*	4
小檗科	小檗属	松潘小檗	*Berberis dictyoneura*	4
杜鹃花科	杜鹃花属	美容杜鹃	*Rhododendron calophytum*	3
杜鹃花科	杜鹃花属	陇蜀杜鹃	*Rhododendron przewalskii*	2
无患子科	槭属	五尖槭	*Acer maximowiczii*	2
杨柳科	柳属	灌柳	*Salix rehderiana* var. *dolia*	1
杨柳科	杨属	川杨	*Populus szechuanica*	1
蔷薇科	绣线菊属	南川绣线菊	*Spiraea rosthornii*	1

王朗大样地于2017年完成胸径≥1 cm的木本植物挂牌、胸径测量及植株定位，2018年完成树种鉴定与第一次清查，2019年完成样地土壤样品采样。样地内建有12组共36个20 m×20 m的围栏控制实验样方（图3-2-5-6），在实验样方内设置有324个1 m×1 m幼苗监测样方，用于研究食草动物对森林幼苗更新的影响。

王朗大样地由北京大学、中科院植物研究所、中科院成都山地所、王朗自然保护区共同建设。作为植被群落结构、生物多样性、森林更新动态、碳循环等方面长期监测的野外平台之一，王朗大样地将为物种空间分布格局、物种间相互作用、植被群落结构与更新以及气候变化影响等生态学的前沿及热点问题的研究提供平台支撑，同时为生物学与生态学的野外教学实习提供支持（图3-2-5-7）。

3.2.5.2 大样地的建设步骤

ForestGEO样地网络内的大样地建设均遵循由CTFS创立的统一规程与标准。大样地建设与调查通常分为3个步骤：

1. 选择与踏查

大样地选址时需要考虑以下主要因素：

① 林地的代表性：所选林地应在其所在的气候带与生物群系中具有典型代表性，同时要考虑与国内、国际森林样地网络内已有大样地之间的关系以及其自身的独特性。

图3-2-5-6 王朗大样地内的围栏控制实验样方　　图3-2-5-7 在王朗大样地内开展生物学野外实习

（拍摄者：樊凡）

② 面积与形状：大样地的面积通常为15～50 ha，以方形为首选。如果受当地地形限制，也可设置为长方形。

③ 到达的便利程度：大样地的建设过程与后续的长期监测过程均需要大量的人力投入。从野外工作的便利程度、花费成本等方面考虑，大样地的选址应能够保证工作人员可以相对便利地到达。

④ 地形等自然条件：陡峭、复杂的地形会给大样地建设与监测带来种种困难，需要在选址时予以重点考虑。同时，大样地的选址还需要考虑在长期尺度上，泥石流、滑坡、岩崩等地质灾害发生的可能性，避免在地质灾害高风险的地方建设样地。

⑤ 受人类活动干扰、破坏的可能性：大样地的选择应尽量避开非工作人员活动干扰的可能性，例如当地社区群众的薪柴采集、非木林产品（菌类、草药、野菜等）采集、林下放牧等活动和外来游客的踏访等，以避免出现样地建成后样地设施、设备及样地内样方、林木等受到破坏、干扰的情况。

在有了初步的选址意向后，工作人员需要结合GIS制图、遥感分析与实地勘察，对大样地的具体位置和边界形状进行设计。这一部分通常包括以下步骤：

① 讨论，确定若干意向位点。

② 实地勘察。

③ 结合地形图、卫星遥感影像，在GIS中初步框定边界，标定边界控制点（图3-2-5-8）。

④ 按照标定的边界控制点坐标，使用手持GPS定位仪导航，实地踏查完整边界。

⑤ 根据踏查结果，在GIS中对拟定边界进行修改、调整，然后再次实地踏查。

⑥ 标定样地中心点（或起点）坐标，计算轴线方位角。

⑦ 修建必要的工作步道、小桥等，为后续的样地建设提供便利。

图3-2-5-8　参照地形图（左）与卫星遥感影像（右）初步划定的王朗大样地边界（制图：李晟）

2. 定界测绘与打桩

在选定大样地位置与边界后，首先在GIS或CAD中把样地划分为20 m × 20 m及10 m × 10 m（水平投影）的网格，再对网格和节点进行系统编号，并导入全站仪。在野外实地确定好样地测绘的起点（通常为中心点或四角定点之一）和样地轴向（纵轴或横轴的方位角），然后使用全站仪进行精确测距与测向（图3-2-5-9），按20 m及10 m水平间距布设网格，确定每个网格节点的实地位置。

在网格节点，设立永久固定的界桩（标志桩），并统一进行编号、挂牌（图3-2-5-10）。在王朗大样地中，20 m界桩挂有硬铝标牌，其中奇数列界桩标牌为黄底黑字，偶数列界桩标牌为红底白字。标牌上有4位数字，其中前两位为界桩所在列的编号，后两位为界桩所在行的编号。如图3-2-5-10中标牌所示，此界桩为样地内第11列、第17行界桩。

3. 林木清查

大样地测绘及界桩设置完成后，需要开展样地内林木的首轮清查。清查对象包括样地内所有胸径（以距离地面1.3 m处的树干直径计）≥1 cm的木本植物，包括乔木、灌木与藤本物种。清查包括4个主要步骤：

图3-2-5-9　工作人员使用全站仪在王朗大样地内进行测绘（拍摄者：李晟）　　图3-2-5-10　王朗大样地内20 m界桩及编号标牌（拍摄者：李晟）

（1）挂牌

每株胸径≥1 cm的木本植物配置1枚永久性主干号牌。王朗大样地使用硬质铝牌，每枚主干号牌上刻有唯一的数字编号，编号以"WL"（王朗的缩写）开头，后面为6位数字，其中前2位数字为该株林木所在样方的列编号（如13为第13列），后4位数字为该列样方内挂牌植株的序列号（图3-2-5-11）。号牌一端钻有小孔，对于胸径较大（5 cm及以上）的主干，使用不锈钢钉将号牌钉在主干上；对于胸径较小（5 cm以下）的主干，使用金属丝将号牌悬挂在主干上。

对于有分支的木本植物，除了需要给主干（DBH≥1 cm）配置主干号牌之外，还需要给胸径≥1 cm的分支配置分支号牌。分支号牌的尺寸、材质与主干号牌相同，但其上仅有1~2位的数字编号。如果一株木本植物有多个胸径≥1 cm的分支，则按胸径从大到小依次编号，并配以相应编号的分支号牌。

（2）定位

在20 m×20 m样方内，需要对每一株配有主干号牌的木本植物进行XY坐标定位。定位采用样方内直角坐标，以样方左下角界桩为零点，样方横行方向（向右）为X轴方向，纵列方向（向上）为Y轴方向。如图3-2-5-12所示，以样方左下角界桩为零点，使用4条皮尺围出样方4边，记录4边边长（对于非平地的样方，边长通常>20 m）。

测量、记录每株林木分别在X、Y边上的皮尺读数（距离左下角零点坐标的距离），然后根据X、Y边长总数，计算出该株林木在样方内水平投影的X、Y坐标，即为该株林木在样方内的XY定位坐标；进而可以计算出每株挂牌植株在整个样地内的水平投影X、Y坐标（图3-2-5-13）。

图3-2-5-11 王朗大样地内乔木胸径测量刷漆标记（距离地面1.3 m）与钉在树干上的铝制号牌（拍摄者：李晟）

图3-2-5-12 20 m×20 m样方左下角为零点用皮尺拉出样方4边（拍摄者：李晟）

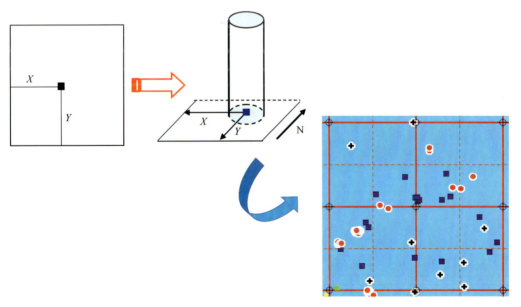

图3-2-5-13 样方内林木X、Y坐标定位示意图（制图：李晟）

（3）测量

对每株挂牌的林木（包括挂牌分支），使用胸径尺或卡尺，在距离地面1.3 m处测量其枝干直径，作为该主干或分支的胸径。胸径以"厘米"为单位，测量精度为小数点后2位。由于大样地的林木清查须长期重复开展，为保证每次测量胸径时都在相同的位置，首次测量时须在测量处用红色油漆进行标记。使用刷子沿垂直于枝干的方向，在枝干树皮上刷出一道或一圈油漆（图3-2-5-11）；油漆印迹的上沿即为距离地面1.3 m的胸径测量处。

（4）鉴定

大样地内所有挂牌的木本植物，均须进行物种鉴定。通常由植物分类学家在野外实地完成。对于有疑问的植株或树种，可采集制作腊叶标本，送交相应类群的分类专家进行识别鉴定；或采集组织样品，送分子生物学实验室进行DNA条形码（DNA barcoding）测序确认。

3.2.5.3 大样地的长期监测

按照CTFS大样地建设与监测规程，大样地全面清查须每5年重复开展一轮，以跟踪群落组成、林木死亡、林木更新的动态。

大样地建成后，还须根据具体研究问题和研究方向，开展多内容、多类群的长期监测。

图3-2-5-14　种子雨收集器（拍摄者：李晟）

大样地内须系统布设种子雨（seed rain）收集器。常见的种子雨收集器为方形，由方形框架、覆网与支架组成。收集器设置在林下地面，方形框架的采集面保持水平，面积为0.5 m²，覆网可以采集到林木落下的果实、种子、凋落物等（图3-2-5-14）。工作人员须定期（通常为每2周一次）回收收集器中采集到的植物样品，并进行物种鉴定、分类、干燥、称重，以监测大样地内的种子雨、凋落物动态，计算相应的生物量。

为追踪大样地内林木的更新动态，样地内通常还设置有大量幼苗样方，通过定期开展的幼苗调查，追踪幼苗的物种组成、死亡率、存活率等（图3-2-5-15）。幼苗样方一般为1 m×1 m，调查人员须对样方内的幼苗植株进行物种鉴定、计数、测量；对需要长期追踪的幼苗植株，可以在幼苗基部配置带有编号的环标（图3-2-5-16）。

此外，为了研究样地内的动植物关系，王朗大样地还针对不同的动物类群开展有长期的红外相机监测（针对大中型兽类；图3-2-5-17）和全自动声学监测（针对森林鸣禽；图3-2-5-18）以及小型兽类监测（针对食虫类、啮齿类、鼠兔类等小型哺乳动物）等。此外，大样地还配属有一座全自动气象站，用于森林小生境的气象要素采集（图3-2-5-19）。

图3-2-5-15 王朗大样地内的幼苗样方调查（拍摄者：马添翼）　　图3-2-5-16 幼苗样方内被标记的木本植物幼苗（拍摄者：樊凡）

图3-2-5-17 王朗大样地内设置的红外相机（拍摄者：李晟）　　图3-2-5-18 王朗大样地内设置的全自动声学记录仪（拍摄者：李晟）　　图3-2-5-19 王朗大样地配属的小型全自动气象站（拍摄者：李晟）

3.3 野生动物调查与监测技术

3.3.1 昆虫标本的采集与制作

3.3.1.1 昆虫标本的采集

在采集昆虫之前须准备一些必需的用品，包括采集管、毒瓶、三角袋等。采集管可选用透明的塑料管；毒瓶通常使用广口的玻璃瓶，底部塞入海绵，海绵上覆以滤纸，避免昆虫直接接触海绵，使用前向海绵上滴加适量的乙酸乙酯或二氯甲烷即可；三角袋使用普通白纸或硫酸纸，裁剪成长方形后折叠而成（图3-3-1-1）。

图3-3-1-1　三角袋的折叠方法

昆虫种类繁多，不同种类的生活环境、活动方式、生活习性等均有不同，因此，昆虫的采集方法也有多种，现将一些常用的方法介绍如下。

1. 直接捕捉

有些昆虫运动速度较慢，可以直接捕捉，可使用镊子夹取后，放入采集管或毒瓶中；或者用采集管扣取或接住昆虫，然后再倒入毒瓶中。有些附着于植物表面的昆虫，如蚜虫、粉虱等，可连同枝叶一起采集。须特别注意的是，除非有特别的把握，否则不要用手直接抓取昆虫，以防被叮咬、蜇刺。例如，隐翅虫的分泌物会造成皮肤的严重灼伤。

2. 网捕

① 捕网：网袋多用绢纱制成，轻便、通风、阻力小，主要用来捕捉蝴蝶、蛾类、蜂类、蝇类、蜻蜓等善飞昆虫。捕捉时，挥动捕网，将飞行中或停留中的昆虫兜入网底，随后翻转网口，使网袋绕在网圈上，以封闭网口，避免昆虫逃逸。将网袋底部提起，昆虫会向上爬，用手收紧其后部网袋，用采集管伸入网中采集昆虫；或将网袋和昆虫一起伸入毒瓶中，毒杀后再取出。对于蝴蝶和蛾类标本，须用手掐捏其胸部，使其不能飞行后，再取出装入三角袋。

② 扫网：网袋多用结实的白布或者亚麻布制成，网圈和网柄都较坚固。扫网用来扫捕隐藏在杂草、树木枝叶下的昆虫。使用时，用扫网在灌丛、草丛中来回扫动，将昆虫收纳入网袋。

③ 水网：通常用铜纱、铝纱制成，专门用于采集水生、半水生昆虫。

3. 马氏网

马氏网形似一个大帐篷，下部有纱网可拦截飞行的昆虫，昆虫向上爬行，会被马氏网上部漏斗形的帐顶引导入位于最高处的收集瓶，收集瓶中装有酒精，从而完成收集。马氏网是收集膜翅目和双翅目昆虫的重要工具，其优势是可以长时间持续收集昆虫，但是，由于使用酒精浸泡昆虫，对于鳞翅目昆虫的伤害较大（图3-3-1-2）。

图3-3-1-2 安装完成的马氏网（不同侧面）

4. 蝴蝶诱笼

蝴蝶诱笼包括两个部分：笼体和下方的托盘（图3-3-1-3）。笼体由纱网制成，圆柱状，底部开放，笼体侧部有拉链，自下而上开口，方便蝴蝶的收集；托盘为一圆形平板，直径比笼体略宽，与笼体的间距约10 cm。将诱笼悬挂于有蝴蝶活动的区域，固定住笼体。一般于黄昏时分在诱笼中放置诱饵。诱饵主要为腐烂水果（如香蕉、西瓜等），加入适量白糖与啤酒，盛于铁盘中，再放置在托盘上。蝴蝶被气味吸引来取食，取食后向上起飞则进入笼体，即被困其中。次日黄昏时分检查诱笼，将笼体侧边拉链拉开，伸手进入笼体，逐一将蝴蝶捉出，鉴定或收集。该方法适合诱集喜食腐烂水果的蝴蝶种类，而对采食花蜜的种类无效，也可诱集其他喜食腐烂水果的昆虫，如果蝇等。

5. 灯诱

很多昆虫，如蛾类等，能够被灯光所吸引，所以可以利用这个特性来采集这些昆虫。灯诱时，一般挂起一块白布（或用专门的支架），在其前面挂一盏汞灯（功率250 W），天黑之后开灯，不久就会有昆虫被吸引过来，停留在白布上，用采集管或捕网捕捉即可（图3-3-1-4）。由于不同昆虫的活动时间有所不同，所以夜晚不同时间段上布的昆虫种类会有所不同。天气情况也会影响灯诱的效果。

6. 糖醋液地面陷阱

一些昆虫，如步甲等，通常在地面活动，而且它们会被糖醋液的味道所吸引，因此可以利用这些特性来捕捉昆虫。糖醋液是将糖和醋按照一定比例混合制成，也可以用腐烂水果来代替。将矿泉水瓶上部截断，成杯状，将两个杯子套装在一起，杯子之间留有一定空间用以盛装糖醋液，上面的杯子底部扎些小眼或划出小缝隙，使气味可以散出，但又不会使昆虫落入糖醋液中。在林中地面挖坑，将杯子埋入，使杯子上沿与地面平齐。一段时间（通常过夜）后，检查杯子，收集落入其中的昆虫。

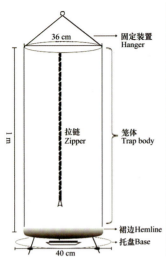  

图3-3-1-3　蝴蝶诱笼（提供者：王迪）　　　图3-3-1-4　昆虫灯诱装置（拍摄者：王戎疆）

所有昆虫在采集之后，都要及时记录采集信息，包括采集日期、地点、采集人等，可以在采集管或三角袋上直接记录，也可以在采集管上记录编号，然后在记录本上记录相关信息。

3.3.1.2　昆虫标本的制作技术

1. 制作昆虫标本所需物品

昆虫标本的制作通常以干制标本为主。首先，须了解昆虫标本制作所需的物品。

（1）昆虫针

昆虫针形似大头针，长度一般为40 mm，由不锈钢制成。通用的昆虫针有6种规格，可根据虫体大小选用（图3-3-1-5）。

① 0#：直径0.29 mm，一般用于小型昆虫，如蚊、蝇、小蜂类昆虫标本的制作。
② 1#：直径0.32 mm，用于较小型昆虫标本的制作，如叶蝉、小蛾类等。
③ 2#：直径0.38 mm，用于小型或中型昆虫标本的制作。
④ 3#：直径0.45 mm，用于中型昆虫标本的制作，如体形中等的灯蛾、螟蛾等。
⑤ 4#：直径0.56 mm，用于中型或较大型昆虫标本的制作，如体形适中的蜻蜓、蛱蝶、夜蛾等。
⑥ 5#：直径0.71 mm，用于较大型或大型昆虫标本的制作，如体形较大或分量较重的蝉、甲虫、凤蝶、天蛾等。

此外，还有一种没有针帽的很细的短针（直径0.27 mm，长度13 mm），称之为微针或00#昆虫针，可用来制作微小型昆虫标本。使用时把它插在小木块或小纸卡片上，再由其他昆虫针固定，故又名二重针。

（2）三级台

三级台由木块制成，呈台阶状，共有三级，第一级高8 mm，第二级高16 mm，第三级高24 mm。每一级中间有一个小孔，直达底部。三级台的作用是使所有制作的标本及其标签的高度保持一致（图3-3-1-6）。

 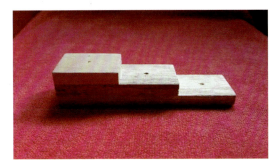

图3-3-1-5　各种型号的昆虫针（拍摄者：王戎疆）　　图3-3-1-6　三级台（拍摄者：王戎疆）

（3）展翅板

展翅板是专门用于伸展蝶、蛾等昆虫翅的工具，用较软的木料制成，其底部是一整块木板，上面装有两块木板，这两块木板均向中间倾斜，以保持蝶、蛾的翅略扬起。两块木板中一块固定，另一块可以自由移动，以便调节板间缝隙的宽度。两板中间缝隙的底部有一层软木条，以便插针（图3-3-1-7）。

（4）整姿台

整姿台一般由软木制成，可将插针标本置于其上，进而调整和固定昆虫触角、足等器官的位置。

图3-3-1-7　展翅板（拍摄者：王戎疆）

2. 制作昆虫标本的注意事项

昆虫标本须趁虫体及附肢尚柔软时及时制作，一般采集当天完成制作即可。若来不及处理当天标本，可将标本存于密封袋中保存以防脱水，或在密封袋中放置一团潮湿的纸巾或纱布。但是切不可长时间这样保存标本，否则标本会发霉而损坏。干透的标本须放置在加水的密封盒中还软后再制作标本。制作时，须根据虫体大小选用适当型号的昆虫针，插入时与虫体垂直，不同目的昆虫插针部位有所不同（图3-3-1-8）。鳞翅目、膜翅目、蜻蜓目、同翅目昆虫是从中胸背面正中插入，通过中足中间穿出；半翅目昆虫插在中胸小盾片的中央略微偏右的部位；双翅目昆虫从中胸中间偏右的地方插针；直翅目昆虫是从前胸背板的后部、背中线稍右的地方插入；鞘翅目昆虫插在右鞘翅基部距翅缝不远的地方。这种插针部位的规定主要是保证插针不会破坏鉴定特征。将插有昆虫的针倒过来，放入三级台第一级的小孔中,用镊子小心地移动虫体,使虫体背部紧贴板面,这样其上部的留针长度就是8 mm。

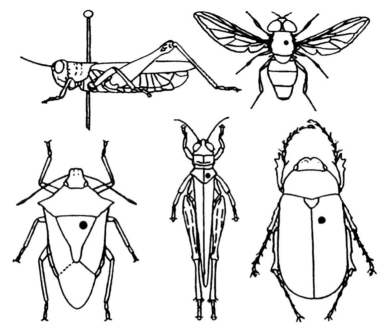

图3-3-1-8　不同目昆虫标本的插针位置

蝴蝶标本须将翅展开,以便后续研究。将蝴蝶标本插到展翅板的中间槽内,昆虫针应保持正直,调节插针深度,使得翅基部与两侧的木板相平。调节展翅板上可活动的木板,使中间的空隙与虫体宽度相适合,然后将螺丝旋紧以固定此板。剪两条与蝴蝶翅宽度相同的纸条(以硫酸纸为佳),覆盖在标本的翅上,一前一后各用一根昆虫针固定于展翅板上。然后,用手指压着纸条的后端,取下前端的昆虫针,用平头镊子夹着蝴蝶的前翅,或用昆虫针拨动较大的翅脉以拉动前翅,使得前翅后缘与身体纵轴垂直(两侧都展好后,1对前翅的后缘同在一条直线上),压住覆盖前翅的纸条,用多根昆虫针将纸条固定住,昆虫针与板面最好呈45°角;随后松开后端的昆虫针,用同样方法调整后翅位置,使得前翅的后缘略微压住后翅的前缘,同样用多根昆虫针固定纸条。一侧调整好之后,再调整另一侧,使得标本左右对称。最后整理触角,将昆虫针插在板面上,通过昆虫针的阻挡来调整触角的位置,保持左右对称,并且和翅在同一平面上。展翅完成后,将写有采集信息的标签插在标本的旁边。将展翅板放在室内自然干燥后(空气太湿的话,也可以放在烘箱中干燥,但温度不宜太高)即可取下,在下方插上采集标签和鉴定标签,放入标本盒中保存。

有些昆虫无须展翅,但为了将来容易观察,以及维持标本美观,在插针后须对标本进行整姿。整姿时，将插针标本插到整姿台上，用昆虫针拨动昆虫各部分，使得身体各部分尽量保持自然状态，如前足及触角向前，中、后足向后，腹部和胸部在一个平面上。在整姿台上插上昆虫针，通过阻挡作用来将昆虫身体各部分固定在相应的位置（图3-3-1-9）。整姿后，在旁边插上写有采集信息的标签。自然干燥或烘箱干燥后取下，插上采集标签和鉴定标签，放入标本盒中保存。

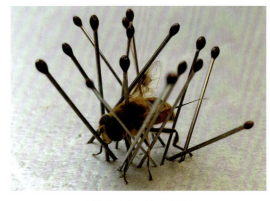

图3-3-1-9 昆虫整姿

3.3.2 昆虫形态鉴定

表3-3-2-1列出了王朗自然保护区常见昆虫主要所属目的基本特征，可据此对昆虫进行初步鉴定。

表3-3-2-1 王朗自然保护区常见昆虫主要所属目的基本特征

所属目	触角	口器	足	前翅	后翅	其他
鳞翅目	蝶类：棒状；蛾类：丝状，羽状	虹吸式	步行足	鳞翅	鳞翅	
膜翅目	丝状，膝状，念珠状	咀嚼式，嚼吸式	步行足，携粉足	膜翅	膜翅	
半翅目	丝状	刺吸式	步行足	半翅	膜翅	
同翅目	刚毛状	刺吸式	步行足	膜翅	膜翅	
双翅目	具芒状，丝状，环毛状	刺吸式，舐吸式	步行足	膜翅	平衡棒	
鞘翅目	丝状，刚毛状，锯齿状，鳃叶状，念珠状，栉齿状	咀嚼式	步行足，开掘足，跳跃足，游泳足	鞘翅	膜翅	
直翅目	丝状	咀嚼式	步行足，跳跃足	覆翅	膜翅	
襀翅目	丝状	咀嚼式	步行足	膜翅	膜翅	具尾须1对，丝状
革翅目	丝状	咀嚼式	步行足	覆翅	膜翅	尾须特化为尾铗
脉翅目	丝状	咀嚼式	步行足	膜翅	膜翅	
蜉蝣目	丝状	咀嚼式	步行足	膜翅	膜翅	有长丝状尾须
蜻蜓目	刚毛状	咀嚼式	步行足	膜翅	膜翅	

3.3.3 围栏陷阱

围栏陷阱（pitfall trap）是一种经典的野生动物调查技术（图3-3-3-1），常用于地面活动的小型脊椎动物的调查与监测。

适用于围栏陷阱技术进行捕捉和调查的动物通常包括两栖类（例如蛙类、蝾螈类）、爬行类（例如蜥蜴类）、小型哺乳类（例如食虫类、小型鼠类）动物。在小型兽类调查与监测中，部分物种（例如鼩鼱科Soricidae物种）由于体重极小（许多物种体重不足20 g），难以使用传统的鼠夹或鼠笼（通常适用于体重20～500 g的啮齿类等小型兽类）捕捉，而围栏陷阱是可以捕捉和记录此类动物的有效方法（图3-3-3-2）。

图3-3-3-1 野外布设的十字形围栏陷阱（拍摄者：李晟）

图3-3-3-2 围栏陷阱中捕捉到的食虫类小型哺乳动物（拍摄者：李晟）

围栏陷阱主要由两部分组成：

① 垂直于地面设置的围栏：通常由长条形帆布或塑料布制作，底边埋入土中，以若干立柱作为支撑，竖直立于地面，高出地面30～40 cm。

② 埋入地下的桶状陷阱：陷阱一般为塑料桶或金属桶，位于围栏末端或中间节点位置，埋入地下后桶口与地面齐平，桶口边缘紧贴围栏。

当小型动物在地面活动时，碰到围栏的阻挡后，一般会沿着围栏底边向两侧继续移动；当到达围栏末端或中间节点时，就会掉入桶状陷阱内。

围栏陷阱可有多种布设方式，常见的包括一字形、折线形、Y字形、十字形（图3-3-3-3）。在计算围栏陷阱的调查工作量时，所用布设方式及围栏的有效拦截面宽度是主要的衡量指标。

围栏陷阱在野外设置好之后可以长期留存，但通常只在开展调查或监测的时段启用。在非调查时段，须使用盖板把陷阱的桶口盖上，避免动物掉落，即可达到关闭陷阱的目的。在陷阱开启期间，调查人员须定期对陷阱进行检查，记录陷阱内采集到的动物种类、数量。监测频次须根据当地物种组成、多度与天气条件来确定，以保证掉落进陷阱的动物不至于因饥饿、寒冷、相互打斗、陷阱积水等原因死亡。陷阱开启期间，桶底可布撒少许食物，供掉入桶内的动物取食以补充能量（例如，小型哺乳动物须高频率地进食以维持其较高的新陈代谢强度）；并在桶底放置一块石块，可在桶底少量积水的情况下，为掉落的小型哺乳动物等动物提供一个高出水面的栖处以保持身体干燥，从而降低陷阱内动物的死亡率。

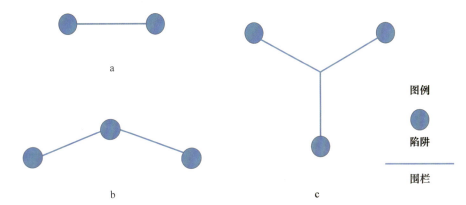

图3-3-3-3　围栏陷阱常见的3种布设方式（a：一字形；b：折线形；c：Y字形）（制图：李晟）

3.3.4　样点和样线调查

样点调查（point count）与样线调查（line transect）是鸟类调查与监测中常用的经典调查技术，适用于在森林、草地等生境中的鸟类多样性调查与监测。

样点调查通常由2名调查队员结为1组实施。在到达预定的位置后，调查队员以该位置为中心，使用望远镜、录音笔等工具，通过目视观测、鸣声识别等方式，记录样点周围活动的鸟类种类与数量（表3-3-4-1）。根据调查范围设定方式的不同，样点调查可分为固定半径样点与非固定半径样点两大类：固定半径样点只记录在设定半径（常用50 m或100 m）范围内出现的鸟类个体，设定半径之外出现的鸟类也可记录，但一般不用于鸟类多度等量化指标的分析；非固定半径样点则不做观测范围限定，调查人员会记录在样点上观测到的所有鸟类，部分调查方案中须测量记录每次发现的鸟类与样点中心的距离。样点调查的时长须根据具体调查目的和当地鸟类的情况进行设定，通常使用的时长为3 min、5 min或10 min。部分鸟类样点调查中使用图注式记录表（表3-3-4-2），以图注的方式标注观察期间样点范围内鸟类个体的具体位置和移动轨迹。

表3-3-4-1 鸟类样点调查记录表示例

表格编号_____ 样点编号_____ 小地名_____
调查人_____ 日期_____ 天气_____ 开始时间_____ 结束时间_____
东经_____ 北纬_____ 海拔/m_____ 备注_____
生境类型：A针叶林 B阔叶林 C灌丛 D高山草甸 E农耕地 F河流 G其他_____
森林起源：A原始 B次生 C人工　优势树种：_____

鸟种名称[a]	<50 m	≥50 m	飞过	备注[b]	鸟种名称[a]	<50 m	≥50 m	飞过	备注[b]

a. 记录方式：O—目击；H—听到；P—照片/视频；A—录音；S—痕迹（羽毛、尸体、鸟巢等）。
b. 备注：记录有关具体地点、性别、年龄、行为等信息。

表3-3-4-2 图注式鸟类样点调查记录表示例

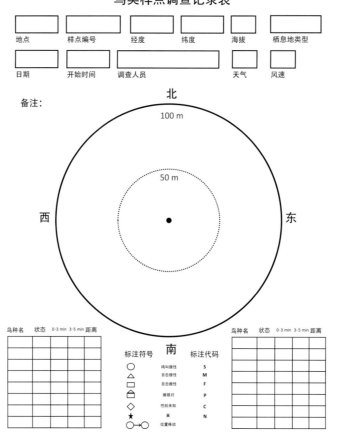

样线调查有时也称为样带调查，通常由2名或多名调查队员结为1组实施。调查组沿预设的样线（一般选择已有的道路或步道），以2～3 km/h的速度行进，沿途通过目视观测、鸣声识别等方式，记录样线两侧活动的鸟类种类与数量（表3-3-4-3）。样线调查也可分为固定宽度样线与非固定宽度样线两大类：固定宽度样线只记录在设定宽度（例如样线两侧各50 m或100 m）范围内出现的鸟类；非固定宽度样线则不做两侧观测范围的限定。

表3-3-4-3 鸟类样线/样带调查记录表示例

表格编号_____ 日期_____ 天气_____
开始时间_____ 结束时间_____ 调查人_____

临近样点编号	鸟种名称	数量	生境[a]	备注

a. 生境类型：A针叶林；B阔叶林；C灌丛；D高山草甸；E农耕地；F河流。

除鸮形目、夜鹰目等特殊类群之外，大部分鸟类的日活动节律均为晨昏型，即在早晨日出前后与傍晚日落前为活动的高峰时段，而在中午前后不活跃，为日间活动低谷时段。因此，鸟类的样点与样线调查通常都选择在上午（例如6：00～10：00）或下午（例如15：00～18：00）鸟类最为活跃的时段开展，而避开正午前后的时段。

在鸟类的野外调查与监测中，样点调查与样线调查各有优势。样点调查所获得的数据更易于量化和标准化，适用于鸟类多度及种群长期动态变化的定量分析；样线调查可以覆盖更大的范围与环境梯度，适用于鸟类多样性编目调查与物种多样性动态的监测。在野外的实际调查中，样点调查与样线调查可以结合使用。例如，在特定长度的样线上，可以以固定间隔设置若干样点，综合应用两种方法以获得调查区域内鸟类多样性、物种组成与种群多度等多方面数据。

3.3.5 全自动声学记录

全自动声学记录技术（automatic acoustic recording，AAR）是近年来快速发展的一项调查技术，也是声景生态学（soundscape ecology）研究的重要手段。在野生动物研究中，广义的生物声学记录还包括针对水生生物（例如海洋鲸豚类动物）的水下声呐记录与针对翼手目动物（蝙蝠类）的超声记录。在本节内容中，我们重点关注应用在陆生脊椎动物（例如鸟类、两栖类、长臂猿等部分哺乳动物）中的全自动声学记录技术，其记录的声音频率通常在人耳可识别范围（即20～20 000 Hz）之内。在王朗自然保护区，我们以森林鸣禽（forest songbirds）为全自动声学记录的主要调查对象类群。

全自动声学记录仪是森林鸣禽声学调查与监测中使用的主要设备（图3-3-5-1）。不同型号的记录仪结构总体相似，主要由机身与外置或内置的麦克风组成。机身内设置有电路板、电池、显示屏、存储卡插槽等，麦克风分为固定式与可插拔两类。在野外布设前，记录仪须预设好一系列参数，包括日期、时间、最大采样频率（决定了录音频率的上限，通常为11～20 kHz，最大频率越高，录音文件也越大）、每日录音日程（即几点开机、每次录音多少分钟）等。机身内有多个存储卡插槽，可插入SD卡等存储介质，用于保存录音文件。

左：Wildlife Acoustics™ SM2+；右：Wildlife Acoustics™ SM4

图3-3-5-1 设置在野外的不同类型的声学记录仪（拍摄者：李晟）

在野外，记录仪一般使用绳索、带子或螺钉固定在树干或特制的专用支架上，在开启后即可按照预设的记录日程，在每天预定的时间开机录音。调查人员须定期对记录仪进行检查，填写野外记录表（表3-3-5-1），下载数据，更换电池，进行必要的设备维护。

全自动声学记录仪采集到的录音数据，可使用专业的音频分析软件（例如Avisoft、Song Scope等）进行判读、分析。这些软件通常可以把音频数据转换为波形图、声谱图（spectrogram，亦称语图）、能谱图等可视化的图像（图3-3-5-2、3-3-5-3），便于我们对数据进行查看。

表3-3-5-1 鸟类声学监测野外记录表示例

位点编号：	20 — —		布设日期 20 — —			设置时间 ：		仪器编号：
坐标	东经 °		°北纬			海拔 m		小地名
设置人员								存储卡：A B C D

生境信息

生境类型	常绿阔叶林 □	常阔落阔混交 □	落叶阔叶林 □	针阔混交林 □	针叶林 □	灌丛 □	开阔地 □	森林起源	原始林 □	次生林 □	人工林 □
乔木层	平均胸径/cm	0~1 □	2~3 □	4~5 □	>5 □		0~10 □	11~20 □	21~30 □	31~50 □	>50 □
	优势种										
灌木层	高度/m					盖度	0~24% □	25%~49% □	50%~74% □	75%~100% □
	类型	常绿灌木 □	落叶灌木 □		竹林 □	混合灌木 □		优势种			
	竹子：有 □	无 □						竹种			

检查及回收记录

日期	时间	人员	设备状态			电池更换	数据下载	文件夹名	备注
			正常 □	故障 □	损坏 □	丢失	是 □ 否 □	是 □ 否 □		
			正常 □	故障 □	损坏 □	丢失	是 □ 否 □	是 □ 否 □		
			正常 □	故障 □	损坏 □	丢失	是 □ 否 □	是 □ 否 □		
			正常 □	故障 □	损坏 □	丢失	是 □ 否 □	是 □ 否 □		
			正常 □	故障 □	损坏 □	丢失	是 □ 否 □	是 □ 否 □		
			正常 □	故障 □	损坏 □	丢失	是 □ 否 □	是 □ 否 □		
			正常 □	故障 □	损坏 □	丢失	是 □ 否 □	是 □ 否 □		

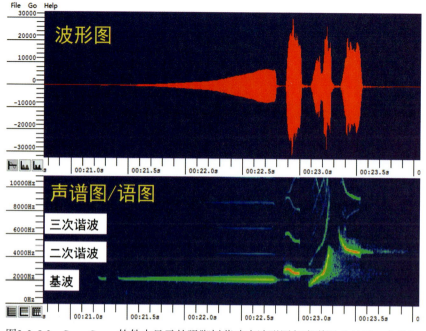

图3-3-5-2 Song Scope软件中显示的强脚树莺鸣声波形图与声谱图（制图：李晟）

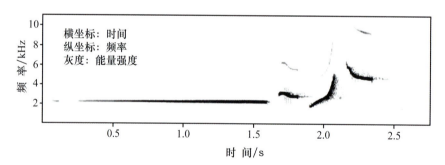

图3-3-5-3 Avisoft软件中绘制的强脚树莺声谱图（制图：李晟）

许多鸟类的鸣声具有物种特异性，研究者可根据其鸣声的特征进行物种识别与鉴定（图3-3-5-4）。Song Scope、Kaleidoscope Pro等较新的声学软件中包含有许多分析模块，使用者可以基于自己采集的训练数据（即已知鸟种的鸣声数据）构建模型，由计算机对每种鸟类鸣声中音素、音节的参数（例如频率、时长、声强等）进行测定、模拟与识别，然后对大批量的野外录音数据进行自动扫描和分类，识别出不同的鸟类物种，为声学监测数据的深入分析提供基础。

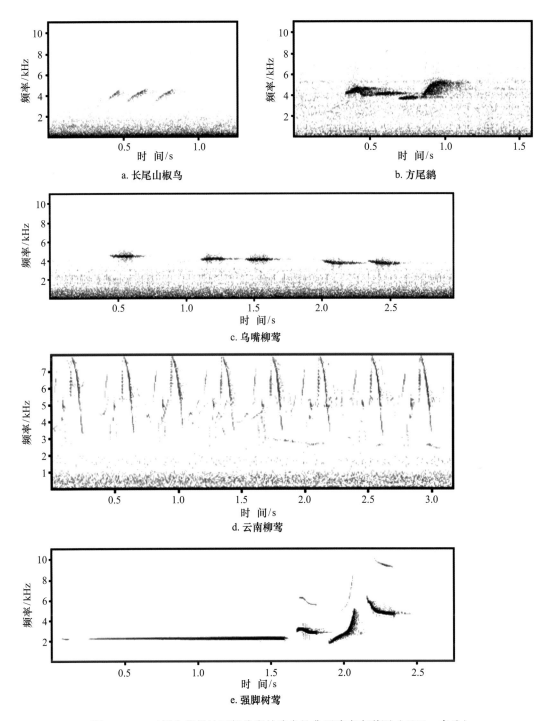

图3-3-5-4 王朗自然保护区部分森林鸣禽的典型鸣声声谱图（制图：李晟）

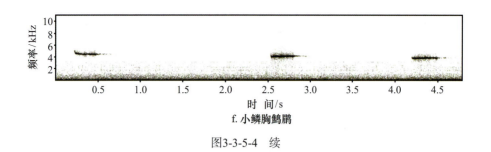

f. 小鳞胸鹪鹛

图3-3-5-4 续

3.3.6 VHF无线电定位与追踪

无线电定位与追踪技术（radio telemetry）是远程监测动物个体的移动、活动以及对资源选择利用的经典方法。通过给动物佩戴无线电发射器，我们可以在远距离使用无线电接收机来接收发射器的信号，使用接收天线确定发射器（动物）相对于接收机（研究者）的方向，然后基于三角定位法，计算出发射器（动物）所处的位置。

常用的便携式无线电追踪设备主要由3部分组成：发射器，接收机，接收天线。其中接收机与接收天线之间通过专用的电缆连接。发射器通常使用甚高频（very high frequency，VHF）信号，即频带30～300 MHz的无线电波。在同一个研究项目中，通常选择某个特定波段范围（例如148～150 MHz），然后在此波段范围内定制发射频率不同的发射器（例如150.15 MHz、150.20 MHz、150.25 MHz），以发射频率来区分不同的发射器或动物个体。发射器的尺寸和佩戴方式变化多样，可以依据目标动物和应用场景来进行选择或定制。在野生动物追踪中，常见的发射器类型包括颈圈（例如用于食草类哺乳动物，图3-3-6-1）、背负式发射器（例如用于雉类）、黏附式信标（例如用于大型昆虫）等。在野生动物捕捉中，有时也使用VHF无线电发射器与捕捉陷阱的启动机关相连，用于远距离监测陷阱是否被触发启动。

图3-3-6-1 佩戴VHF无线电颈圈的白尾鹿（美洲）
（拍摄者：李晟）

传统的无线电定位与追踪技术，采用三角定位法进行无线电定位，取同时收集到的两个罗盘方位（compass bearings）的交叉点作为发射器的位置（图3-3-6-2）。在山地环境中，为了减少山体引起的无线电波反射而导致的偏差，通常有必要从3个或3个以上的不同地点获取各位点上信号源（发射器）的方位，进而将被跟踪的动物定位在一个狭窄的范围内。接收机位置通过卫星定位系统（例如北斗卫星导航系统、GPS全球定位系统、格洛纳斯等）定位后，便可以在地形图（例如1:10 000地形图）上标出计算得到的无线电发射器的位置；也可将测向位点坐标、测向方位角数值输入计算机，使用LOCATE等计算机程序进行自动估算。

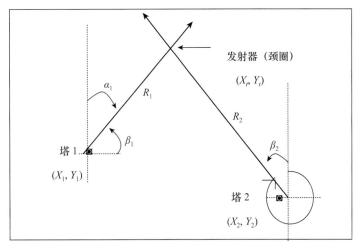

图3-3-6-2　三角定位法和动物位置的坐标（X_t，Y_t）估计

两条实线表示两个接收点得到的发射器方位，它们的交叉点即为信号源的位置。塔1和塔2到发射器的距离分别用R_1和R_2表示。（修改自：G.C. White and R.A. Garrott, 1990）

通过对佩戴无线电发射器的目标动物个体的长期定位追踪，研究者就可以了解动物个体的移动规律、活动节律、家域范围等。根据研究需要，动物使用的VHF发射器上还可以整合其他不同类型的传感器，例如死亡报警传感器、运动传感器等。同时，随着技术与设备的发展，新一代基于卫星定位追踪原理的多种发射器近年来在野生动物研究与监测中得到越来越多的应用，进一步扩展了传统的无线电定位追踪这一概念。

3.3.7　红外相机

3.3.7.1　概念与历史

红外相机技术是红外触发相机陷阱技术（infrared-triggered camera-trapping）的简称，也被称作红外触发拍摄技术（infrared-triggered photography）。该技术是相机陷阱调查技术（camera-trapping）中的一类，是指使用红外感应设备在无人在场操作的情况下，自动拍摄野生动物的静态照片或动态影像的技术与方法。通常，广义的红外相机技术还包括相关的相机数据分析方法、模型和原理框架。

红外相机的前身为采用多种机械方式（绊绳、踏板等）触发的相机陷阱，其历史可以追溯到19世纪末至20世纪初期。20世纪90年代中期以后，出现了采用红外传感器的相机陷阱。2005年前后，数码照相技术与红外相机技术相结合，生产出了新一代的数码红外相机

装置，性能得到极大提升，有力地促进了红外相机在野生动物研究领域中的应用。2010年之后，数码红外相机的性能得到进一步完善，价格也大幅下降，被广泛应用于野生动物种群监测、多样性调查、种群密度评估等科研和保护工作。

3.3.7.2 工作原理

红外相机装置的核心部件是红外/热传感器。根据传感器工作原理的不同，可以把红外相机分为被动式和主动式两种（图3-3-7-1）。

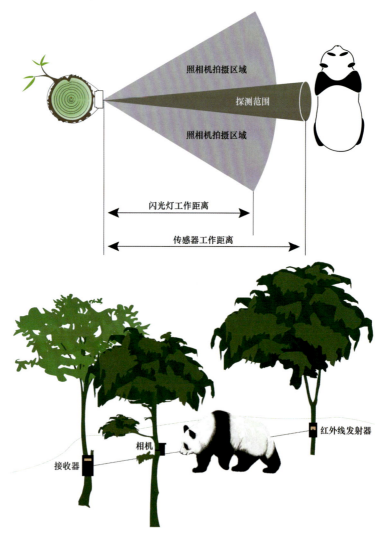

上：被动式；下：主动式

图3-3-7-1 红外相机工作原理示意图（制图：于薇）

被动式红外/热传感器可以探测到前方空间内热量的突然变化，其探测范围通常是一个狭窄的圆锥形区域。由于恒温动物（兽类和鸟类）的体温一般高于外界环境温度，当有兽类或鸟类（主要是雉类等地面活动的鸟类）等恒温动物经过相机前方，进入被动式红外/热传感器的监视范围后，传感器将探测到前方热量的变化。如果变化的数值达到一定阈值，传感器就会被触发，通过连线向自动相机发出信号，启动相机拍摄一张照片或开始拍摄视频。

主动式红外相机的触发原理为：由专门的红外线发射器发射一束红外线，被另外的一个接收器接收。如果有动物从发射器和接收器之间经过，当其身体阻断红外线光束时，接收器被触发，进而触发自动相机的快门，拍摄一张照片。

主动式红外相机装置的价格比较贵，布设使用过程也比较复杂，目前应用较少。因此，本书后面描述中，如无特殊说明，所提"红外相机"均指被动式红外相机。

3.3.7.3 结构组成

不同型号的红外相机装置的形状、尺寸、颜色差异巨大，但就其具体结构来说，都是由5大部分组成（图3-3-7-2）：

① 外壳：须防水、防潮以保护内部的电子组件。正面有若干窗口分别对应相机镜头、补光灯、红外传感器等，并设置有若干指示灯。背面一般都有固定的支架、锁扣等部件以方便把装置固定在树干上。

② 拍照/拍摄系统：可以为胶片或数码相机，也可以是摄像机。目前最常用的红外相机大多是数码拍照系统。

③ 红外传感器：被动式红外/热传感器，通常前方都覆有可透过、汇聚红外线的菲涅尔透镜。

④ 电力系统：使用干电池或可充电电池供电。某些型号可以外置太阳能电池板以持续给电池充电。

⑤ 主控电路：控制整个装置工作的电子电路板等，通常密封在装置内部。在相机外壳内通常有调整各种设置（日期/时间、延迟、灵敏度等）的按钮和LCD显示面板。

3.3.7.4 适用类群

红外相机调查技术适用的动物类群由多方面因素决定，包括相机系统的工作原理、动物类群自身的特征与生态习性等。其中，关键性因素有以下4条。

1. 动物体温

被动式红外相机的工作原理决定了该系统只能探测到体温高于环境温度的目标，即恒温动物，包括哺乳类（含人类）与鸟类。该技术不适用于绝大部分变温动物，例如爬行类与两栖类。

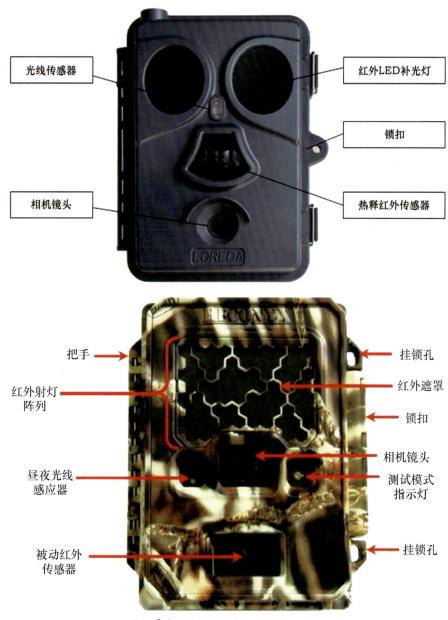

上：易安卫士L710；下：Reconyx P900
图3-3-7-2 红外相机外部结构图示

2. 体形大小

目标动物的体形需要足够大，能够有效触发红外相机的传感器。

3. 活动习性

通常情况下，红外相机都设置在地面之上，因此，只能探测、记录在地面活动的动物，或者目标动物需要有相当比例的活动空间在地面层（例如半树栖半地栖的猕猴类）。在地面之下（例如鼹类）、林冠层（例如长臂猿类）或空中活动（例如翼手目蝙蝠类）的动物，通常情况下不适用红外相机技术。

4. 形态特征

红外相机拍摄的是动物的照片或视频影像，因此，适用的目标动物要能够通过影像进行准确的物种鉴定。

根据上述指标，对我国西南地区的兽类、鸟类下属各类群进行适用性分析（表3-3-7-1），可以发现，红外相机技术适用的动物类群包括哺乳类中的长鼻目、鳞甲目、食肉目、奇蹄目、偶蹄目，以及鸟类中的鸡形目。此外，哺乳类中的灵长目（例如猴科下的猕猴属、仰鼻猴属）、兔形目（兔科）、啮齿目（例如豪猪科、松鼠科下的旱獭属），与鸟类中的非鸡形目（例如雀形目下的八色鸫科、鸫科）的部分特定类群也可适用。

表3-3-7-1 适用红外相机技术进行调查的动物类群

动物类群	体形大小能否有效触发相机	是否地面活动为主	能否根据影像鉴定物种	是否适合用红外相机调查/监测
兽类				
劳亚食虫目	偶尔	部分	否	否
树鼩目	偶尔	否	否	否
翼手目	偶尔	否	否	否
灵长目	是	部分	是	特定类群适用
兔形目	是	是	部分	特定类群适用
啮齿目	部分	部分	部分	特定类群适用
长鼻目	是	是	是	是
鳞甲目	是	是	是	是
食肉目	是	是	是	是
奇蹄目	是	是	是	是
偶蹄目	是	是	是	是
鸟类				
鸡形目	是	是	是	是
非鸡形目	部分	部分	是	特定类群适用

3.3.7.5 野外设置

1. 相机数量

单个监测位点上通常设置红外相机1台。

2. 选址与固定方式

应选择在有动物经过的兽径上，或预期监测目标会出现的其他地点设置红外相机。红外相机应固定在兽径一侧的树干或其他牢固的固着物上（图3-3-7-3）。平地环境下，相机底部距离地面40~80 cm，镜头面向下倾斜5°~10°，以保证拍摄区域的中心正对监测目标出现位置的中央。红外相机的朝向与兽径走向呈小于45°的夹角，以延长动物经过时在红外传感器监视区域和相机拍摄区域内停留的时间，降低红外相机漏拍率。

图3-3-7-3 设置在森林环境（左）与高山环境（右）中的红外相机（拍摄者：左，李晟；右，胡强）

3. 工作状态确认

设置好红外相机后，人员在离开之前，应把监测位点编号以大写字体写在记录表背面，然后手持记录表在相机前面1~2 m处触发红外相机，确认相机工作正常，并拍摄下写有位点编号的照片。

3.3.7.6 参数设置

在普通调查或监测目的下，以易安卫士L710和猎科Ltl-6210两个红外相机型号为例，推荐的相机参数设置如表3-3-7-2所示。

表3-3-7-2　红外相机关键参数推荐设置

参数	易安卫士L710	猎科Ltl-6210
电池	碱性5号电池8节	碱性5号电池12节
存储卡	32G SD卡（Class 10）	32G SD卡（Class 10）
拍摄模式	照片+视频	照片+视频
照片尺寸	12 M	12 M
视频尺寸	1080 P	1080 P
视频长度	10 s	10 s
间隔时间	1 s	1 s
灵敏度	中或高	中或高
时间戳	无	开
两侧PRI	无	开
定时设置	关	关
定时拍照	关	关
相机编号	设置	设置
循环存储	关	关
密码设置	按需设置	按需设置
红外灯强度（IR Light）	高	高
设置时钟[a]	每次确认	每次确认

a. 每次更换电池/存储卡后，都须再次确认日期/时间设置是否正确。

3.3.7.7　野外记录

每个红外相机调查位点都须填写一份《野生动物红外相机监测野外记录表》（表3-3-7-3）。该表是针对红外相机监测所设计的野外记录表格，表中包括相机布设记录、地形信息、植被信息、动物痕迹、干扰信息和备注6部分内容。

表3-3-7-3 野生动物红外相机监测野外记录表

相机布设记录						
位点编号:			小地名:		表格编号:	
设置人员[a]:					诱饵:□无 □气味剂 □食物	
海拔/m:		坐标北纬:		东经:	相机编号:	存储卡编号:
日期				相机状态		记录人
布设日期:20 年 月 日 时 分				□正常 □停止工作 □损坏 □丢失		
检查日期:20 年 月 日 时 分				□正常 □停止工作 □损坏 □丢失		
回收日期:20 年 月 日 时 分				□正常 □停止工作 □损坏 □丢失		

地形信息						
部位:山脊 上部 中部 下部 沟谷 平地				坡向:北 东 南 西 无坡向		
坡度:0~5° 6~20° 21~30° 31~40° >41°				到最近水源距离:□<100 m □≥100 m		

植被信息						
生境类型	A针叶林 B针阔混交林 C落叶阔叶林 D杜鹃林 E高山栎林 F灌丛 H流石滩 G其他类型					
乔木层	平均高度/m:5~9 10~19 20~29 >30			森林起源:A原始 B次生 C人工		
	1号		2号	3号	4号	5号
	胸径[b]/cm	1~3	3~5	>5		
	树种					
灌木层	类型:常绿灌木 落叶灌木 竹丛 混合灌木			竹子:□有 □无		
	盖度:0~24% 25%~49% 50%~74% 75%~100%			类型:A乔木科为主 B非禾本科为主		
草木层	高度/m:0~1			盖度:0~24% 25%~49% 50%~74% 75%~100%		

动物痕迹(距离相机位点20 m半径范围内)						
发现日期	实体	粪便	食迹	足迹	卧穴	尸体
	毛	爪痕	剥树皮	标记	蹭痕	

动物名称						
干扰信息(距离相机位点50 m半径范围内)						
发现日期	打猎	挖药	放牧	套子	棚子	烧火
	旅游	砍柴				

备注:

a. 编号格式为: L-(保护区首字母缩写-2位数字年份)-(网格编号+1位字母网格内点次序)。例如: L-WL17-E05A即表示王朗自然保护区2017年在E05号方格内的第一个位点。

b. 以相机为中心、10 m半径范围内,找胸径最大的5棵树进行测量。

《野生动物红外相机监测野外记录表》的填写说明有以下几点。

1. 相机布设记录

记录野外监测位点的基本信息,包括位点编号、方格编号、小地名、设置人员、位点经纬度坐标、海拔、布设与中途检查及回收日期等基本信息。

布设位点坐标须通过卫星定位仪获得。在使用前须把手持卫星定位仪内的坐标投影基准统一设为WGS1984(或称为WGS84)。经纬度坐标统一采用"xxx.xxxxx°"的格式,小数点后保留5位数字。

2. 地形信息

记录调查位点所处环境的基本地形地貌信息,包括部位、坡向、坡度以及到最近水源距离。各项的可选择内容都已经在表格上列出,填写时只需在相应的选项上打"√"选择。

3. 植被信息

记录调查位点所处环境的植被类型和小生境植被信息,分为生境类型、乔木层、灌木层、草本层4部分。其中,乔木层的记录须在以相机为中心、10 m半径范围内,对胸径最大的5棵乔木进行胸径测量和树种鉴定,分别填写到表中"胸径"和"树种"两栏。树木如无法鉴定到具体树种,则填写大类名称,例如"常绿阔叶树"。除了乔木层这两栏外,"植被信息"部分其他栏在填写时只需打"√"选择。

4. 动物痕迹

记录以相机为中心、20 m半径范围内发现的动物痕迹,包括痕迹的类型与对物种的初步判断。如果遇到未在表中列出的痕迹类型,则在最右侧空白列添加。

5. 干扰信息

记录以相机为中心、50 m半径范围内发现的人为活动干扰的类型与强度。如遇到未在表中列出的干扰类型,则在最右侧空白列添加。

6. 备注

记录所有其他需要提及的事件与信息。后期内业人员核对表格与数据时,如发现问题或需要额外标注的信息也在此处记录。

3.3.8 非损伤性DNA采样与分析

在野生动物调查与研究中,非损伤性采样(non-invasive sampling)近年来得到了越来越广泛的应用。该方法通常指在无须捕捉或伤害动物的情况下,获取目标动物的各种生物样品的技术。这些样品包括动物的毛发、粪便、尿液等,可结合分子生物学、生物化学等分析技术,从中获取目标动物的DNA、激素、代谢产物、稳定同位素等,进而开展相应的物种鉴定、遗传多样性分析、生理生态分析、食性营养级分析等。其中,通过动物毛发、粪便等样品开展DNA分析是最常见的方法,适用于调查、研究那些活动隐秘、种群密度低的野生动物，例如食肉目兽类等。

在本节内容中，我们对2种常用的非损伤性DNA采样方法进行介绍。这2种方法在王朗自然保护区及周边地区均进行过野外测试与实践，具有较高的采样效率与较好的分析效果。

3.3.8.1 毛发陷阱

哺乳动物体表着生的毛发根部附着有毛囊，而毛囊细胞中包含有该动物个体的DNA。因此，附带毛囊的毛发是可用于提取DNA进行分析的样品，是哺乳动物非损伤性采样中常用的材料。针对不同的目标动物，可以根据它们的习性设计不同类型的毛发陷阱，用于在野外采集这些动物的毛发样品。对于在森林生态系统中广泛存在的中小型食肉动物（例如鼬科、灵猫科物种），立柱式与通道式毛发陷阱可以非常有效地采集到它们的毛发（图3-3-8-1）。

左：毛发陷阱；右：正在攀爬立柱式毛发陷阱的花面狸

图3-3-8-1　野外设置的中小型食肉动物毛发陷阱（提供者：卜红亮）

立柱式毛发陷阱主体为直立的木桩，表面光滑，在木桩中上部的侧面固定有可粘取毛发的粘板（图3-3-8-1左图左侧木桩）或可刮取毛发的刺丝（图3-3-8-1左图右侧木桩）。木桩顶部设置食物诱饵或可吸引食肉动物的气味引诱剂。当中小型食肉动物被诱饵吸引、攀爬木桩时（图3-3-8-1右），粘板或刺丝就可以从动物体表粘取或刮下部分毛发。

通道式毛发陷阱通常由硬质塑料板或薄木板制作，截面为等边三角形（图3-3-8-1左图中央，为并排放置的2个通道式毛发陷阱）。通道两侧入口内，每面板上均垂直固定有一个铜丝枪刷（或试管刷）。通道中央上部悬挂有食物诱饵或气味引诱剂。当中小型食肉动物被诱饵吸引、进入通道时（图3-3-8-2左），铜丝枪刷就可以从它们的体表刮取下部分毛发（图3-3-8-2右）。

图3-3-8-2 正在访问通道式毛发陷阱的花面狸（左）及采集到毛发的铜丝枪刷（右）（提供者：卜红亮）

采集到的毛发须用消毒灭菌后的镊子夹取，放入透气性良好的样品采集纸袋中。每个纸袋保存一份样品，纸袋表面记录好日期、地点、坐标、海拔等样品采集的信息。回到野外基地后，纸袋可以放入置有硅胶干燥剂的密封罐中，于阴凉处或低温柜中短期保存，留待后续实验室分析。

3.3.8.2 粪便DNA采样

野生动物的粪便是最常见的非损伤性采样样品。通常，动物粪便的表面附着有动物肠道脱落的表皮细胞，可用于提取DNA，进行排便物种的鉴定；程度新鲜、DNA质量好的样品，还可以进一步基于分子标记对排便物种进行个体识别。在大熊猫的野外种群监测中，基于粪便DNA进行大熊猫个体识别，进而估算其种群密度与数量的方法，已经在王朗自然保护区和其他部分大熊猫分布区进行了多年应用，成为准确估算大熊猫种群数量的可靠方法（图3-3-8-3）。

此外，动物粪便内部包含有各类食物残渣，可基于残渣形态特征或DNA宏条形码技术对排便动物的食物组成和食性进行分析。新鲜粪便中含有的特定代谢产物（例如肾上腺皮质激素的代谢产物），还可以用来分析排便动物的生理状况。

以哺乳动物粪便样品采集为例，通常由野外工作人员沿样线开展搜寻。每组由2名或2名以上调查人员组成，沿样线仔细搜索两侧10 m范围内的地面，发现新鲜的哺乳动物粪便后，由调查人员带上一次性手套，选取部分样品放入25 mL或50 mL离心管（根据粪便大小选择合适尺寸的离心管）中（图3-3-8-4）。

离心管中须加入无水乙醇至液面淹没样品，或加入硅胶干燥剂颗粒。在每份粪便样品的采集地点，填写《野外动物样品记录卡》，实地记录每份粪便样品采集点的日期、经纬度坐标、植被类型、粪便新鲜程度等信息，并依据粪便的形态特征对排便物种进行初判（图3-3-8-5）。每份样品的记录卡与离心管装入1个单独的封口袋中，避免与其他样品混淆并降低交叉污染的风险。

图3-3-8-3 新鲜大熊猫粪便表面覆有一层黏液，里面含有大熊猫肠道脱落的细胞（拍摄者：李晟）

图3-3-8-4 在野外采集食肉动物粪便样品（提供者：付强）

```
野外动物样品记录卡
编号 _____
日期 20___年___月___日
物种 _____
样品类型 粪便□ 毛发□
组织□  海拔 _____ m
东经 _____°
北纬 _____°
生境类型 _____
小地名 _____
记录人 _____
新鲜程度
□<3天 □3~7天 □>7天
```

图3-3-8-5 野外动物样品记录卡

返回野外基地后，添加有无水乙醇的样品可以置于阴凉处或低温柜中短期保存。在准备长途转运样品到实验室之前，须倒出离心管中的乙醇，将一片圆形滤纸叠成漏斗状塞入离心管，在上方加入干燥硅胶颗粒，密封保存。处理样品时，每份样品处理完均须更换一次性手套与包装的封口袋，避免交叉污染。

3.3.8.3　样品DNA提取与分析

根据样品类型与保存质量的不同，实验室的处理与分析方法也存在差别。这里以食肉目哺乳动物粪便样品DNA提取与分析为例，简要说明实验室的操作步骤与方法。

在实验室中，从每份样品表面（携带有排粪动物脱落的肠道细胞）提取约100 mg的样品，使用标准的2CTAB/PCI方法从中抽提DNA（图3-3-8-6）。由于粪便样品杂质较多，提取后的粪便DNA不能保证纯净，有时会影响之后的PCR扩增，因而可以使用PCR产物纯化回收试剂盒对粪便DNA提取的产物进行纯化，再使用分光光度仪对提取纯化后的DNA溶液进行浓度检测。

选择基于线粒体16S rRNA基因的哺乳动物通用引物，向外延伸寻找新的保守区域，增加约240 bp长度，合成的新引物16Sr-F/R总长380 bp，有较强的物种分辨率。纯化后的粪便DNA先用16Sr-F/R引物进行扩增，PCR反应程序为95℃预变性5 min，然后95℃变性30 s，55℃退火30 s，72℃延伸30 s，进行35个循环，最后72℃延伸10 min。PCR反应在

Mastercycler pro S银质梯度PCR仪（Eppendorf）中完成（图3-3-8-6）。

图3-3-8-6 动物粪便样品的实验室处理与分析（拍摄者：邵昕宁）

取5 μL PCR产物，用1.5%琼脂糖凝胶，120 V电泳15 min进行检测（图3-3-8-7）。若没有条带或条带不在目的条带处，用16Sr-F/R再次进行扩增。如果再不成功，则对粪便样品进行重新提取和扩增，重复3次。3次皆失败，则认为样品本身DNA质量不好，舍弃该样品。

若样品较好，则进行Sanger测序。纯化后的PCR产物在ABI Prism 3730XL测序仪上进行单向测序。测序结果通过软件Chromas v.2.22除去杂峰双峰部分，得到长度为320 bp左右的单一序列。

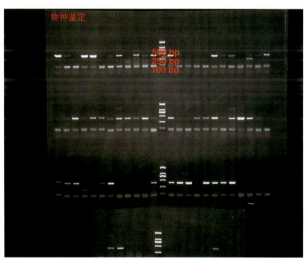

图3-3-8-7 粪便样品物种鉴定测序分析中的PCR产物电泳图

序列比对：用NCBI（National Center for Biotechnology Information，https://www.ncbi.nlm.nih.gov）的BLAST程序检索测序片段的匹配序列。当最佳匹配序列与待测序列的覆盖率不低于80%，一致度大于95%时，认为检索结果有效。

筛选匹配序列：结合当地动物分布信息，对序列进行筛选。当覆盖率与一致度均达到98%及以上，且对应物种可能分布在研究点时，认为粪便样品来自匹配序列对应的物种。若存在不止一种物种的匹配序列，则根据研究地点生物多样性本底信息及物种的分布区范围，排除不符合的物种。当峰图正常、覆盖率大于80%而一致度小于98%时，可能是GenBank数据库未收录该待定物种的序列，则可根据当地物种分布情况，确定可能的近缘物种。

3.3.9 动物痕迹识别

在野外调查时，尤其是在植被茂密的森林生态系统中，雀形目鸟类等体形较小的野生动物可以较为容易地观测到，而大中型野生动物的实体遇见率则较低。因此，野生动物在其栖息地内留下的各种痕迹，就成为我们判断其活动的线索与证据。许多动物类群或物种的痕迹具有相对稳定的形态与特征，可以作为类群或物种识别的重要参考。须注意的是，除少数物种外，大部分物种的活动痕迹仅仅依靠痕迹的形态特征是难以鉴定到具体物种的。

在本节内容中，我们结合王朗自然保护区内的动物种类，以哺乳动物和鸟类为代表，介绍野外常见的动物痕迹类型与概要的识别特征。其中，粪便、足迹、食迹是野外最常见的哺乳动物痕迹类型，粪便、体表脱落物（羽毛）、食迹、鸟巢是野外最常见的鸟类痕迹类型。

3.3.9.1 哺乳动物

1. 粪便

同一类群哺乳动物物种的粪便形态一般具有共性特征。粪便的形态特征与其体形大小、食物组成有关，同时也受个体的生理状态、活动习性影响，还会受到环境因素（例如天气、湿度、日晒程度等）的强烈影响。

① 大熊猫：大熊猫粪便具有独特的形态特征（图3-3-9-1a），可作为物种鉴定的可靠依据，具体见第四章"大熊猫"的描述。

② 灵长类动物：川金丝猴是王朗自然保护区唯一有记录的野生灵长类动物，其粪便具有较为独特的形态特征（图3-3-9-1b），具体见第四章"川金丝猴"的描述。

③ 偶蹄类动物：典型的粪便为相互分离的粪粒，单颗粪粒一般为卵圆形、圆形或长椭圆形（图3-3-9-1c～e）。通常成堆排出，由数颗至数十颗粪粒组成。新鲜粪粒表面湿润有光泽；陈旧粪粒则表面粗糙，并逐渐解体。较为松软的粪粒有时聚成直径更大的团状排出。当食物含水量较高时，偶蹄类食草动物的粪便通常不成形，排至地面呈堆状或饼状。粪便打开后内部可见较细的植物残渣。

④ 食肉类动物：以动物性食物为主（肉食性）的食肉动物的粪便通常呈长条形或绳索状，可分为若干节；末节的尾端时常可见由动物毛发或植物纤维形成的尖尖的"拖尾"（图3-3-9-1f）。新鲜粪便表面湿润有光泽，具有强烈的臭味；陈旧、干燥的粪便通常颜色发白，较为松散。粪便打开后，内部可见未消化的动物残余，包括毛发、牙齿、骨骼碎片、鸟类羽毛等。杂食性食肉动物的粪便通常呈长条状或无固定外形（图3-3-9-1g），气味臭或稍淡。粪便打开后，内部可见植物残余（种子、纤维等），少量动物毛发和昆虫残余（例如甲虫鞘翅）等。

⑤ 啮齿类动物：在野外偶尔可以见到体形相对较大的啮齿类动物留下的粪便，例如中国豪猪（*Hystrix hodgsoni*）与鼯鼠。中国豪猪的粪便为相互分离或相连的粪粒，单颗粪

粒呈长椭圆形或枣核形（图3-3-9-1h）。粪粒通常为黑色或黑褐色，偶尔因食物成分的不同而呈现灰绿色、砖红色等其他颜色。新鲜粪粒表面湿润光滑；陈旧粪粒表面粗糙，内部可见大量未消化完全的粗纤维和植物残渣。鼯鼠的粪便为圆形或长圆形的粪粒，常散布于其活动的树下，粪粒内部为未消化的植物残渣，具体见第四章复齿鼯鼠的描述。

⑥ 兔类/鼠兔类动物：王朗自然保护区分布有兔形目下属的兔科（灰尾兔 *Lepus oiostolus*）与鼠兔科（藏鼠兔 *Ochotona thibetana* 等）物种，它们都以植物为食，粪便均为圆形的粪粒（图3-3-9-1i），但兔科动物粪粒的尺寸远大于鼠兔科动物的粪粒。粪粒打开后，内部可见较细的植物残渣。

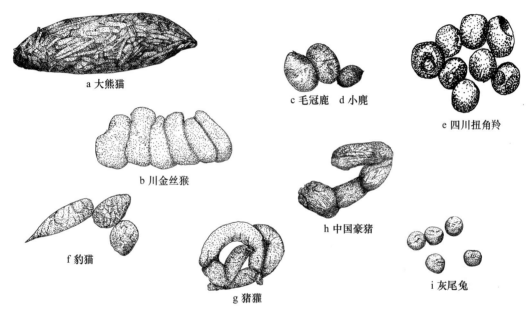

图3-3-9-1 部分哺乳动物类群代表性物种的典型粪便形态示意图（绘图：龙玉；图像处理：杜明）

2. 足迹

哺乳动物的足迹通常只能在特定的地表形成，例如河边沙滩、潮湿泥地、雪地等。松软泥土和林下土壤表面也可留下动物的足迹，但通常印迹边缘不清晰，难以准确识别其轮廓特征。

① 偶蹄类动物：典型的足迹为两个脚趾留下的蹄印，前部较尖而后部较宽。前足蹄印中两趾印迹较为分开，而后足蹄印中两趾印迹通常紧紧并拢。部分悬蹄较为发达的物种（例如林麝、四川扭角羚），在松软泥土或积雪较厚的雪地中留下的足迹（图3-3-9-2a，左上为后足蹄印，右下为前足蹄印），可以见到2个悬蹄的印迹。

② 食肉类动物：足迹通常由掌垫印迹和4～5枚趾印组成。猫科、犬科足迹可见4枚趾印（图3-3-9-2b），熊科（图3-3-9-2c～d，左为前足，右为后足）、鼬科、灵猫科（本区域内仅花面狸 *Paguma larvata* 一种）的完整足迹可见5枚或4枚趾印。部分物种（例如犬

科、鼬科）的趾印前端可见爪印，而猫科动物由于在行走时爪为收起状态，因而其足迹中无爪印（图3-3-9-2b），成为其与相似的犬科动物足迹的最大区别。

3. 食迹

食迹是指动物取食或捕食时留下的痕迹，具体类型和形态十分多样，可参看第四章中各物种的食迹描述。

4. 气味标记

许多哺乳动物具有做气味标记的习性，会把特定分泌腺的分泌物、尿液、粪便等涂抹或排放在岩石、树干、树枝等物体表面，用来标记领地、标示自身状态、与其他个体联络交流等。在王朗自然保护区，林麝、大熊猫、赤狐等物种均有气味标记的习性。部分物种（例如大熊猫）的气味标记在野外可以识别，具体见第四章中"大熊猫"的气味标记描述。

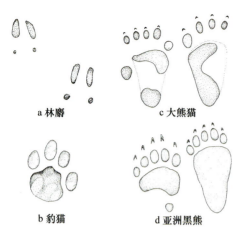

图3-3-9-2 部分哺乳动物类群的典型足迹形态示意图（绘图：龙玉；图像处理：杜明）

5. 洞穴

许多哺乳动物会挖掘洞穴（图3-3-9-3），或者选择天然的树洞（图3-3-9-4）、石洞，用作长期居所或短期停留住所。有的动物会利用其他动物的废弃巢穴，或抢占其他动物的巢穴以为己用。这些洞穴在野外调查时偶尔可以见到。在洞穴出口或入口附近，常可见到动物活动留下的其他痕迹，包括粪便、毛发、足迹等，可用来帮助判断洞穴的使用者。

图3-3-9-3 拥有两个出口的藏鼠兔洞穴（拍摄者：李晟）

图3-3-9-4 大熊猫使用的树洞型产仔洞（拍摄者：李晟）

6. 体表脱落物

哺乳动物体表的毛发、棘刺（图3-3-9-5）等附着物会经常脱落，大型鹿科动物的雄性个体会定期更换鹿角，这些脱落物在野外可以经常见到。

3.3.9.2 鸟类

1. 粪便

鸟类体内蛋白质代谢的主要产物为不溶于水的尿酸，因此鸟类粪便中可以见到明显的白色糊状物（图3-3-9-6），即为尿酸结晶，以此可以作为鸟类粪便区别于哺乳动物粪便的主要特征；后者代谢的主要产物为溶于水的尿素，随动物尿液排出体外。

图3-3-9-5 中国豪猪脱落的棘刺（豪猪刺）（拍摄者：李晟）

图3-3-9-6 雀形目鸫类在栖处留下的粪便堆积（拍摄者：李晟）

在王朗自然保护区，雉类粪便为较为常见的鸟类粪便，通常为弯曲或盘卷的牙膏状（图3-3-9-7a），或不成形的团状，在表面常可见白色的糊状尿酸结晶。在王朗自然保护区分布的11种雉类中，血雉为最常见的物种，其粪便形态（图3-3-9-7b～c）与其他雉类不同：通常为半环状或弧状，直径均一，表面少见白色尿酸结晶；新鲜粪便通常为绿色或黄绿色，内部可见较为粗糙的植物碎屑与残渣。

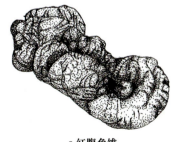  

a 红腹角雉　　　　　　b 血雉　　　　　　c 血雉

图3-3-9-7 雉类粪便的典型形态示意图（绘图：龙玉；图像处理：杜明）

2. 体表脱落物（羽毛）

野外常可见到鸟类脱落的羽毛，有的为自然更新脱落，有的为相互打斗过程中脱落，有的是被捕食者（例如猛禽、中小型食肉兽类）猎捕的过程中脱落（图3-3-9-8）。根据形态和斑纹，从部分羽毛可以识别出所属的鸟类物种。

3. 食迹

地面活动的鸟类在搜寻食物的过程中，经常在地表留下相应的取食痕迹，例如雉类典型的刨坑（图3-3-9-9）。这类刨坑通常为明显的地面浅凹，可见表层的枝叶凋落物被刨开、扰动，露出凋落层之下的土壤。但这类刨坑与部分哺乳动物（例如猪獾 *Arctonyx albogularis*）觅食时产生的刨坑有时较难区分。

部分类群的鸟类会留下特殊的取食痕迹，例如大斑啄木鸟（*Dendrocopos major*）在树干上留下的凿洞（图3-3-9-10）。王朗自然保护区的原始针叶林中分布有三趾啄木鸟（*Picoides tridactylus*），它们会在杉树树皮上凿出浅坑，以吸食渗出的树液，从而留下呈规则排列的众多凿痕（图3-3-9-11）。

图3-3-9-8　雄性红腹角雉羽毛（被捕食后残余）
（拍摄者：李晟）

图3-3-9-9　红腹锦鸡在林下觅食后留下的刨坑
（拍摄者：李晟）

图3-3-9-10　大斑啄木鸟在树干上留下的取食痕迹
（拍摄者：李晟）

图3-3-9-11　三趾啄木鸟在杉树树皮上留下的规则的取食凿痕（拍摄者：李晟）

4. 鸟巢

鸟巢是鸟类用来孵化鸟卵的场所；对于晚成鸟来说，鸟巢也是抚育雏鸟的地方。鸟巢的类型多种多样，在野外经常可以见到。在王朗自然保护区，常见的鸟巢类型有简易地面巢（图3-3-9-12）、编织巢（图3-3-9-13）、洞巢（图3-3-9-14，3-3-9-15）。繁殖期时，还可见到巢中的鸟卵、孵化后的卵壳或雏鸟等。

图3-3-9-12　血雉的地面巢与卵（拍摄者：邵良鲲）

图3-3-9-13　棕头鸦雀的编织巢与卵（拍摄者：李晟）

图3-3-9-14　霍氏旋木雀在枯朽树干中的洞巢与卵（拍摄者：李晟）

图3-3-9-15　暗绿柳莺在斜坡地面构筑的洞巢（左）与巢中雏鸟（右）（拍摄者：李晟）

5. 沙浴场

许多鸟类都有沙浴的习性。它们会选择具有松软、干燥沙土的地方，蹲卧或匍匐于沙土表面，通过抖动身体、扑动双翅等方式，把沙土混入羽毛中，以清理皮肤表面与羽毛之上的污渍和寄生虫（图3-3-9-16）。

　　这类沙浴场常见于阳光直射的林下空地、灌木丛中或岩石旁，呈现为沙土中的凹坑或浅凹，外周轮廓为圆形或椭圆形，四周可见散落的沙土，偶见鸟类脱落的羽毛（图3-3-9-17）。

图3-3-9-16　正在进行沙浴的雌性绿尾虹雉（红外相机拍摄，提供者：李晟）

图3-3-9-17　血雉的沙浴场（拍摄者：李晟）

第四章　王朗自然保护区常见生物类群

4.1 大型真菌

真菌是一类无叶绿素、细胞壁主要成分为几丁质的真核异养生物，包括鞭毛菌、接合菌、子囊菌和担子菌等。目前全世界已被描述的真菌约有1万属，12万余种，我国大约有4万种。有学者将真菌与黏菌、卵菌组成菌物界，与动物界、植物界相并列。生物学野外实习主要涉及能形成大型子实体的真菌，其大小足以让肉眼辨识，能够徒手采集，这一类真菌也被称为大型真菌。大型真菌大多数属于担子菌，少数属于子囊菌。

1. 木耳 *Auricularia auricula*（L. ex Hook.）Underw.（图4-1-1），木耳目，木耳科

子实体胶质，呈叶状、浅圆盘状或耳状，边缘波状，宽2～12 cm，厚约2 mm，以侧生的短柄或狭细的基部固着于基质上。初期柔软，黏而富弹性，后软骨质，干后收缩，变为黑色、硬而脆的角质至近革质。腹面为子实层面，光滑或稍有皱纹，褐色，成熟时可见白色霜状物。担孢子无色，光滑，常弯曲，长9～17 μm，宽5～7.5 μm。单生、群生或簇生于栎属、杨属、榕属、槐属等阔叶树的腐木上。

2. 焰耳 *Phlogiotis helvelloides*（Fr.）Martin（图4-1-2），银耳目，银耳科

子实体胶质，匙形或近漏斗状，柄部半开裂呈管状，高3～8 cm，宽2～6 cm，红色

图4-1-1　木耳（拍摄者：贺新强）

图4-1-2　焰耳（拍摄者：贺新强）

或橙红色，内侧表面被白色粉末。子实层生于下侧，子实层面近平滑，或有皱或近似网纹状，盖缘卷曲或后期呈波状。担孢子无色，宽椭圆形，光滑，长9.5～12.5 μm，宽4.5～7.5 μm。单生、群生或丛生于针叶林或针阔混交林中地上、苔藓层或腐木上。

3. 侧耳 *Pleurotus ostreatus*（Jacq.: Fr.）Kummer（图4-1-3），伞菌目，白蘑科

子实体肉质，菌盖呈扇形、肾形，直径5～20 cm，盖缘初时内卷，后平展。菌肉厚，白色，有清香。菌褶延生，在柄上交织或成纵条纹，白色。菌柄侧生，短或无，白色，中实，基部有白色短绒毛。担孢子无色，光滑，近圆柱形，长7.5～11 μm，宽3～4 μm。孢子印白色。丛生于多种阔叶树干上。

图4-1-3　侧耳（拍摄者：贺新强）

4. 蜜环菌 *Armillariella mellea*（Vahl: Fr.）Karst.（图4-1-4），伞菌目，白蘑科

子实体高5～13 cm，菌盖扁半球形，中间常下凹，直径7～9 cm，表面蜜黄色至淡黄褐色，被毛状小鳞片，边缘有条纹。菌肉白色。菌柄细长，圆柱形，淡褐色，直径0.6～1.8 cm，松软中空，基部常膨大。菌柄上部接近菌褶处有较厚的菌环，膜质，松软，有时为双环，白色有暗色斑点。担孢子无色或稍带黄色，椭圆形或近卵圆形，光滑，长7～11 μm，宽5～6 μm。孢子印白色。丛生于多种阔叶树及针叶树的干基部、朽木及伐桩上。

图4-1-4　蜜环菌（拍摄者：贺新强）

5. 堆金钱菌 *Collybia acervata*（Fr.）Gill.（图4-1-5），伞菌目，白蘑科

子实体伞状，菌盖半球形至近平展，直径2～7 cm，中部稍凸，成熟后边缘常向上反卷，淡土黄色至深土黄色，光滑，湿润时具不明显条纹。菌肉白色，薄。菌褶白色，较密，直生至近离生，不等长。菌柄细长，圆柱形，有时扁圆或扭转，长3～6.5 cm，直径0.2～0.7 cm，淡褐色至黑褐色，纤维质，空心，基部具白色绒毛。担孢子无色，光滑，椭圆形，长5.6～7.7 μm，宽2.6～3.4 μm。孢子印白色。丛生至群生于阔叶林落叶层或腐木上。

图4-1-5　堆金钱菌（拍摄者：贺新强）

6. 橙黄疣柄牛肝菌 *Leccinum aurantiacum*（Bull.）Gray［图4-1-6（左、中）］，伞菌目，牛肝菌科

子实体菌盖半球形，直径3～12 cm，光滑或微被纤毛，橙红色、橙黄色或近紫红色。菌肉厚，质密，淡白色，后呈淡灰色、淡黄色或淡褐色。菌管直生、稍弯生或近离生，在菌柄周围凹陷，淡白色，后变污褐色，受伤时变肉色。管口与菌盖同色，圆形，2个/mm。菌柄长5～12 cm，直径1～2.5 cm，上下略等粗或基部稍粗，污白色、淡褐色或近淡紫红色，顶端有网纹。担孢子长椭圆形或近纺锤形，淡褐色，长5.2～6.9 μm，宽17～20 μm。孢子印淡黄褐色。单生或散生于林中地上。

本地区还有褐疣柄牛肝菌 *Leccinum scabrum*（Bull.）Gray，为其相近种（图4-1-6右）。子实体菌盖淡灰褐色或栗褐色。菌肉白色，伤时不变色或稍变粉黄。菌柄长4～11 cm，直径1～3.5 cm，下部淡灰色，有纵纹及很多红褐色小疣。

7. 林地蘑菇 *Agaricus silvaticus* Schaeff.: Fr.（图4-1-7），伞菌目，蘑菇科

子实体菌盖扁半球形，直径6～12 cm，白色或淡黄色，中部覆有淡褐色或红褐色鳞片。菌肉白色。菌褶初白色，渐变粉红色，后栗褐色至黑褐色，离生，稠密，不等长。菌柄长6～12 cm，直径0.8～1.6 cm，白色。菌环单层，白色，膜质，生于菌柄上部或中部。

菌环以上有白色纤毛状鳞片，充实至中空，基部略膨大，受伤变污黄色。担孢子褐色，椭圆形，光滑，长5.5～8 μm，宽3.5～4.5 μm。孢子印深褐色。单生或群生于阔叶林或针叶林中地上。

图4-1-6　橙黄疣柄牛肝菌（左、中）和褐疣柄牛肝菌（右）（拍摄者：贺新强）

图4-1-7　林地蘑菇（拍摄者：贺新强）

8. 毛头鬼伞 *Coprinus comatus*（O. F. Miill.）Pers.（图4-1-8），伞菌目，鬼伞科

子实体菌盖卵形至钟形，直径4～6 cm，顶部淡土黄色，后变淡锈色，表面有反卷的鳞片，边缘具细条纹。菌肉初期白色，后变灰白色。菌褶很密，相互拥挤，离生，不等长，开始灰白色至灰粉色，最后成汁液。菌柄白色，长7～24 cm，直径1～1.7 cm，向下渐粗，菌环以下又渐变细，表面光滑，内部空心。担孢子黑色，椭圆形，光滑，长12.5～16 μm，宽7～9 μm。孢子印黑色。单生或群生于林下草丛中。

图4-1-8 毛头鬼伞（拍摄者：贺新强）

9. 紫丝膜菌 *Cortinarius purpurascens* Fr.（图4-1-9），伞菌目，丝膜菌科

子实体菌盖扁半球形，后渐平展，直径5～8 cm，光滑，湿时黏，紫褐色或橄榄褐色，边缘色较淡，有丝膜。菌肉紫色。菌褶弯生，稍密，初期紫色，很快变为土黄色至锈褐色。菌柄长5～9 cm，直径1～2 cm，内实，近圆柱形，基部膨大呈臼形，淡紫色，后渐变淡。担孢子椭圆形至近卵圆形，淡锈色，有小疣，长10～12 μm，宽6～7.5 μm。孢子印锈褐色。群生或散生于针阔混交林中地上。

图4-1-9 紫丝膜菌（拍摄者：贺新强）

10. 黄伞 *Pholiota adiposa*（Batsch.）P. Kumm（图4-1-10），伞菌目，球盖菇科

子实体菌盖初期半球形，边缘内卷，后渐平展，直径3～12 cm，有黏液；盖面色泽金黄至黄褐色，附有褐色鳞片。菌肉白色或淡黄色。菌褶直生，密集，不等长，淡黄色至锈褐色。菌柄长5～15 cm，直径0.5～3 cm，圆柱形，有褐色反卷的鳞片。菌环淡黄色，膜质，生于菌柄上部，易脱落。担孢子椭圆形，光滑，锈褐色，长7.5～10 μm，宽5～6.5 μm。孢子印深褐色。单生或丛生于阔叶树树干、枯木上。

图4-1-10 黄伞（拍摄者：贺新强）

11. 松乳菇 *Lactarius deliciosus*（L.）Gray（图4-1-11），伞菌目，红菇科

子实体菌盖扁半球形，直径4～10 cm，边缘最初内卷，后平展，中间常下凹，湿时黏，无毛，红色、橙红色或橙黄色，有时有颜色较明显的环带。伤后变绿色，特别是菌盖边缘部分变绿显著。菌肉初为白色，后变橙黄色。乳汁橙红色，后变绿色。菌褶与菌盖同色，稍密，近柄处分叉，褶间具横脉，直生或稍延生，伤后或老后变绿色。菌柄长2～5 cm，直径1～2 cm，近圆柱形，与盖同色，伤后变绿色，内部松软，后变中空。担孢子近球形，无色，有小刺，长8～10 μm，宽7～8 μm。单生或群生于阔叶林或针叶林中地上。

图4-1-11 松乳菇（拍摄者：贺新强）

12. 喇叭菌 *Gomphus floccosus*（Schw.）Sing.（图4-1-12），非褶菌目，鸡油菌科

子实体喇叭状，高5～15 cm，橘红色至土黄色，菌盖直径3～10 cm，表面有红褐色鳞片。菌肉厚，白色。菌柄细长，后期内部呈管状，长1.5～5 cm，直径0.3～1.5 cm。菌褶厚而窄，似棱状，在菌柄延生或相互交织。担孢子椭圆形，淡黄色或近无色，表面有细皱纹，长12～16 μm，宽6～7.5 μm。单生或群生于阔叶林或针叶林中地上。

图4-1-12 喇叭菌（拍摄者：贺新强）

13. 宽鳞大孔菌 *Polyporus squamosus* Fr.（图4-1-13），非褶菌目，多孔菌科

子实体菌盖扇形，长5.5～26 cm，宽4～20 cm，厚1～3 cm，具短柄或近无柄，黄褐色，有暗褐色鳞片。菌柄侧生，偶尔近中生，长2～6 cm，直径1.5～3 cm，基部黑色，干后变淡色。菌管延生，白色。管口长形，辐射状排列，长2.5～5 mm，宽2 mm。担孢子光滑，无色，长9.7～16.6 μm，宽5.2～7 μm。单生或群生于阔叶树树干上，往往引起树木腐朽。

图4-1-13 宽鳞大孔菌（拍摄者：贺新强）

14. 单色云芝 *Coriolus unicolor*（Bull.: Fr.）Pat.［图4-1-14（左、中）］，非褶菌目，多孔菌科

子实体无柄，扇形，覆瓦状排列，革质。菌盖宽1～8 cm，厚0.1～0.5 cm，表面白色、灰色至淡褐色，有毛和同心环带，边缘薄而锐，波浪状。菌肉白色或近白色。菌管近白色、灰色，管孔面灰色至紫褐色。管口迷宫状，平均2个/mm，很快裂成齿状，但靠边缘的管口很少开裂。担孢子长方形，光滑，无色，长4～6.5 μm，宽2.5～4 μm。群生于阔叶树伐桩、倒木上。

本地区还有云芝 Coriolus versicolor（L.: Fr.）Quél.，为其相近种（图4-1-14右）。子实体半圆伞状，覆瓦状叠生，硬木质，深灰褐色，有环状棱纹和辐射状皱纹，外缘有白色或淡褐色边。盖下色淡，有细密管状孔洞，内生孢子。管口面白色、淡黄色，管口圆形至多角形，3～5个/mm，老熟后管口常开裂。担孢子圆柱形，无色，长4.5～7 μm，宽1.8～2.7 μm。

图4-1-14　单色云芝（左、中）和云芝（右）（拍摄者：贺新强）

15. 红缘拟层孔菌 Fomitopsis pinicola（Swartz.: Fr.）Karst.（图4-1-15），非褶菌目，多孔菌科

子实体多年生，侧生无柄，木质。菌盖半圆形、扁半球形至马蹄形或平展至反卷，长径6～25 cm，短径4～14 cm，厚3～8 cm或更大。表面幼时白色，后具一层红褐色、锈黄色或紫黑色，似漆样光泽，有环纹。盖边缘薄或较厚，常钝，初期近白色，渐变为淡黄色至赤栗色，下侧不孕。菌肉近白色，乳黄色至淡黄褐色。菌管与菌肉同色，长3～5 cm，管壁厚，分层不明显，有时有薄层菌肉相间。孔面乳白色或乳黄色；管口略圆形，3～5个/mm。担孢子近圆柱形到椭圆形，透明、光滑，长5.5～7.5 μm，宽3.5～4 μm。生于云杉、落叶松、红松、桦树的倒木、枯立木、伐木桩以及原木上。

图4-1-15　红缘拟层孔菌（拍摄者：贺新强）

16. 木蹄层孔菌 *Pyropolyporus fomentarius*（L. Ex F.）Teng（图4-1-16），非褶菌目，多孔菌科

子实体多年生，木质，无柄。菌盖马蹄形，长径3～40 cm，短径2～27 cm，厚2～18 cm。表面有厚角质皮壳，灰色、淡褐色或黑色，光滑，有明显的同心环棱纹。盖缘钝，黄褐色。菌肉暗黄色至锈色、红褐色，分层，软木栓质，无光泽。管口面淡褐色或灰色，管口圆形，3～4个/mm；纵切面可见菌管多层，层次明显。担孢子长椭圆形至棱形，表面光滑，无色，长10～18 μm，宽5～6 μm。单生或群生于白桦、枫、栎及山杨等阔叶树的立木和腐木上。

图4-1-16 木蹄层孔菌（拍摄者：贺新强）

17. 硫磺菌 *Laetiporus sulphureus*（Bull.:Fr.）Murrill（图4-1-17），非褶菌目，多孔菌科

子实体大型，菌盖宽8～30 cm，厚1～2 cm，覆瓦状排列，表面硫磺色至鲜橙色，有细绒或无，有皱纹，边缘薄而锐，波浪状。菌肉白色或淡黄色，管孔硫磺色，干后褪色，管口多角形，3～4个/mm。担孢子卵形或近球形，光滑，无色，长4.5～7 μm，宽4～5 μm。群生于柳、云杉等活立木树干、枯立木上。

18. 金黄枝瑚菌 *Ramaria aurea*（Fr.）Quél.（图4-1-18），非褶菌目，枝瑚菌科

子实体成丛，多分枝似珊瑚状，高10～20 cm，宽5～12 cm，分枝多次分成叉状，金黄色、卵黄色至赭黄色。菌柄较短，长4～6 cm，直径1.5～2.5 cm，靠近基部色淡或呈白色。担子棒状，具4小梗，长7～10 μm，宽3～6 μm。担孢子椭圆形，淡黄色，具小疣，长7～16 μm，宽3～6 μm。群生或散生于阔叶林或云杉等混交林中地上。

图4-1-17 硫磺菌（拍摄者：孟世勇）　　图4-1-18 金黄枝瑚菌（拍摄者：贺新强）

19. 白蛋巢菌 *Crucibulum vulgare* Tul.（图4-1-19），鸟巢菌目，鸟巢菌科

子实体杯状，似鸟巢，高0.4～1 cm，宽0.5～1 cm，内有数个扁球形的小包，初期有深肉桂色绒毛，后光滑、褐色，最后变灰色，内侧光滑，成熟前有盖膜，盖膜白色，上有深肉桂色绒毛。小包扁球形，由一纤细的、有韧性的绳状体固定于包被中，其表面有一层白色外膜，外膜脱落后变成黑色。担孢子无色，光滑，椭圆形，长7～12 μm，宽4～7 μm。群生于林中腐木和枯枝上。

图4-1-19　白蛋巢菌（拍摄者：贺新强）

20. 网纹马勃 *Lycoperdon perlatum* Pers.（图4-1-20），马勃目，马勃科

子实体倒卵形至陀螺形，高3～8 cm，宽2～6 cm，初期近白色，后变灰黄色至黄褐色，不孕基部发达，有时伸长如柄。外包被由无数小疣组成，间有较大易脱的刺，刺脱落后显出淡色而光滑的斑点。孢体青黄色，后变为褐色，有时稍带紫色。担孢子球形，淡黄色，具微细小疣，直径3.5～5 μm。单生或群生于林中地上、树桩或草地上。

21. 粗腿羊肚菌 *Morchella crassipes*（Vent.）Pers.（图4-1-21），盘菌目，羊肚菌科

子实体中等大，高可达20 cm左右。头部圆锥形或卵形，长5～7 cm，宽3～5 cm，表

图4-1-20　网纹马勃（拍摄者：贺新强）　　　图4-1-21　粗腿羊肚菌（拍摄者：王迪）

面凹下形成许多长形凹坑，多纵向排列，淡黄色至黄褐色，交织成网状，网棱窄。菌柄粗壮，基部膨大。子囊呈长圆柱状，透明无色，长250～300 μm，宽17～20 μm。子囊孢子椭圆形，无色，8个单行排列，长15～26 μm，宽12～17 μm。单生或群生于林中地上、开阔潮湿地上及河边沼泽地上。

4.2 地衣

地衣是真菌与藻类共生而成的菌、藻共生联合体。这种联合体通常以真菌为主体，不仅外形由真菌决定，有性生殖结构及有性生殖过程也与真菌相同。地衣是自然界生物多样性的组成部分，是岩石风化的先锋生物，也是监测大气污染的灵敏指示植物，因此，其种类组成、数量变化常常是植物群落演替、生态系统变化的前奏或指示。根据生长基质的不同，地衣可分为石生、土生和附生等不同类型，呈现出壳状、叶状和枝状等生长型。

目前，世界已知地衣525属，13 500种，其中地衣型子囊菌13 250种，占全部子囊菌的46%，为全部地衣或地衣型真菌的98%。我国已经报道的地衣型真菌有232属，1 766种。

1. 撕裂白衣 Lepra lacericans（A.W. Archer）A.W. Archer & Elix（图4-2-1）

地衣体灰白色至淡绿色，上表面光滑，具光泽，具疣状突起。果疣顶端开裂漏出髓层；子囊盘呈盘状，不明显，埋生于果疣中。每个子囊含有1个孢子，孢子罕见，椭圆形，长122～170 μm，宽27～44 μm，孢子壁光滑。皮层K–，C–；髓层K+淡黄色，C+淡黄色，KC+红棕色。基物：树皮、枯木。

2. 烛金絮衣 Chrysothrix candelaris（L.）J. R. Laundon（图4-2-2）

地衣体屑状，薄，呈亮黄色，散布着细小的、颗粒状的粉芽，或形成连续的亮黄色壳

图4-2-1　撕裂白衣（拍摄者：贺新强）

图4-2-2　烛金絮衣（拍摄者：贺新强）

状地衣。颗粒状粉芽堆金黄色至黄绿色，直径0.01～0.3 mm，微凸至球形。子囊盘罕见。皮层K+橙红色，C–；髓层K+黄色变为红色，C–。基物：树皮。

3. 平滑牛皮叶 *Sticta nylanderiana* Zahlbr.（图4-2-3）

地衣体大型叶状；裂片宽4～30 mm，边缘波状，不规则分裂，顶端圆形或楔形，无粉芽和裂芽，中央覆瓦状排列，与基物紧贴或疏松连接；上表面青灰色，光滑或具横向波纹；下表面暗棕色，中央处呈深棕色至黑棕色，具杯点，白色至淡棕色，孔口大于内腔，茸毛与下表面同色。子囊盘常见，盘面暗红色或红棕色，直径2～6 mm。子囊8孢，孢子无色，针形至纺锤形。共生藻为绿藻。皮层K–，KC–；髓层K–，KC+粉红色。基物：树皮、岩石、土壤。

图4-2-3　平滑牛皮叶（拍摄者：贺新强）

4. 南肺衣 *Lobaria meridionalis* Vain.（图4-2-4）

地衣体叶状，中至大型，直径7～10 cm；裂片浅裂，宽2～6 cm，先端钝，裂腋圆；上表面绿色至棕绿色，干时略显黄棕色，具有网状脊突，边缘偶有白色粉霜，有或无圆柱形或珊瑚状的裂芽；下表面微白色，密生绒毛，疏生淡色至黑色成丛假根，但在较狭窄的部分光滑无绒毛。子囊盘位于脊上及裂片边缘，基部缢缩，近有柄，盘面红棕色，子囊盘直径2～4 mm。皮层K–，髓层K+红色。基物：树皮。

5. 黑瘰地卷 *Peltigera nigripunctata* Bitter（图4-2-5）

地衣体叶状，直径8～15 cm；裂片宽，边缘具皱波，多上仰；上表面干时灰绿色，仅边缘被直立绒毛，衣瘰贴生，小瘤状；下表面棕色，边缘淡棕色，脉纹宽而不明显，假根黑色，单一不分枝。子囊盘常见，平卧型，盘面棕色至深棕色。子囊8孢，孢子无色，具有3～7个横隔，长45～65 μm，宽3～7 μm。皮层K–，C–；髓层K–，C–。基物：土层、石上苔藓及土层。

6. 孔叶衣 *Menegazzia terebrata* (Hoffm.) A. Massal. (图4-2-6)

地衣体叶状，直径可达5（～10）cm，通常形成规则的、紧密贴生的莲座状，有时呈不规则的辐射状；裂片宽1～2 mm，顶端圆形；上皮层灰色或灰绿色，常具棕色边缘，光滑，具光泽，粉芽堆散生，有时连续；下表面黑色，有皱褶，无假根。子囊盘极少，盘面淡棕色或红棕色。子囊孢子椭圆形，长50～68 μm，宽30～36 μm。皮层K+黄色，C–；髓层K+黄色，C–。基物：树皮。

图4-2-4 南肺衣（拍摄者：贺新强）

图4-2-5 黑癞地卷（拍摄者：贺新强）　　图4-2-6 孔叶衣（拍摄者：贺新强）

7. 掌状雪花衣 *Anaptychia palmulata* (Michx.) Vain. (图4-2-7)

地衣体叶状，紧贴基物生长，近圆形至不规则扩展；裂片狭叶形，二叉至羽状分叉，宽小于3 mm，两侧边缘不下卷，平滑至锯齿状，顶端钝圆；裂片上表面灰绿色至棕色，无光泽，平坦或略隆起，无粉芽及绒毛；下表面灰白色，假根稠密，单一至灌木状分叉，与下表面同色。子囊盘常见，无柄，盘面平坦至凹陷，深棕色至黑色，无粉霜。子囊8

孢，孢子1隔，暗棕色，长35～42 μm，宽15～18 μm。皮层K–；髓层K–，C–。基物：树皮或岩石表面。

图4-2-7　掌状雪花衣（拍摄者：贺新强）

8. 皱褶黄髓叶 *Myelochroa entotheiochroa* （Hue）Elix & Hale（图4-2-8）

地衣体叶状，略圆形或不规则，宽5～12 cm，较疏松着生于基物；裂片宽1.5 cm，边缘波状或深裂，裂片间紧密相连；上表面灰绿色至灰白色，平坦，偶有白斑和不定小裂片；下表面黑色，顶端棕色，假根稠密，黑色，单一不分枝或有树杈状或弱羽状分枝，绝大多数长0.33～1.32 cm。子囊盘无柄，贴生于地衣体表面，盘径0.7～2 cm，盘缘完整或开裂，盘面棕色，向上卷曲。子囊8孢，孢子单胞，无色，椭圆形，长10 μm，宽7.5 μm。皮层和髓层K+黄色，C–。基物：树皮。

图4-2-8　皱褶黄髓叶（拍摄者：贺新强）

9. 星叶衣 *Puncttlia borreri* (Sm.) Krog（图4-2-9）

地衣体叶状，略圆形，稍疏松至较紧密贴生于基物，宽0.5～5 cm；裂片不规则分裂，宽2～6 mm，顶端略圆，边缘较完整至少数缺刻，裂片间紧密相连，特别是地衣体中间部位几乎连成一片，周边裂片分离，有时重叠；上表面灰色至淡灰绿色，平坦至褶皱，具有圆点状白色假杯点；下表面暗棕色至黑色，有褶皱，周边裸露为棕色，假根暗棕色至黑色，单一不分枝。子囊盘罕见。皮层K+黄色，C+。基物：树皮。

图4-2-9 星叶衣（拍摄者：贺新强）

10. 喇叭石蕊 *Cladonia pyxidata* (L.) Hoffm.（图4-2-10）

初生地衣体鳞片状，鳞片宿存、散生，长2～4 mm，宽1～2 mm，边缘有圆齿状裂。果柄高0.8～2 cm，灰绿色；顶端有杯体，杯体喇叭状，杯缘完整、规则，杯底不穿孔，杯体直径3～4 mm；果柄及杯体具皮层，皮层厚、粗糙，有时果柄顶端及杯体上只有瘤状不连续的皮层，果柄上有鳞片，无粉芽；杯体内表面无皮层，有盾状鳞片。子囊盘常见，生于杯缘小果柄上，棕色至深色。孢子长椭圆形，长12～16.5 μm，宽3.5～4.5 μm，分生孢子器棕色，生于杯缘。皮层和髓层K+黄色，C-。基物：树皮。

图4-2-10 喇叭石蕊（拍摄者：贺新强）

11. 长松萝 *Usnea longissima* Ach.（图4-2-11）

地衣体枝状，丝状悬垂，柔软，长20～100 cm（或更长），以基部膨大的附着器固着于基物；主枝圆柱状，直径1～2 mm，有环裂，次生分枝为等二叉分枝，密生于垂直的刺状小分枝，表面灰白色至淡黄绿色，无光泽，无粉芽和裂芽，髓层具致密软骨质中轴。子囊盘少见，侧生，圆盘状，全缘，盘缘具长短不一的缘毛，盘面棕褐色，被粉霜层。子囊内含8孢子，孢子无色，椭圆形，单胞。皮层K-或+淡黄色；髓层K-，C-，P-。基物：树皮。

12. 柔扁枝衣 *Evernia divaricata*（L.）Ach.（图4-2-12）

地衣体枝状，树生，呈灌木状，表面呈灰绿色至绿色，向中间卷曲，分枝数量较多，不规则分枝扭曲，长3～5 cm，宽约1 mm，地衣体表面分布白色粉芽堆。子囊盘顶生，数量较多，盘面淡棕色，直径1～2 mm。子囊孢子椭圆形，1隔，长10～12.5 μm，宽4～5 μm，未见分生孢子器。皮层和髓层K-，C-。基物：树皮。

图4-2-11　长松萝（拍摄者：贺新强）　　　图4-2-12　柔扁枝衣（拍摄者：贺新强）

4.3　苔藓植物

苔藓植物是最早登陆的陆生高等植物，起源于约4.6亿年前，包括苔类、藓类和角苔类三大单系谱系。苔藓植物无种子，靠孢子繁殖，因此属于孢子植物。这类植物演化出了多细胞的孢子体（$2n$）结构，但这个结构不能独立生存，必须依靠配子体（n）提供养分。苔藓植物没有维管组织，因此看似根、茎、叶的结构都不是真正的根、茎、叶。苔类、藓类和角苔类植物最主要的区别是苔类植物的蒴柄成熟晚于孢蒴，"叶片"细胞中有多个叶绿体，多数种类有油体；藓类植物的蒴柄成熟早于孢蒴，"叶片"细胞有多个叶绿体，没有油体；角苔类植物无蒴柄，"叶片"细胞中通常只有1个叶绿体，无油体。

王朗自然保护区有丰富的苔藓植物，苔类植物约有23科33属81种（包括2个亚种和3个变种），[1]藓类植物约有33科111属227种（包括5个变种）。本书中列出了一些较为常见的苔类和藓类植物及其主要形态性状、生境和分布地区。

1　唐艳雪，曹同，于晶，等. 四川省苔类植物新纪录. 上海师范大学学报（自然科学版），2013，42（2）：182-185.

4.3.1 苔类植物

1. 绒苔 *Trichocolea tomentella*（Ehrh.）Dumort.（图4-3-1-1），叶苔纲，叶苔目，绒苔科，绒苔属

植物体蓬松绒毛状，交织丛生，黄绿色或白绿色。茎匍匐，长3~8 cm，二至三回羽状分枝。叶3裂，侧叶4~5裂达近基部，裂瓣不规则，边缘具单列细胞组成的多数分枝纤毛。腹叶与侧叶同形，但明显小于侧叶。雌雄异株。雌苞生于茎或分枝顶端，孢蒴长卵圆形。弹丝2列螺纹加厚。产自华东、华北、西南等地，生于山区溪边潮湿岩面、土面，偶生于腐木上。

2. 刺边合叶苔 *Scapania ciliata* Sande Lac.（图4-3-1-2），叶苔纲，叶苔目，合叶苔科，合叶苔属

植物体密集丛生，高2~4 cm，绿色或黄绿色，少数白绿色。茎单一或叉状分枝，直立或先端上倾。侧叶离生或贴生，不等两裂达2/3，折合状，背脊约为腹叶瓣长的1/3，裂瓣不等大，背瓣小，腹瓣大；背瓣椭圆形，先端圆钝，边缘密生透明刺状长齿；腹瓣卵形，为背瓣的2~2.5倍。雌雄异株。蒴萼长筒形，胞芽椭圆形，2个细胞。产自华东、华中、华南、西南和西北等地，生于林下潮湿石壁、腐殖质、腐木和岩面薄土上。

图4-3-1-1 绒苔（拍摄者：张力）

图4-3-1-2 刺边合叶苔（拍摄者：张力）

3. 蛇苔 *Conocephalum conicum*（L.）Dumort.（图4-3-1-3），地钱纲，地钱目，蛇苔科，蛇苔属

叶状体深绿至紫色，革质，略具光泽，宽带状，因具蛇皮状花纹而得名。多回二叉分枝。背面有六角形气室；腹面色较背部浅，有假根。雌雄异株。雌性生殖托多为钝头圆锥形，褐黄色，托下生5~8枚总苞；雄性生殖托椭圆盘状，紫色，无

图4-3-1-3 蛇苔（拍摄者：顾红雅）

柄，贴生于叶状体背面。广布种，多生于溪边或林下湿碎石和土上。

4.3.2 藓类植物

1. 毛口藓*Trichostomum brachydontium* Bruch（图4-3-2-1），真藓纲，丛藓目，丛藓科，毛口藓属

植物体黄绿色，疏松丛生。茎直立，高2～3 cm。叶干燥时卷缩，呈狭长披针形，先端钝，具短尖头；叶边全缘，内卷。雌雄异株。蒴柄长1～1.2 cm，孢蒴长椭圆状卵形。蒴盖具喙。产自东北、华北、华东、华南、西南等地，生于海波100～1 500 m的林地、林下岩石、林缘、沟边岩面薄土或草地上。

2. 并齿藓*Tetraplodon mnioides*（Hedw.）B.S.G.（图4-3-2-2），真藓纲，壶藓目，壶藓科，并齿藓属

植物体密集丛生，淡绿或黄绿色。茎中或基部有褐色假根。叶密生，直立，长椭圆形，向上突呈狭长毛尖，干燥时扭转，长2～5 mm；叶边全缘。雌雄同株。蒴柄坚挺，褐红色，扭转，长10～50 mm。孢蒴红紫色，后期暗紫色，台部远端宽于壶部。蒴盖半球形或圆锥形。常见于高山草甸的湿土、岩面薄土上，或动物粪便和小动物尸体上。

图4-3-2-1　毛口藓（拍摄者：曹配懿）

图4-3-2-2　并齿藓（拍摄者：王戎疆）

3. 狭叶并齿藓*Tetraplodon angustatus*（Hedw.）Bruch & Schimp.（图4-3-2-3），真藓纲，壶藓目，壶藓科，并齿藓属

体形小，黄绿色至褐绿色，密集簇状生。茎细弱。叶直立，扭曲，柔弱，长4～7.5 mm，狭长椭圆形，向上渐成细长叶尖，叶尖常扭转；叶边常有不规则的齿。雌雄同株或异株。蒴柄长2～4 mm，褐色。孢蒴长卵形，褐色，台部宽于壶部，长度约为壶部的2倍。蒴盖半球形或圆锥形。多产于北方、西南高山针叶林，生于动物粪便和小动物尸体上。

4. 垂蒴真藓 *Bryum uliginosum* (Brid.) Bruch & Schimp. (图4-3-2-4), 真藓纲, 真藓目, 真藓科, 真藓属

植物体稀疏或密集丛生, 绿色、黄绿色或褐色, 高约1 cm。茎有时叉状分枝。叶干时不贴茎, 湿时直展, 上部叶长达5 mm, 顶端长渐尖; 叶边多全缘。雌雄同株异苞。蒴柄细长, 孢蒴平列或下垂, 长棒形至梨形, 蒴口多斜生。产自华北、西北、华东、西南等地, 生于土面或岩面薄土上。

图4-3-2-3 狭叶并齿藓(拍摄者: 曹配懿)　　图4-3-2-4 垂蒴真藓(拍摄者: 曹配懿)

5. 丝瓜藓 *Pohlia elongata* Hedw. (图4-3-2-5), 真藓纲, 真藓目, 提灯藓科, 丝瓜藓属

植物体丛生, 绿色或黄绿色, 无光泽或略具光泽, 高0.6～20 mm。茎直立, 常在基部生有新枝, 基部具假根。叶披针形, 长1.5～5 mm; 叶边中下部常背卷, 上部具细齿。叶中部细胞近线形。雌雄同株, 或异株, 或杂株。蒴柄长1～4 cm。孢蒴倾立或平列, 棒槌形或长梨形, 台部较壶部细。蒴盖具细尖喙。全国广布, 生于针阔混交林林下开阔地上或树皮上。

图4-3-2-5 丝瓜藓(拍摄者: 曹配懿)

6. 黄丝瓜藓 *Pohlia nutans* (Hedw.) Lindb. (图4-3-2-6), 真藓纲, 真藓目, 提灯藓科, 丝瓜藓属

植物体深绿色至黄褐色, 无光泽, 稀疏或丛集生。茎长约5 mm, 通常单一, 或基部分枝。湿时叶多扭曲, 下部叶卵状披针形, 渐上趋大, 上部叶长披针形, 长1.5～3.0 mm, 叶尖部多少向背面弯曲。雌雄同株。蒴柄长1.5～2.5 cm, 黄橙色。孢蒴干时多下垂, 短棒形, 台部短于壶部, 干时皱缩。产自东北、

西北、华东、华南、西南等地,生于高海拔山林下腐殖质上,常见于岩面薄土藓丛中。

7. 平肋提灯藓 *Mnium laevinerve* Cardot(图4-3-2-7),真藓纲,真藓目,提灯藓科,提灯藓属

植物体纤细,黄绿色至暗绿色,疏松丛生。茎直立,红色,长1.5~1.7 cm,疏具小分枝,基部密被红棕色假根。叶卵圆形,渐尖;叶缘具分化的狭边,具双列尖锯齿。蒴柄黄红色,长约1.5 cm。孢蒴长椭圆形,平展或垂倾。产自东北、华北、华东、华南、西南等地,多生于林地的土坡、岩石、树干或腐木上。

图4-3-2-6　黄丝瓜藓(拍摄者:张力)　　　　图4-3-2-7　平肋提灯藓(拍摄者:张力)

8. 侧枝匐灯藓 *Plagiomnium plagiomnium* T.J. Kop.(图4-3-2-8),真藓纲,真藓目,提灯藓科,匐灯藓属

植物体疏松丛生。主茎横卧,密被棕色假根。支茎直立,高1~1.8 cm,基部密生假根,先端簇生叶,呈莲座状。枝条纤细,长0.8~1.2 cm。茎叶干时皱缩,湿时伸展,长卵状或长椭圆状舌形,长5~8 mm,宽1.6~2.5 mm,叶基狭缩,先端急尖或圆钝,具小尖头。雌雄异株。孢子体往往多个丛生。蒴柄长1.5~3.5cm。孢蒴平展或下垂,卵状长圆柱形,长2.8~4 mm。蒴盖先端具长喙。广布种,多生于沟边水草地、林地或林缘阴湿地。

9. 锦丝藓 *Actinothuidium hookeri* (Mitt.) Broth.(图4-3-2-9),真藓纲,灰藓目,羽藓科,锦丝藓属

体形大小多变,多黄绿色,略具光泽,丛集大片状生长。茎红色,具中轴,直立至倾立,密集一回羽状分枝,枝尖多呈尾尖状。茎叶阔心形,向上呈披针形,叶上部边缘具粗齿,叶细胞平滑。雌雄异株。蒴柄长可达5 cm。孢蒴长圆柱形,略呈弓形弯曲。蒴齿两层,内外齿层近等长。广为分布。

图4-3-2-8　侧枝匐灯藓（拍摄者：曹配懿）　　　　图4-3-2-9　锦丝藓（拍摄者：顾红雅）

10. 三洋藓 *Sanionia uncinata*（Hedw.）Loeske（图4-3-2-10），真藓纲，灰藓目，蝎尾藓科，三洋藓属

植物体稀疏平展或密集丛生，黄色或绿色，具光泽。茎长5~10 cm，稀疏近羽状分枝或不规则分枝，末端小枝成弧形弯曲；假鳞毛大而多，叶状。茎叶长3.5~5.0 mm，宽约0.6 mm，镰刀形弯曲，基部渐上成细长尖，上部锯齿；枝叶小而窄。雌雄同株。蒴柄红棕色，长2~3 cm。孢蒴长柱形，弓形弯曲，倾立或直立。产自东北、华北、西北、西南等地，生于土壤、岩石、腐木和树基上。

11. 多蒴灰藓 *Hypnum fertile* Sendtn.（图4-3-2-11），真藓纲，灰藓目，灰藓科，灰藓属

体形中等大小，黄绿色或棕黄色，稍具光泽，平展，交织成片状。茎匍匐，长达10 cm，分枝近羽状，不等长；假鳞毛叶状。叶密生，扁平排列，阔椭圆状披针形，镰刀状一向弯曲，长1.5~2 mm，宽0.7~0.8 mm，先端渐成细长尖；叶中下部全缘，仅尖端具细齿；枝叶与茎叶相似，较小。雌雄同株。蒴柄长1~2 cm。红棕色。孢蒴倾立或平列，长圆柱形，长1.5~2 mm。蒴盖圆锥形。产自东北、西南等地，生于海拔3 100 m针阔混交林下的土壤、岩面、腐木或树干基部。

图4-3-2-10　三洋藓（拍摄者：曹配懿）　　　　图4-3-2-11　多蒴灰藓（拍摄者：曹配懿）

12. 赤茎藓 *Pleurozium schreberi*（Brid.）Mitt.（图4-3-2-12），真藓纲，灰藓目，塔藓科，赤茎藓属

植物体硬挺，黄绿色，具光泽，匍匐疏松成片。茎具不规则羽状分枝，先端多锐尖。叶长卵圆形，叶尖端具细齿或齿突；叶细胞线形或长菱形。雌雄异株。蒴柄细长，棕红色。孢蒴长卵形或近长圆柱形，倾立或略垂倾。蒴齿两层，蒴盖圆锥形，具短喙。产自青海、四川、云南和西藏等地，生于岩面或树干基部。

图4-3-2-12 赤茎藓（拍摄者：张力）

13. 新丝藓 *Neodicladiella pendula*（Sull.）Buck.（图4-3-2-13），真藓纲，灰藓目，蔓藓科，新丝藓属

植株细弱呈丝状，绿或黄绿色，略具光泽。主茎细长，先端悬垂，不规则羽状分枝。叶片卵状披针形，先端狭长渐尖；叶基稍内凹抱茎，上部有锯齿；单中肋长达叶片2/3处。叶细胞狭长梭形或线形，角细胞明显分化呈方形。雌雄异株或假雌雄同株异苞。蒴柄长1.5~2 mm。孢蒴直立，长卵形。生于海拔1 600~2 500 m的树干、树枝及岩壁上。

14. 疣小金发藓 *Pogonatum urnigerum*（Hedw.）P. Beauv.（图4-3-2-13），金发藓纲，金发藓目，金发藓科，小金发藓属

植物体高5~12 cm。叶卵状披针形，长约6 mm；叶边有时内曲，具粗齿；中肋背部具少数粗齿；叶腹面栉片高4~6个细胞，顶细胞圆形至卵形，明显大于下部细胞，壁加厚，具粗疣。雌雄异株。蒴柄长达3 cm。孢蒴圆柱形，胞壁具乳头状突起。产自东北、华北、西北、华东、西南等地，生于海拔290~4 000 m的较干燥向阳林地或石壁上。广布北半球。

图4-3-2-13 新丝藓（拍摄者：顾红雅）

图4-3-2-14 疣小金发藓（拍摄者：张力）

4.4 蕨类植物

1. 披散木贼 *Equisetum diffusum* D. Don（图4-4-1），木贼科，木贼属

中小型蕨类。根茎横走，地上枝当年枯萎。枝一型，绿色，下部1~3节节间黑棕色，无光泽。主枝有4~10脊，轮生分枝多，脊两侧隆起成棱伸达鞘齿下部，每棱各有1行小瘤伸达鞘齿；鞘筒窄长，下部灰绿色，上部黑棕色；鞘齿5~10枚，披针形，先端尾状，革质，黑棕色，有1深纵沟贯穿鞘背，宿存。侧枝纤细，较硬，圆柱状，有4~8脊，脊两侧有棱及小瘤；鞘齿4~6枚，三角形，革质，灰绿色，宿存。孢子囊穗圆柱状。生于海拔3 400 m以下。

王朗自然保护区还有犬问荆（*E. palustre* L.），与披散木贼的区别在于主枝及侧枝的两侧背部呈弧形，无棱也无小瘤，仅有横纹，鞘背上部有1浅纵沟。

2. 荚果蕨 *Matteuccia struthiopteris*（L.）Todaro（图4-4-2），球子蕨科，荚果蕨属

植株高70~110 cm。根状茎直立，粗壮，与叶柄基部密被鳞片；鳞片披针形，先端纤维状，膜质，全缘，棕色，老时中部常为褐色至黑褐色。叶簇生，二型：不育叶叶柄褐棕色，基部三角形，具龙骨状突起，密被鳞片，叶片椭圆披针形，二回深羽裂，羽片40~60对，下部的向基部逐渐缩小成小耳形，中部羽片最大，无柄，羽状深裂，裂片20~25对，边缘具波状圆齿，通常略反卷，叶脉明显，在裂片上为羽状，叶草质，沿叶轴、羽轴和主脉疏被柔毛和小鳞片；能育叶较不育叶短，有粗壮的长柄，叶片倒披针形，一回羽状，羽片线形，两侧强度反卷成荚果状，呈念珠形，深褐色，包裹孢子囊群，孢子囊群圆形，成熟时连接而成为线形。生于海拔3 000 m以下的山谷林下或河岸湿地。

相似的还有中华荚果蕨［*Pentarhizidium intermedium*（C. Christensen）Hayata］，特征在于不育叶片基部略变狭，羽片宽不及2 cm，无囊群盖，能育叶羽片不呈念珠状；东方荚果蕨［*P. orientale*（Hook.）Hayata］，特征在于不育叶基部不变狭，羽片宽2 cm以上，囊群盖膜质，能育叶羽片不呈念珠状。

图4-4-1 披散木贼（拍摄者：孟世勇）

图4-4-2 荚果蕨（拍摄者：孟世勇）

3. 细叶铁线蕨 Adiantum venustum Don（图4-4-3），凤尾蕨科，铁线蕨属

植株高25 cm以上。根状茎横卧，与叶柄基部均密被深棕色披针形鳞片。叶远生，叶片阔卵形，顶端尖头并为一回羽状，下部三回羽状；羽片约6对，互生，基部一对最大，卵状椭圆形；末回小羽片扇形，具三角形的细尖齿牙。叶脉多回二叉分枝，直达锯齿。叶干后草质，绿色；叶轴、各回羽轴和小羽柄与叶柄都为栗褐色，有光泽，光滑，多少向左右曲折。孢子囊群每羽片1～2枚，着生于凹陷的圆缺刻内；囊群盖圆形，上缘呈深缺刻状，淡棕色，膜质，全缘，宿存。生于海拔2 000～2 800 m的山坡石缝中。

4. 高山瓦韦 Lepisorus eilophyllus（Diels）Ching（图4-4-4），水龙骨科，瓦韦属

植株高15～37 cm。根茎横走，粗壮，密被披针形鳞片，鳞片大部分网眼褐色，具啮齿状透明边缘。叶疏生或近生；叶柄短，禾秆色，疏生鳞片，叶片长线形，长12～30 cm，下部1/3最宽，为1.5～3.5 mm，短渐尖头，基部窄缩下延，边缘反卷，叶干后两面淡红棕、灰棕或淡绿色，草质或薄纸质；主脉隆起，小脉略明显，沿主脉及叶片下面疏被贴生鳞片。孢子囊群圆形，位于主脉两侧各排成一行，幼时被隔丝覆盖；隔丝圆形，中部具大而透明网眼，全缘，棕色；成熟孢子囊胀开，叶缘呈念珠状。附生于海拔1 000～3 300 m的林下树干或岩石上。

本地区常见的还有扭瓦韦［*L. contortus*（Christ）Ching］，特征在于叶片披针形，叶柄长度约为叶片的1/4，鳞片的网眼中部具有不透明的狭带；丝带蕨［*L. miyoshianus*（Makino）Fraser-Jenkins & Subh. Chandra］，特征在于孢子囊群线形，且在主脉两侧各排成一行；长瓦韦（*L. pseudonudus* Ching），特征是叶不呈念珠状，主脉常饰有红晕色。

图4-4-3 细叶铁线蕨（拍摄者：饶广远）

图4-4-4 高山瓦韦（拍摄者：饶广远）

5. 毡毛石韦 Pyrrosia drakeana（Franch.）Ching（图4-4-5），水龙骨科，石韦属

植株高25～60 cm。根状茎短促，横卧，密被披针形棕色鳞片。叶近生，一型；

叶柄长12～17 cm，基部密被鳞片，向上密被星状毛，棕色；叶片阔披针形，基部近圆楔形，不对称，稍下延，全缘或下部呈波状浅裂，光滑无毛但密布洼点，下面灰绿色，被两种星状毛。主脉下面隆起。孢子囊群近圆形，整齐地成多行排列，幼时被星状毛，呈淡棕色，成熟时孢子囊开裂，呈砖红色，不汇合。附生于海拔1 000～3 600 m的山坡杂木林下树干或岩石上。

图4-4-5　毡毛石韦（拍摄者：孟世勇）

4.5　裸子植物

王朗自然保护区内植被保存完好，分布有大片原始森林，主要是针叶林。优势树种包括岷江冷杉、紫果云杉、方枝柏，均为未经采伐的原始林，树木高大，树龄可达300年以上。据统计，王朗自然保护区拥有裸子植物5科31种。

4.5.1　松科Pinaceae

1. 巴山冷杉*Abies fargesii* Franch.（图4-5-1-1左）

乔木，树皮粗糙，暗灰色或暗灰褐色，块状开裂；一年生枝红褐色或微带紫色。叶在枝条下面排成两列，条形，先端钝有凹缺，上面深绿色，有光泽，下面沿中脉两侧有2条粉白色气孔带。球果柱状矩圆形或圆柱形，成熟时淡紫色、紫黑色或红褐色；种鳞上部宽厚，边缘内曲；苞鳞倒卵状楔形，上部圆，边缘有细缺齿，先端有急尖的短尖头，尖头露出或微露出；种子倒三角状卵圆形，种翅楔形。

本地区还有岷江冷杉［*A. fargesii* var. *faxoniana*（Rehder & E. H. Wilson）Tang S. Liu］，特征在于一年生小枝淡棕色或灰棕色，侧生小枝上密被锈色短柔毛（图4-5-1-1右）。

图4-5-1-1　巴山冷杉（左）和岷江冷杉（右）（拍摄者：孟世勇）

2. 四川红杉（四川落叶松）*Larix mastersiana* Rehd. et Wils.（图4-5-1-2）

乔木，树皮灰褐色或暗黑色，不规则纵裂；小枝下垂。叶倒披针状窄条形，下面中脉两侧各有3～5条气孔线。雌球花及小球果淡红紫色，苞鳞显著地向后反折。球果褐色，种鳞倒三角状圆形或肾状圆形；苞鳞暗褐紫色，较种鳞为长，中上部显著地向外反折或反曲；种子斜倒卵圆形，灰白色，种翅褐色，先端圆或微钝。花期4—5月，球果10月成熟。

本地区还有引进的日本落叶松［*L. kaempferi*（Lamb.）Carr.］，特征在于小枝平展，一年生长枝淡黄色或淡红褐色，有白粉。种鳞显著地向外反曲，苞鳞紫红色，比种鳞短，先端三裂，中肋延长成尾状长尖，不露出。花期4—5月，球果10月成熟。

图4-5-1-2　四川红杉（四川落叶松）（拍摄者：孟世勇）

3. 紫果云杉 *Picea purpurea* Mast.（图4-5-1-3）

乔木，树皮深灰色，裂成不规则较薄的鳞状块片；大枝平展，树冠尖塔形；小枝有密生柔毛。叶辐射伸展，扁四棱状条形，横切面扁菱形，下面先端呈明显的斜方形，通常无气孔线。雄球花单生叶腋；球果下垂，圆柱状卵圆形，紫黑色或淡红紫色；种鳞排列疏松，成熟后不脱落。花期4月，球果10月成熟。

4. 华山松 *Pinus armandii* Franch.（图4-5-1-4）

乔木，幼树树皮灰绿色，平滑，老则呈灰色；枝条平展。针叶5针一束，横切面三角形，叶鞘早落。雄球花黄色，卵状圆柱形；球果圆锥状长卵圆形，幼时绿色，成熟时黄色，种鳞张开，种子脱落；种鳞近斜方状倒卵形，鳞盾近斜方形，不具纵脊，鳞脐不明显；种子黄褐色。花期4—5月，球果第二年9—10月成熟。

图4-5-1-3　紫果云杉（拍摄者：孟世勇）

图4-5-1-4　华山松（拍摄者：孟世勇）

4.5.2 柏科Cupressaceae

1. 方枝柏 Juniperus saltuaria Rehder & E. H. Wilson（图4-5-2-1）

乔木，树皮裂成薄片状脱落；枝条平展；小枝四棱形。鳞叶深绿色，交叉对生或三叶交叉轮生；幼树三叶轮生，刺形。雌雄同株，雄球花近圆球形，雄蕊2～5对，药隔宽卵形。球果直立或斜展，圆球形，熟时黑色，有光泽；种子1粒，卵圆形，上部稍扁，两端钝尖或基部圆。

2. 高山柏 Juniperus squamata Buchanan-Hamilton ex D. Don（图4-5-2-2）

灌木或成匍匐状；小枝直或弧状弯曲。叶全为刺形，三叶交叉轮生，披针形，基部下延生长，先端具急尖，上面稍凹，具白粉带，下面拱凸具钝纵脊。雄球花卵圆形，雄蕊4～7对。球果卵圆形或近球形，成熟前绿色或黄绿色，熟后黑色或蓝黑色，内有种子1粒；种子卵圆形或锥状球形，长4～8 mm，直径3～7 mm，有树脂槽，上部常有明显或微明显的2～3条钝纵脊。

图4-5-2-1　方枝柏（拍摄者：李晟）

图4-5-2-2　高山柏（拍摄者：孟世勇）

4.6　被子植物

4.6.1　五味子科Schisandraceae

红花五味子Schisandra rubriflora（Franch.）Rehd. et Wils.（图4-6-1-1）

落叶木质藤本，小枝紫褐色，叶纸质，侧脉每边5～8条。花红色，雄花外花被片有缘毛，雄蕊40～60枚；雌花柱头具明显鸡冠状凸起。聚合果轴粗壮，小浆果红色，椭圆体形或近球形，有短柄；种子淡褐色，肾形。花期5—6月，果期7—10月。生于海拔1 000～1 300 m的河谷、山坡林中。

王朗自然保护区还有华中五味子（S. sphenanthera Rehd. et Wils.）和球蕊五味子（S.

sphaerandra Stapf.），区别在于华中五味子花被片5～9枚，橙黄色，椭圆形；球蕊五味子花深红色，雄花下部雄蕊具短花丝，上部雄蕊无花丝。

4.6.2 马兜铃科Aristolochiaceae

单叶细辛*Asarum himalaicum* Hook. f. et Thoms. ex Klotzsch.（图4-6-2-1）

多年生草本，叶互生，疏离，叶片心形或圆心形，基部心形。花深紫红色，花梗细长，花被在子房以上有短管，裂片长圆卵形，上部外折，外折部分三角形，深紫色；雄蕊与花柱等长或稍长，花丝比花药长约2倍。果近球状。花期4—6月。生于海拔1 300～3 100 m的溪边林下阴湿地中。

图4-6-1-1 红花五味子（拍摄者：孟世勇）

图4-6-2-1 单叶细辛（拍摄者：孟世勇）

4.6.3 天南星科 Araceae

1. 象南星*Arisaema elephas* Buchet（图4-6-3-1）

块茎近球形，鳞叶3～4片，绿色或紫色。叶1片，叶柄黄绿色，叶片3全裂，中肋背面明显隆起，侧脉斜伸，向边缘远离，网脉明显；中裂片倒心形，顶部平截，中央下凹，具正三角形的尖头。花序柄短于叶柄，绿色或淡紫色。佛焰苞青紫色，基部黄绿色，管部具白色条纹，向上隐失，上部全为深紫色；檐部长圆披针形，由基部稍内弯，先端骤狭渐尖。肉穗花序单性，雄花具长柄，雌花子房长卵圆形，柱头盘状，密被短绒毛。浆果砖红色，椭圆状。花期5—6月，果8月成熟。生于海拔1 800～4 000 m的河岸、山坡林下、草地或荒地上。

2. 一把伞南星*Arisaema erubescens*（Wall.）Schott（图4-6-3-2）

块茎扁球形。叶1片，叶柄中部以下具鞘，鞘部粉绿色，叶片放射状分裂，裂片无定数，常1枚上举，其余放射状平展，披针形，无柄，具线形长尾。花序柄比叶柄短，直立。佛焰苞绿色，背面有清晰的白色条纹，或淡紫色至深紫色而无条纹；喉部边缘截形或稍外卷；檐部通常颜色较深，三角状卵形。肉穗花序单性，雄花序花密；雌花序上具多数中性花。雄花具短柄，淡绿色、紫色至暗褐色，雄蕊2~4枚，药室近球形，顶孔开裂成圆形。雌花子房卵圆形，柱头无柄。果序柄下弯或直立，浆果红色，种子1~2颗，球形，淡褐色。花期5—7月，果9月成熟。在海拔3 200 m以下的林下、灌丛、草坡、荒地上均有生长。

图4-6-3-1 象南星（拍摄者：孟世勇）

图4-6-3-2 一把伞南星（拍摄者：孟世勇）

3. 象头花 *Arisaema franchetianum* Engl.（图4-6-3-3）

块茎扁球形。叶1片，叶柄肉红色，下部1/4~1/5鞘状。幼株叶片轮廓心状箭形，全缘，腰部稍狭缩，两侧基部近圆形。成年植株叶片绿色，背淡，近革质，3全裂，中裂片卵形，基部短楔形至近截形，侧裂片偏斜，椭圆形，外侧宽为内侧的2倍，比中裂片小，基部楔形，均全缘，侧脉5~10对。花序柄短于叶柄，肉红色，花期直立，果期下弯180°。佛焰苞污紫色，具白色或绿白色宽条纹，圆筒形，檐部下弯成盔状，下垂。肉穗花序单性，雄花序紫色，长圆锥形，花疏，雄花具粗短的柄，药室球形顶孔开裂；雌花序圆柱形，花密，子房绿紫色，柱头明显凸起，胚珠2枚。浆果绿色，种子1~2枚，倒卵形。花期5—7月，果9—10月成熟。生于海拔960~3 000 m的林下、灌丛或草坡上。

图4-6-3-3 象头花（拍摄者：孟世勇）

4.6.4 岩菖蒲科Tofieldiaceae

叉柱岩菖蒲*Tofieldia divergens* Bur. et Franch.（图4-6-4-1）

叶基生或近基生，少数生于花葶下部，二列，两侧压扁，长3～22 cm，宽0.2～0.4 cm。总状花序，花白色，有时稍下垂；子房矩圆状狭卵形；花柱3枚，分离，较细，明显超过花药长度。蒴果常多少下垂，倒卵状三棱形，上端3深裂约达中部，使蒴果多少呈蓇葖果状，宿存花柱，柱头不明显。花期6—8月，果期7—9月。生于海拔1 000～4 300 m的草坡、溪边或林下的岩缝中或岩石上。

图4-6-4-1　叉柱岩菖蒲（拍摄者：孟世勇）

4.6.5 沼金花科Nartheciaceae

1. 头花粉条儿菜*Aletris capitata* Wang et Tang（图4-6-5-1）

植株较矮小。叶硬纸质，条形，长2～15 cm，宽0.1～0.3 cm，先端急尖。花葶高10～35 cm，密生短毛，中下部有几枚长0.5～1.5 cm的苞片状叶；总状花序缩短成头状或短圆柱状，密生多花；苞片2枚，披针形，位于花梗的下部或近基部，短于花；花被约分裂到中部或中部以下，白色；裂片狭卵状矩圆形；雄蕊着生于裂片的基部，花药近球形；子房卵形。蒴果卵形，无毛。花期6月，果期8月。生于四川西部海拔2 450～3 500 m的岩石上或林下。

2. 无毛粉条儿菜*Aletris glabra* Bur. et Franch.（图4-6-5-2）

叶簇生，硬纸质，条形，常对折，有时下弯，长5～25 cm，宽0.5～1.7 cm。花葶高30～60 cm，无毛；总状花序长7～25 cm，有黏性物质；苞片2枚，条形，其中1枚位于花

图4-6-5-1　头花粉条儿菜（拍摄者：李晟）

图4-6-5-2　无毛粉条儿菜（拍摄者：顾红雅）

梗基部，比花长，另1枚位于花梗上部，很小；花被坛状，无毛，黄绿色；裂片长椭圆形，长3～4 mm，膜质，有1条明显的绿色中脉；雄蕊着生于花被裂片的基部；花丝短，花药卵形。蒴果卵形，长3～5 mm，无毛。花期5—6月，果期9—10月。生于海拔2 000～4 000 m的林下、灌丛或草坡上。

4.6.6 藜芦科Melanthiaceae

七叶一枝花*Paris polyphylla* Sm.（图4-6-6-1）

根状茎粗厚，茎通常带紫红色，基部有灰白色干膜质的鞘1～3枚。叶5～10片，矩圆形，基部圆形，叶柄明显，带紫红色，无毛。外轮花被片绿色，3～6枚，狭卵状披针形，内轮花被片狭条形，通常比外轮长；雄蕊8～12枚，花药短，与花丝近等长或稍长，药隔突出花药之上；子房近球形，具棱，顶端具一盘状花柱基，花柱粗短，具4～5分枝。蒴果紫色，3～6瓣裂开。种子多数，具鲜红色多浆汁的外种皮。花期4—7月，果期8—11月。生于西南地区海拔1 800～3 200 m的林下。

图4-6-6-1 七叶一枝花（拍摄者：孟世勇）

4.6.7 百合科Liliaceae

1. 七筋姑*Clintonia udensis* Trautv. et Mey.（图4-6-7-1）

根状茎较硬。基生叶3～4片，纸质或厚纸质，椭圆形，长8～25 cm，宽3～16 cm，基部成鞘状抱茎或后期伸长成柄状。花葶密生白色短柔毛，总状花序有花3～12朵，花梗密生柔毛，苞片披针形，密生柔毛，早落；花白色，少有淡蓝色；花被片矩圆形；柱头3浅裂。果实球形，自顶端至中部沿背缝线作蒴果状开裂，每室有种子6～12颗。花期5—6月，果期7—10月。生于西南、华北地区海拔1 600～4 000 m的高山疏林下或阴坡疏林下。

2. 川贝母*Fritillaria cirrhosa* D. Don（图4-6-7-2）

植株高15～50 cm。鳞茎由2枚鳞片组成。叶通常对生，少数在中部兼有散生或3～4枚轮生，条形，长4～12 cm，宽0.3～0.8 cm，先端稍卷曲或不卷曲。花通常单朵，极少2～3朵，紫色至黄绿色，通常有小方格，少数仅具斑点或条纹；每花有3枚叶状苞片，苞片狭长，蜜腺窝在背面明显凸出；雄蕊长约为花被片的3/5，柱头裂片长3～5 mm。蒴果棱上有狭翅。花期5—7月，果期8—10月。主要生于我国西南地区海拔3 200～4 200 m的林中、灌丛下、草地、河滩或山谷等湿地或岩缝中。

图4-6-7-1　七筋姑（拍摄者：孟世勇）

图4-6-7-2　川贝母（拍摄者：李晟）

3. 扭柄花 *Streptopus obtusatus* Fassett（图4-6-7-3）

茎直立，光滑。叶卵状披针形，先端有短尖，基部心形，抱茎，边缘具有睫毛状细齿。花单生于上部叶腋，貌似从叶下生出，淡黄色，内面有时带紫色斑点，下垂；花梗中部以上具有关节，关节处呈膝状弯曲，具1枚腺体；花被片近离生，矩圆状披针形，上部呈镰刀状；雄蕊长不及花被片的一半；子房球形；花柱柱头3裂至中部以下。浆果。种子椭圆形。花期7月，果期8—9月。多生于海拔2 000～3 600 m的山坡针叶林下。

本种与腋花扭柄花（*S. simplex* D. Don）十分相近，但本种花较小，淡黄色，花被片狭，在花梗中部以上具膝状弯曲的关节，并有腺体，叶缘具睫毛状细齿等特征，易于区别。

图4-6-7-3　扭柄花（拍摄者：孟世勇）

4.6.8　兰科 Orchidaceae

1. 抱茎叶无柱兰 *Amitostigma amplexifolium* T. Tang（图4-6-8-1）

具1片叶，叶片椭圆形，基部近圆形并抱茎。花序具1～2朵花；苞片长圆状椭圆形，较子房短很多；子房圆柱状纺锤形，稍扭转；花白色，具紫红色斑点；中萼片椭圆形，侧萼片斜椭圆形；花瓣稍斜椭圆形；唇瓣向前伸展，在基部之上3裂；侧裂片镰状长圆形；中裂片楔状倒卵形，边缘啮蚀状，先端2浅裂，裂片圆形，裂口中间具1枚小齿；距圆筒状，下垂，弯曲；花药卵圆形；蕊喙小，直立，三角形；柱头2个。花期7月。产于四川西部。生于海拔3000 m的林下。

2. 头序无柱兰 *Amitostigma capitatum* T. Tang et F. T. Wang（图4-6-8-2）

具1片叶，叶片狭长圆形，基部收狭并抱茎。总状花序具3～10朵花，由于花序轴缩短近呈头状；花小，白色，不偏向一侧，花瓣、唇瓣和萼片的内面均具多数细乳突；中萼片卵状椭圆形，直立，凹陷呈舟状，边缘全缘，花瓣斜宽卵形，直立，具2条脉；唇瓣向前伸出，三角状倒卵形，基部凹陷呈舟状，具距，基部之上3裂，侧裂片稍斜线形，边缘全缘，中裂片线形，先端具3枚齿，中间的齿较两侧的齿短而小，蕊柱粗壮，直立；蕊喙小，三角形；柱头2个。花期7月。生于海拔2 600～3 600 m的山坡林内阴湿处覆有土的岩石上。

图4-6-8-1 抱茎叶无柱兰（拍摄者：李晟）

图4-6-8-2 头序无柱兰（拍摄者：孟世勇）

3. 一花无柱兰 *Amitostigma monanthum*（Finet）Schltr.（图4-6-8-3）

植株高6～10 cm。块茎卵球形，在近基部至中部具1片叶，顶生1朵花。叶片长圆形。苞片线状披针形；花中等大，淡紫色、粉红色或白色，具紫色斑点；萼片先端钝，具1条脉，侧萼片狭长圆状椭圆形；花瓣直立，与中萼片相靠合，具1条脉；唇瓣向前伸展，张开，中部3裂，侧裂片楔状长圆形，中裂片倒卵形，先端凹缺呈2浅裂；距圆筒状，下垂，长为子房的1/3～1/2；蕊柱短，直立；花药近球形，直立；柱头2个。花期7—8月。生于海拔2 800～4 000 m的山谷溪边覆有土的岩石上或高山潮湿草地中。

4. 无苞杓兰 *Cypripedium bardolphianum* W. W. Smith et Farrer（图4-6-8-4）

植株高8～12 cm，具细长而横走的根状茎。茎直立，较短，长2～3 cm，无毛，大部位于疏松的腐殖质层之下，基部有鞘，顶端具2片叶。叶近对生，椭圆形，长6～7 cm，宽2.5～3 cm。顶生1朵花，无苞片；子房长约1 cm，有3纵棱，棱上疏被短柔毛或近无毛；花较小，通常萼片与花瓣淡绿色而有密集的褐色条纹，唇瓣金黄色；中萼片椭圆形，无毛；合萼片与中萼片相似，但较短，先端2浅裂；花瓣长圆状披针形；唇瓣囊状，表面在囊口前方有小疣状突起。蒴果长圆形。花期6—7月，果期8月。生于海拔2 300～3 900 m的树木与灌木丛生的山坡、林缘或疏林下腐殖质丰富、湿润、多苔藓之地，常成片生长。

图4-6-8-3　一花无柱兰（拍摄者：李晟）　　　　图4-6-8-4　无苞杓兰（拍摄者：李晟）

5. 华西杓兰 *Cypripedium farreri* W. W. Smith（图4-6-8-5）

多年生草本，茎直立，基部具数枚鞘，鞘上方通常有2片叶。叶片椭圆形，先端急尖，两面无毛，边缘稍具细缘毛。花序顶生，具1朵花；苞片叶状卵形，先端渐尖，无毛；萼片与花瓣绿黄色并有较密集的栗色纵条纹，唇瓣蜡黄色，囊内有栗色斑点；中萼片卵形，先端渐尖，背面脉上疏被短毛；合萼片卵状披针形，与中萼片等长，先端2浅裂，背面略被微柔毛；花瓣披针形，内表面基部和背面中脉被短柔毛；唇瓣深囊状壶形，下垂；囊口位于近唇瓣基部，由于周围具凹陷的脉而使囊口边缘呈齿状；退化雄蕊近长圆状卵形，基部有短柄。花期6月。生于海拔2 600～3 400 m的疏林下多石草丛中或荫蔽岩壁上。

6. 黄花杓兰 *Cypripedium flavum* P. F. Hunt et Summerh（图4-6-8-6）

茎直立，密被短柔毛，基部具数枚鞘，鞘上方具3～6片叶。叶较疏离；叶片椭圆形，两面被短柔毛，边缘具细缘毛。花序顶生，通常具1朵花，罕有2朵花；花序柄被短柔毛；苞片叶状；花梗和子房密被褐色至锈色短毛；花黄色，有时有红色晕，唇瓣上偶见栗色斑点；中萼片椭圆形，边缘具细缘毛；合萼片宽椭圆形，先端几不裂；花瓣长圆形，先端钝，边缘有细缘毛；唇瓣深囊状椭圆形，两侧和前沿均有较宽阔的内折边缘，囊底具长柔毛；退化雄蕊近圆形或宽椭圆形，上面有明显的网状脉纹。蒴果狭倒卵形，被毛。花果期6—9月。生于海拔1 800～3 450 m的林下、林缘、灌丛中或草地上多石湿润之地。

图4-6-8-5　华西杓兰（拍摄者：孟世勇）　　　　图4-6-8-6　黄花杓兰（拍摄者：李晟）

7. 毛杓兰 *Cypripedium franchetii* E. H. Wilson（图4-6-8-7）

茎直立，密被长柔毛，基部具数枚鞘，鞘上方有3～5片叶。叶片椭圆形，两面脉上疏被短柔毛，边缘具细缘毛。花序顶生，具1朵花；花序柄密被长柔毛；苞片叶状椭圆形，两面脉上具疏毛，边缘具细缘毛；花梗和子房密被长柔毛；花淡紫红色，有深色脉纹；中萼片椭圆状卵形，边缘具细缘毛；合萼片椭圆状披针形，先端2浅裂，花瓣披针形，内表面基部被长柔毛；唇瓣深囊状椭圆形；退化雄蕊卵状箭头形，基部具短耳和很短的柄，背面略有龙骨状突起。花期5—7月。生于海拔1 500～3 700 m的疏林下或灌木林中湿润、腐殖质丰富和排水良好的地方，也见于湿润草坡上。

王朗自然保护区也分布有西藏杓兰（*C. tibeticum* King ex Rolfe），特点是唇瓣的囊口周围有白色或浅色的圈，子房无毛或被稀疏短柔毛。

8. 尖唇鸟巢兰 *Neottia cuminate* Schltr.（图4-6-8-8）

植株高14～30 cm。茎直立，无毛，中部以下具3～5枚鞘，无绿叶；鞘膜质，抱茎。总状花序顶生，通常具20余朵花；苞片长圆状卵形，花小，黄褐色，常3～4朵聚生而呈轮生状；中萼片狭披针形，具1条脉；侧萼片与中萼片相似；花瓣狭披针形；唇瓣形状变化较大，边缘稍内弯，具1或3条脉；蕊柱极短，明显短于着生其上的花药或蕊喙；花药直立，近椭圆形；柱头横长圆形，直立，左右两侧内弯，围抱蕊喙，2个柱头面位于内弯边缘的内侧；蕊喙舌状，直立。蒴果椭圆形。花果期6—8月。生于海拔1 500～4 100 m的林下或荫蔽草坡上。

9. 小叶对叶兰 *Neottia microphylla*（S. C. Chen & Y. B. Luo）S. C. Chen（图4-6-8-9）

植株高9～12 cm，具短的根状茎。茎纤细，近基部处具2枚鞘，约在上部3/4处具2片对生叶，叶以上部分疏被短柔毛。叶片卵形或卵圆形，较小，先端钝或近急尖，基部圆形。总状花序长1.5～4 cm，具2～5朵花；花序轴略被短柔毛；苞片卵状披针形，花较小；中萼片狭椭圆形，先端钝，具1条脉；侧萼片斜卵状披针形；花瓣线形，几与萼片等长；唇瓣狭长圆形，先端2深裂，边缘具乳突状细缘毛；两裂片向前伸直，近平行，彼此相距约2 mm，中间具一细尖齿；裂片线状披针形，内侧边缘长约2.7 mm。花期7月。生于海拔3 900 m的林下。

10. 广布小红门兰 *Ponerorchis chusua* (D. Don)（图4-6-8-10）

多年生草本植物，茎直立，圆柱状，基部具1~3枚筒状鞘，鞘之上具1~5片叶，多为2~3片，叶之上不具或具1~3片小的、披针形苞片状叶。叶片长圆状披针形，基部收狭成抱茎的鞘。花序具1~20朵花，多偏向一侧；苞片披针形；花紫红色；中萼片长圆形，直立，凹陷呈舟状，具3条脉，与花瓣靠合呈兜状；侧萼片向后反折，偏斜，卵状披针形，具3条脉；花瓣直立，卵形，前侧近基部边缘臌出，具3条脉；唇瓣向前伸展，多数较萼片长和宽，3裂，中裂片长圆形，侧裂片镰状长圆形或近三角形，多数与中裂片等长或短；距圆筒状，常向后斜展，末端常稍渐狭，口部稍增大。花期6—8月。生于海拔500~4 500 m的山坡林下、灌丛下、高山灌丛草地或高山草地上。

图4-6-8-7 毛杓兰（拍摄者：李晟）

图4-6-8-8 尖唇鸟巢兰（拍摄者：孟世勇）

图4-6-8-9 小叶对叶兰（拍摄者：孟世勇）

图4-6-8-10 广布小红门兰（拍摄者：孟世勇）

11. 二叶盔花兰 *Galearis spathulata* (Lindlev) P. F. Hun (图4-6-8-11)

植株高8~15 cm。茎直立，圆柱形，基部具1~2枚筒状、稍膜质的鞘，鞘之上具叶。叶通常2片，近对生，偶尔1~3片，狭匙状倒披针形，基部渐狭成柄，柄长、对折，其下部抱茎。花茎直立，花序具1~5朵花，较疏生，多偏向一侧；苞片直立伸展，近长圆形；花紫红色；萼片近等长，近长圆形，先端钝，中萼片直立，凹陷呈舟状，具3（或5）条脉，与花瓣靠合呈兜状；侧萼片近直立伸展，稍偏斜，具3条脉；花瓣直立，卵状长圆形，与萼片等长，不裂，上面具乳头状突起，基部收狭呈短爪，具短距。花期6—8月。生于海拔2 300~4 300 m的山坡灌丛下或高山草地上。

12. 短梗山兰 *Oreorchis erythrochrysea* Hand.-Mazz. (图4-6-8-12)

假鳞茎宽卵形。叶1片，生于假鳞茎顶端，狭椭圆形，基部常骤缩成柄。花葶近直立，中下部有2~3枚筒状鞘；总状花序；苞片卵状披针形；花黄色，唇瓣有栗色斑；萼片狭长圆形，侧萼片略小于中萼片，常稍斜歪；花瓣狭长圆状匙形，先端钝；唇瓣轮廓近长圆形，近中部处3裂；侧裂片半卵形至近线形，中裂片近方形或宽椭圆形，边缘略呈波状；唇盘上在两枚侧裂片之间有2条很短的纵褶片；蕊柱较粗。花期5—6月。生于海拔2 900~3 600 m的林下、灌丛中或高山草坡上。

图4-6-8-11 二叶盔花兰（拍摄者：孟世勇）

图4-6-8-12 短梗山兰（拍摄者：孟世勇）

13. 硬叶山兰 *Oreorchis nana* Schltr. (图4-6-8-13)

假鳞茎长圆形。叶1片，生于假鳞茎顶端，卵形，先端渐尖，基部宽楔形。花葶从假鳞茎侧面发出；总状花序常具5~14朵花，罕有减退为2~3朵花；苞片卵状披针形；花梗和子房长3~5 mm；萼片与花瓣上面暗黄色，下面栗色，唇瓣白色而有紫色斑；萼片近狭长圆形，先端钝或急尖；侧萼片略斜歪；花瓣镰状长圆形，先端钝；唇瓣轮廓近倒卵状长圆形，下部约1/3处3裂，基部无爪或有短爪；侧裂片近狭长圆形或狭卵形，稍内弯，中裂片近倒卵状椭圆形，边缘稍波状，有黑色或紫色斑点；唇盘基部有2条短的纵褶片；蕊柱粗短。花期6—7月。生于海拔2 500～4 000 m的高山草地、林下、灌丛中或岩石积土上。

14. **少花鹤顶兰**Phaius delavayi（Finet）P. J. Cribb et Perner （图4-6-8-14）

无明显的根状茎。假鳞茎近球形，具2～3枚鞘和3～4片叶。叶在花期几乎全部展开，椭圆形，先端锐尖。花葶从叶丛中抽出；总状花序俯垂，疏生2～7朵花；苞片宿存；花紫红色或淡黄色，萼片和花瓣边缘带紫色斑点；萼片长圆状披针形，具5条脉；花瓣狭长圆形，具5条脉，中央3条较长；唇瓣基部稍与蕊柱基部的蕊柱翅合生，近菱形，两侧围抱蕊柱；蕊柱细长，两侧具翅，腹面被短毛；蕊喙近方形，不裂，先端截形并具细尖；花粉团稍扁卵球形，具短的花粉团柄。花期6—9月。生于海拔2 700～3 450 m的山谷溪边和混交林下。

图4-6-8-13 硬叶山兰（拍摄者：孟世勇）

图4-6-8-14 少花鹤顶兰（拍摄者：孟世勇）

4.6.9 天门冬科Asparagaceae

1. **鹿药**Maianthemum japonicum（A. Gray）LaFrankie（图4-6-9-1）

根状茎横走，多少圆柱状。茎具粗伏毛，具4～9片叶。叶纸质，椭圆形，长6～13 cm，宽3～7 cm，先端近短渐尖，具短柄。圆锥花序具有多个侧枝，有毛，具10～20朵花；花单生，白色；花梗长2～6 mm；花被片分离或仅基部稍合生，矩圆形；雄蕊基部贴生于花被片上，花药小；花柱与子房近等长，柱头几不裂。浆果近球形，熟时红色，具1～2颗种子。花期5—6月，果期8—9月。生于华中、华北和西南地区海拔900～1 950 m的林下荫蔽潮湿处或岩缝中。

2. 管花鹿药 *Maianthemum henryi*（Baker）LaFrankie（图4-6-9-2）

根状茎粗，茎中部以上有短硬毛或微硬毛。叶纸质，椭圆形，长9～22 cm，宽3.5～11 cm，两面有伏毛，基部具短柄。花淡黄色或带紫褐色，单生，通常排成总状花序，有时多个分枝成圆锥花序；花被高脚碟形，筒部长为花被全长的2/3～3/4，裂片开展；雄蕊生于花被筒喉部，花丝通常极短；花柱稍长于子房，柱头3裂。浆果球形，未成熟时绿色而带紫斑点，熟时红色，具2～4颗种子。花期5—8月，果期8—10月。生于华中、华北海拔1 300～4 000 m的林下、灌丛下、水旁湿地或林缘。

图4-6-9-1　鹿药（拍摄者：孟世勇）　　　　图4-6-9-2　管花鹿药（拍摄者：孟世勇）

3. 窄瓣鹿药 *Maianthemum tatsienense*（Franchet）LaFrankie（图4-6-9-3）

茎无毛，具6～8片叶。叶纸质，卵形，先端渐尖，基部圆形，具短柄，无毛。通常为圆锥花序，较少为总状花序，无毛；花单生，淡绿色或稍带紫色；花被片仅基部合生，窄披针形；花丝扁平，离生部分稍长于花药或近等长；花柱极短，柱头3深裂；子房球形，稍长于花柱。浆果近球形，熟时红色，具1～5颗种子。花期5—6月，果期8—10月。生于华南、西南地区海拔1 500～3 500 m的林下、林缘或草坡上。

4. 合瓣鹿药 *Maianthemum tubiferum*（Batalin）LaFrankie（图4-6-9-4）

植株高10～30 cm；根状茎细长。茎下部无毛，中部以上有短粗毛，具2～5片叶。叶纸质，卵形，长3～9 cm，宽2～4.5 cm，基部截形或稍心形，具短柄，两面疏生短毛。总状花序有毛，具2～3朵花，有时多达10朵花；花白色，有时带紫色；花被片下部合生成杯状筒，裂片矩圆形；花丝与花药近等长；花柱与子房近等长，稍高出筒外。浆果球形，具2～3颗种子。花期5—7月，果期9月。生于华中、西南地区海拔2 500～3 000 m的林下荫蔽潮湿处。

图4-6-9-3 窄瓣鹿药（拍摄者：李晟）

图4-6-9-4 合瓣鹿药（拍摄者：李晟）

5. **独花黄精**Polygonatum hookeri Baker（图4-6-9-5）

植株矮小，高不到10 cm。叶几片至10余片，常紧接在一起；当茎伸长时，显出下部的叶为互生，上部的叶为对生或3叶轮生；条形，先端略尖。通常全株仅生1朵花，位于最下的一个叶腋内，少有2朵花生于一总花梗上；花被紫色，约1/2部分合生；花丝极短。浆果红色，具5～7颗种子。花期5—6月，果期9—10月。生于西南地区海拔3 200～4 300 m的林下、山坡草地或冲积扇上。

6. **轮叶黄精**Polygonatum verticillatum（L.）All.（图4-6-9-6）

根状茎一头粗，一头较细。叶通常为3叶轮生，间有少数对生或互生，矩圆状披针形（长6～10 cm，宽2～3 cm）至条状披针形或条形（长达10 cm，宽仅5 mm），先端尖至渐尖。花单朵或2～4朵成花序，俯垂；苞片通常不存在，或微小而生于花梗上；花被淡黄色或淡紫色；子房与花柱近等长。浆果红色，具6～12颗种子。花期5—6月，果期8—10月。分布于西南、华北地区海拔2 100～4 000 m的林下或山坡草地上。

图4-6-9-5 独花黄精（拍摄者：李晟）

图4-6-9-6 轮叶黄精（拍摄者：孟世勇）

4.6.10 罂粟科Papaveraceae

1. 金雀花黄堇*Corydalis cytisiflora*（Fedde）Liden（图4-6-10-1）

直立草本，基生叶2～8片，近圆形或肾形，3全裂，裂片无柄，再次2～3深裂至近基部，小裂片倒卵状长圆形；茎生叶1～2片生于茎上部，掌状5～9全裂，裂片线状披针形。总状花序顶生，排列密集；花瓣黄色，上花瓣舟状卵形，先端具短尖，边缘开展，背部鸡冠状突起自先端稍后开始，延伸至距中部逐渐消失；距圆筒形，粗壮，与瓣片近等长，末端圆，向上弯曲；下花瓣近圆形，爪楔形，略短于瓣片；内花瓣提琴形，先端圆，有1大的侧生囊，爪楔形，与瓣片近等长。蒴果线形，成熟时自果梗先端反折，具1列种子。种子近圆形。花果期5—7月。生于海拔2 600～4 500 m的山坡林下、灌丛下或草丛中。

2. 蛇果黄堇*Corydalis ophiocarpa* Hook. f. et Thoms.（图4-6-10-2）

丛生灰绿色草本，基生叶多数，叶片长圆形，二回至一回羽状全裂，一回羽片4～5对，具短柄，二回羽片2～3对，无柄，倒卵圆形至长圆形，3～5裂；总状花序；花淡黄色，外花瓣顶端着色较深，渐尖；上花瓣距短囊状，占花瓣全长的1/4～1/3，多少上升；蜜腺体约贯穿距长的1/2；下花瓣舟状，多少向前伸出；内花瓣顶端暗紫红色至暗绿色，具伸出顶端的鸡冠状突起，爪短于瓣片。蒴果线形，蛇形弯曲，具1列种子。种子小，黑亮，具伸展狭直的种阜。生于海拔200～4 000 m的沟谷林缘。

图4-6-10-1　金雀花黄堇（拍摄者：孟世勇）

图4-6-10-2　蛇果黄堇（拍摄者：孟世勇）

3. 长叶绿绒蒿*Meconopsis lancifolia*（Franch.）Franch. ex Prain（图4-6-10-3）

一年生草本，茎直立。叶基生，叶片倒披针形，先端急尖，基部楔形，下延成翅，边缘通常全缘，中脉明显，侧脉细；叶柄长2～7 cm。花茎粗壮，中间粗，两端渐狭，具数条细纵肋，疏被黄褐色硬毛；花数朵于花茎上排列成总状花序，无苞片，有时单生于基生花葶上；花瓣4～8片，倒卵形、近圆形或卵圆形，紫色或蓝色；花丝丝状，与花瓣同色，花药长圆形；子房被黄褐色、伸展的刺毛，稀无毛，花柱长1～2 mm，柱头头状。蒴果狭倒卵形。种子肾形或镰状椭圆形。花果期6—9月。生于海拔3 300～4 800 m的林下或高山草地上。

4. 红花绿绒蒿 Meconopsis punicea Maxim.（图4-6-10-4）

多年生草本，基部盖以宿存的叶基，其上密被短分枝的刚毛。叶全部基生，莲座状，叶片倒披针形，边缘全缘，两面密被短分枝的刚毛，具数条明显纵脉。花葶1～6枝；花单生于基生花葶上，下垂；萼片卵形；花瓣4片，有时6片，椭圆形，深红色：花丝条形，粉红色，花药长圆形；子房宽长圆形，密被刚毛，花柱极短，柱头4～6圆裂。蒴果长圆形，4～6瓣自顶端微裂。种子密被乳突。花果期6—9月。生于海拔2 800～4 300 m的山坡草地上。

图4-6-10-3　长叶绿绒蒿（拍摄者：李晟）

图4-6-10-4　红花绿绒蒿（拍摄者：孟世勇）

5. 五脉绿绒蒿 Meconopsis quintuplinervia Regel（图4-6-10-5）

图4-6-10-5　五脉绿绒蒿（拍摄者：李晟）

多年生草本，叶全部基生，莲座状，全株被棕黄色、具分枝的刚毛。叶片倒卵形至披针形，边缘全缘，明显具3～5条纵脉。花葶1～3枝，具肋；花单生于基生花葶上，下垂；花瓣4～6片，倒卵形或近圆形，淡蓝色；花丝丝状，花药长圆形，淡黄色；花柱短，长1～1.5 mm，柱头头状，3～6裂。蒴果椭圆形，密被紧贴的刚毛，自顶端3～6微裂。种子狭卵形，长约3 mm，黑褐色，种皮具网纹和皱褶。花果期6—9月。生于海拔2 300～4 600 m的阴坡灌丛中或高山草地上。

4.6.11 星叶草科 Circaeasteraceae

星叶草 *Circaeaster agrestis* Maxim.（图4-6-11-1）

一年生小草本，宿存的2片子叶和叶簇生；子叶线形；叶倒卵形；基部渐狭，边缘上部有小牙齿，齿顶端有刺状短尖。花小，萼片2～3片，狭卵形；雄蕊1～3枚；心皮1～3个，比雄蕊稍长，花柱不存在，柱头近椭圆球形。瘦果狭长圆形，有密或疏的钩状毛。花期4—6月。生于海拔2 100～4 000 m的山谷沟边、林中或湿草地上。

图4-6-11-1　星叶草（拍摄者：孟世勇）

4.6.12 小檗科 Berberidaceae

1. 甘肃小檗 *Berberis kansuensis* Schneid.（图4-6-12-1）

落叶灌木，老枝淡褐色，幼枝带红色，具条棱；茎刺弱，单生或三分叉，腹面具槽。叶厚纸质，近圆形，先端圆形，基部渐狭成柄，两面侧脉和网脉隆起，叶缘每边具15～30枚刺齿；叶柄长1～2 cm，但老枝上的叶常近无柄。总状花序长2.5～7 cm；花黄色；小苞片带红色；萼片2轮，卵形，花瓣长圆状椭圆形，先端缺裂，裂片急尖，基部缢缩呈短爪，具2枚分离倒卵形腺体。浆果长圆状倒卵形，红色。花期5—6月，果期7—8月。生于海拔1 400～2 800 m的山坡灌丛中或杂木林中。

2. 华西小檗 *Berberis silva-taroucana* Schneid.（图4-6-12-2）

落叶灌木，老枝暗灰色，散生疣点，具条棱，幼枝紫褐色；茎刺单生，细弱。叶纸质，倒卵形，先端圆形，具短尖，基部狭楔形或骤狭，两面网脉显著，全缘或每边具数枚细小刺齿；叶柄长0.5～2.5 cm，有时近无柄。疏松伞形总状花序具6～12朵花，长3～8 cm；

图4-6-12-1　甘肃小檗（拍摄者：孟世勇）

图4-6-12-2　华西小檗（拍摄者：孟世勇）

花黄色；萼片2轮，倒卵形；花瓣倒卵形，先端近全缘，基部具2枚分离腺体。浆果长圆形，成熟时深红色。花期4—6月，果期7—10月。生于海拔1 600～3 800 m的山坡林缘、灌丛中、林中、河边、冷杉林下、路边或沟谷。

4.6.13 毛茛科Ranunculaceae

1. 短柱侧金盏花Adonis davidii Franch.（图4-6-13-1）

多年生草本，常从下部分枝，基部有膜质鳞片，无毛。茎下部有长柄，上部有短柄或无柄，无毛；叶片五角形或三角状卵形，3全裂，全裂片有柄，二回羽状全裂或深裂；叶柄长达7 cm，鞘顶部有叶状裂片。花直径约2 cm；萼片5～7片，椭圆形；花瓣7～14片，白色，有时带淡紫色，长圆形；雄蕊与萼片近等长；心皮多数，子房卵形，有疏柔毛，花柱极短，柱头球形。瘦果倒卵形，疏被短柔毛，有短宿存花柱。花期4—8月。生于海拔1 900～3 500 m的山地草坡、沟边、林边或林中。

2. 小银莲花Anemone exigua Maxim.（图4-6-13-2）

植株矮小，基生叶2～5片，有长柄；叶片心状五角形，3全裂，中全裂片有短柄，宽菱形，3浅裂，侧全裂片稍小，不等2浅裂；叶柄长3.5～13 cm。苞片3枚，有柄，三角状卵形，3深裂；萼片5片，白色，椭圆形，雄蕊长为萼片之半，心皮5～8个，花柱短。瘦果黑色，近椭球形。花期6—8月。生于山地云杉林中或灌丛中。王朗自然保护区还分布有鹅掌草（*A. flaccida* Fr. Schmidt），区别在于鹅掌草基生叶1～2片，3全裂，中裂片菱形，苞片3枚，似基生叶，无柄，无花柱。

图4-6-13-1　短柱侧金盏花（拍摄者：孟世勇）

图4-6-13-2　小银莲花（拍摄者：孟世勇）

3. 小花草玉梅Anemone rivularis Buch. -Ham. var. flore-minore Maxim.（图4-6-13-3）

多年生草本，基生叶3～5片，有长柄；叶片肾状五角形，3全裂，中全裂片宽菱形，

3深裂，侧全裂片不等2深裂，两面都有糙伏毛；叶柄长5～22 cm，有白色柔毛，基部有短鞘。苞片3枚，有柄，近等大，深基生叶，宽菱形，3裂近基部，裂片通常不分裂；花较小，萼片5～6片，白色，狭椭圆形，顶端密被短柔毛；雄蕊长约为萼片之半，花柱拳卷。瘦果狭卵球形，稍扁，宿存花柱钩状弯曲。花期5—8月。生于山地草坡、小溪边或湖边。

4. 太白银莲花Anemone taipaiensis W. T. Wang（图4-6-13-4）

多年生草本，基生叶5～12片，有长柄；叶片宽卵形，基部近截形或近心形，3全裂，中全裂片宽菱形，3深裂，侧全裂片似中全裂片，但较小，背面有稍密的短柔毛；叶柄长4～16 cm。花葶直立，与叶柄均密被开展的短柔毛；苞片3枚，无柄，宽菱形，3深裂；萼片5片，白色，倒卵形，顶端圆形。瘦果扁平，圆卵形，无毛，宿存花柱向下弯曲。花期7月。产自陕西秦岭，生于海拔2 900～3 700 m的山地草坡或多石砾处。

图4-6-13-3 小花草玉梅（拍摄者：李晟）

图4-6-13-4 太白银莲花（拍摄者：孟世勇）

5. 无距耧斗菜Aquilegia ecalcarata Maxim.（图4-6-13-5）

一年生草本，基生叶数片，有长柄，为二回三出复叶；裂片有2～3个圆齿；叶柄长7～15 cm。茎生叶1～3片，形状似基生叶，但较小。花2～6朵，苞片线形，花梗纤细，长达6 cm，萼片紫色，近平展，椭圆形，顶端急尖或钝；花瓣直立，长方状椭圆形，与萼片近等长，顶端近截形，无距或有短而细的距；雄蕊长约为萼片之半，蓇葖果，花柱宿存，疏被长柔毛。花期5—6月，果期6—8月。生于海拔1 800～3 500 m的山地林下或路旁。

6. 驴蹄草Caltha palustris L.（图4-6-13-6）

多年生草本，基生叶3～7片，有长柄；叶片圆肾形，顶端圆形，基部深心形，边缘全部密生正三角形小牙齿；茎生叶通常向上逐渐变小，茎或分枝顶部有由2朵花组成的简单的单歧聚伞花序；苞片三角状心形，边缘生牙齿；萼片5片，黄色，倒卵形；心皮与雄蕊近等长，有短花柱。蓇葖果具横脉。5—9月开花，6月开始结果。在西南诸省分布于海拔1 900～4 000 m的山谷溪边或湿草甸，有时也生在草坡或林下较阴湿处。

王朗自然保护区还有花葶驴蹄草（*C. scaposa* Hook.f. et Thoms.）和空茎驴蹄草（*C. palustris* var. *barthei* Hance），区别在于花葶驴蹄草心皮有短柄，叶通常全部基生，有时在茎上有1叶，全缘或有疏浅齿，花通常单生茎端，有时2朵组成单歧聚伞花序；空茎驴蹄草茎中空，花序下之叶与基生叶近等大，花序分枝较多，常有多数花。

图4-6-13-5　无距耧斗菜（拍摄者：孟世勇）

图4-6-13-6　驴蹄草（拍摄者：孟世勇）

7. 单穗升麻 *Cimicifuga simplex* Wormsk.（图4-6-13-7）

根状茎粗壮，横走，茎单一，叶二至三回三出近羽状复叶；叶片卵状三角形，顶生小叶有柄，边缘有锯齿；侧生小叶通常无柄，比顶生小叶小，表面无毛；总状花序长达35 cm，不分枝或有时在基部有少数短分枝；苞片钻形，远较花梗为短；花梗长5～8 mm，和轴均密被灰色腺毛及柔毛；退化雄蕊椭圆形至宽椭圆形，顶端膜质，2浅裂；花药黄白色，密被灰色短绒毛，具柄。柄在近果期时延长。蓇葖具长达5 mm的柄；种子4～8粒，椭圆形，四周被膜质翼状鳞翅。花期8—9月，果期9—10月。生于海拔1 700～2 300 m的山地林缘、林中或路旁草丛中。

8. 薄叶铁线莲 *Clematis gracilifolia* Rehd. et Wils.（图4-6-13-8）

多年生藤本，茎、枝圆柱形，有纵条纹，老枝皮条状剥落。三出复叶至一回羽状复叶，有3～5小叶，对生，小叶片3或2裂；若3全裂，则顶生裂片常有短柄，侧生裂片无柄，小叶片或裂片纸质，卵状披针形，顶端锐尖，基部圆形，边缘有缺刻状锯齿，两面疏生贴伏短柔毛。花1～5朵与叶簇生；花直径2.5～3.5 cm；萼片4片，开展，白色或外面带淡红色，外面有短柔毛，内面无毛。瘦果无毛，宿存花柱长1.5～2.5 cm。花期4—6月，果期6—10月。生于山坡林中阴湿处或沟边。

图4-6-13-7　单穗升麻（拍摄者：孟世勇）　　　　图4-6-13-8　薄叶铁线莲（拍摄者：孟世勇）

9. 秦岭翠雀花 *Delphinium giraldii* Diels.（图4-6-13-9）

茎直立，叶柄、花序轴和花梗均无毛。叶片五角形，3全裂，中央全裂片菱形，在中部3裂，二回裂片有少数小裂片和卵形粗齿，侧全裂片宽为中央全裂片的2倍，2深裂近基部，两面均有短柔毛；叶柄长约为叶片的1.5倍。总状花序数个组成圆锥花序；花梗斜上展；萼片蓝紫色，外面有短柔毛，距钻形，直或呈镰状向下弯曲；花瓣蓝色；退化雄蕊蓝色，瓣片2裂稍超过中部，腹面有黄色髯毛；雄蕊无毛；心皮3个，无毛。种子倒卵球形，密生波状横翅。花期7—8月。生于海拔2 900～3 900 m的山地林边草坡或丛林中。

10. 铁筷子 *Helleborus thibetanus* Franch.（图4-6-13-10）

多年生植物，上部分枝，基部有2～3片鞘状叶。基生叶1～2片，无毛，有长柄；叶片肾形或五鸡足状，3全裂，中全裂片倒披针形，边缘有密锯齿，侧全裂片具短柄，扇形，不等3全裂。茎生叶近无柄，叶片较基生叶为小。花1～2朵生茎端，在基生叶刚

图4-6-13-9　秦岭翠雀花（拍摄者：孟世勇）　　　　图4-6-13-10　铁筷子（拍摄者：罗春平）

抽出时开放，无毛；萼片初为粉红色，在果期变绿色，椭圆形；花瓣8~10片，淡黄绿色，圆筒状漏斗形，具短柄；花柱与子房近等长。蓇葖果扁。花期4月，果期5月。生于海拔1 100~3 700 m的山地林中或灌丛中。

11. 高原毛茛 *Ranunculus tanguticus*（Maxim.）Ovcz.（图4-6-13-11）

多年生草本，茎多分枝，叶、花梗和萼片生白柔毛。基生叶多数，和下部叶均有生柔毛的长叶柄；三出复叶，小叶片二至三回3全裂或深、中裂，末回裂片披针形至线形。上部叶渐小，3~5全裂，裂片线形。花较多，单生于茎顶和分枝顶端，萼片椭圆形；花瓣5片，倒卵圆形，基部有窄长爪，蜜槽点状；花托圆柱形。聚合果长圆形。花果期6—8月。生于海拔3 000~4 500 m的山坡或沟边沼泽湿地。

12. 黄三七 *Souliea vaginata*（Maxim.）Franch.（图4-6-13-12）

多年生草本，根状茎粗壮。在基部生2~4片膜质的宽鞘，在鞘之上约生2枚叶。叶二至三回3全裂，无毛；叶片三角形，一回裂片具长柄，卵形至卵圆形，中央二回裂片具较长的柄，比侧生的二回裂片稍大，轮廓卵状三角形。总状花序有4~6朵花；花先叶开放，萼片具3脉，花瓣长为萼片的1/3~1/2，具多条脉。蓇葖果宽线形。花期5—6月，果期7—9月。生于海拔2 800~4 000 m的山地林中、林缘或草坡中。

图4-6-13-11　高原毛茛（拍摄者：孟世勇）

图4-6-13-12　黄三七（拍摄者：孟世勇）

13. 西南唐松草 *Thalictrum fargesii* Franch. Ex Finet et Gagnep.（图4-6-13-13）

植株无毛，三至四回三出复叶；小叶草质或纸质，顶生小叶倒卵形，在上部3浅裂，裂片全缘或有1~3个圆齿，脉在背面隆起，脉网明显；叶柄长3.5~5 cm；托叶小，膜质。简单的单歧聚伞花序生分枝顶端；花梗细；萼片4片，白色或带淡紫色，脱落；雄蕊多数，花药狭长圆形；心皮2~5个，花柱直。瘦果纺锤形。花期5—6月。生于海拔1 300~2 400 m的山地林中、草地、陡崖旁或沟边。

14. 矮金莲花 *Trollius farreri* Stapf（图4-6-13-14）

植株无毛。叶3～4枚，全部基生或近基生，叶片五角形，基部心形，3全裂达或几达基部。花单独顶生，萼片黄色，外面常带暗紫色，干时通常不变绿色，5～6片，宽倒卵形，顶端圆形或近截形，宿存，偶尔脱落；花瓣匙状线形，比雄蕊稍短。聚合果，种子椭球形，具4条不明显纵棱，黑褐色，有光泽。花期6—7月，果期8月。生于海拔3 500～4 700 m的山地草坡。

图4-6-13-13　西南唐松草（拍摄者：孟世勇）　　　图4-6-13-14　矮金莲花（拍摄者：孟世勇）

15. 拟耧斗菜 *Paraquilegia microphylla*（Royle）Drumm. et Hutch.（图4-6-13-15）

多年生草本，根状茎近纺锤形。叶常为二回三出复叶，无毛；叶片轮廓三角状卵形，3深裂，每深裂片再2～3细裂，小裂片倒披针形至椭圆状倒披针形，通常宽1.5～2 mm，表面绿色，背面淡绿色；叶柄细长。花葶直立，比叶长；花单生，直径2.8～5 cm；萼片淡紫红色，偶为白色，倒卵形至椭圆状倒卵形；花瓣倒卵形至倒卵状长椭圆形，长约5 mm，顶端微凹，下部浅囊状。蓇葖果直立，连短喙共长11～14 mm；种子狭卵球形，褐色，一侧生狭翅，光滑。花期6—8月，果期8—9月。生于海拔2 700～4 300 m的高山山地石壁或岩石上。

图4-6-13-15　拟耧斗菜（拍摄者：孟世勇）

4.6.14 芍药科Paeoniaceae

1. 川赤芍*Paeonia anomala* subsp. *veitchii*（Lynch）D. Y. Hong & K. Y. Pan（图4-6-14-1）

多年生草本，叶为二回三出复叶，小叶成羽状分裂，裂片披针形，全缘，表面深绿色，沿叶脉疏生短柔毛，背面淡绿色，无毛。花2～4朵，生茎顶端及叶腋，有时仅顶端一朵开放，而叶腋有发育不好的花芽，苞片2～3枚，披针形，大小不等；萼片4片，宽卵形，花瓣6～9片，倒卵形，紫红色，心皮2～5个，密生黄色绒毛。蓇葖密生黄色绒毛。花期5—6月，果期7月。生于海拔2 550～3 700 m的山坡林下草丛中或路旁。

2. 美丽芍药*Paeonia mairei* Lévl.（图4-6-14-2）

多年生草本，叶为二回三出复叶，顶生小叶长圆状卵形，基部楔形，常下延，全缘，两面无毛；侧生小叶长圆状狭卵形，基部偏斜。花单生茎顶，苞片线状披针形，比花瓣长；萼片5片，宽卵形，绿色；花瓣7～9片，红色，倒卵形；心皮通常2～3个，密生黄褐色短毛；花柱短，柱头外弯，干时紫红色。蓇葖生有黄褐色短毛。花期4—5月，果期6—8月。生于海拔1 500～2 700 m的山坡林缘阴湿处。

图4-6-14-1 川赤芍（拍摄者：孟世勇）　　图4-6-14-2 美丽芍药（拍摄者：孟世勇）

4.6.15 茶藨子科Grossulariaceae

宝兴茶藨子*Ribes moupinense* Franch.（图4-6-15-1）

落叶灌木，小枝暗紫褐色，无刺；叶卵圆形，宽与长相似，基部心脏形，常3～5裂，裂片三角状长卵圆形，边缘具不规则的尖锐单锯齿和重锯齿；叶柄长5～10 cm。花两性，总状花序长5～12 cm，下垂，具9～25朵疏松排列的花；花萼绿色而有红晕，外面无毛；花瓣倒三角状扇形，雄蕊几与花瓣等长，着生在与花瓣同一水平面上；花柱短于雄蕊，先端2裂。果实球形，几无梗，黑色，无毛。花期5—6月，果期7—8月。生于海拔1 400～3 100 m的山坡路边杂木林下、岩石坡地或山谷林下。

4.6.16 虎耳草科Saxifragaceae

垫状虎耳草Saxifraga pulvinaria H. Smith（图4-6-16-1）

多年生草本，叶互生，覆瓦状排列，密集呈莲座状，先端急尖而无毛，具1窝孔，边缘（先端除外）具软骨质睫毛；茎生叶3～4片，线状长圆形，先端急尖。花单生于茎顶，萼片在花期直立，肉质肥厚，近三角状卵形，边缘具腺睫毛，3脉于先端汇合；花瓣白色，倒卵形，先端微凹或钝圆，基部渐狭成爪，具5～6脉，无痂体；花盘环状；子房近下位，花柱二叉分裂。花期6—7月。生于海拔3 900～5 200 m的岩石缝隙。

图4-6-15-1　宝兴茶藨子（拍摄者：孟世勇）　　　图4-6-16-1　垫状虎耳草（拍摄者：孟世勇）

4.6.17 景天科Crassulaceae

1. **圆丛红景天**Rhodiola coccinea（Royle）Borissova（图4-6-17-1）

多年生草本，主根长，长达25 cm以上。根颈地上部分分枝，密集丛生，鳞片宽三角形，钝；宿存老茎多数，短而细，叶密集顶端。花茎多数，扇状分布，叶线状披针形，先端急尖，有芒，全缘。花序紧密，花少数；苞片线形，雌雄异株；雄花萼片5片，长圆形；花瓣5片，黄色，近倒卵形，先端有短尖；雄蕊10枚，长为花瓣之半；鳞片5片，四方形，先端有微缺；心皮5个，近直立，椭圆形，花柱极短。蓇葖有种子1～3颗。花期7月，果期8月。生于海拔3 500～4 200 m的石上。

2. **小丛红景天**Rhodiola dumulosa（Franch.）S. H. Fu（图4-6-17-2）

多年生草本，地上部分有残留的老枝。花茎聚生主轴顶端。叶互生，线形至宽线形，先端稍急尖，基部无柄，全缘。花序聚伞状，有4～7朵花；萼片5片，线状披针形；花瓣5片，白或红色，披针状长圆形，有较长的短尖，边缘平直，或多少呈流苏状；雄蕊10枚，较花瓣短；鳞片5片，横长方形，先端微缺；心皮5个，卵状长圆形，直立；种子长圆形。花期6—7月，果期8月。生于海拔1 600～3 900 m的山坡石上。

图4-6-17-1　圆丛红景天（拍摄者：李晟）　　　图4-6-17-2　小丛红景天（拍摄者：孟世勇）

3. 大果红景天 *Rhodiola macrocarpa*（Praeg.）S. H. Fu（图4-6-17-3）

多年生草本，花茎少数，直立，不分枝，上部有微乳头状突起。叶近轮生，无柄，上部的叶线状倒披针形，先端急尖，基部渐狭，边缘有不整齐的锯齿。花序伞房状，雌雄异株；萼片5片，线形；花瓣5片，黄绿色，线形；雄花中雄蕊10枚，黄色；鳞片5片，近正方形，先端有微缺；雄花心皮5个，线状披针形，不育，雌花心皮5个，紫色，长圆状卵形；种子披针状卵形。花期7—9月，果期8—10月。生于海拔2 900～4 000 m的山坡石上。

4. 方腺景天 *Sedum susanneae* Raymond-Hamet（图4-6-17-4）

二年生草本，花茎多分枝自基部。叶互生，叶片线形、披针形，基部有钝距，先端具刺。花序伞房状，花为不等的五基数；萼片线状披针形，基部无距；花瓣长圆状披针形，先端有长突尖头；雄蕊10枚，2轮，鳞片方楔形，长0.4～0.8 mm，先端微凹或钝形；心皮长圆形，直立；种子长圆形。花期8—9月，果期9—10月。生于海拔2 100～3 800 m暴露的岩石上或山谷中。

图4-6-17-3　大果红景天（拍摄者：孟世勇）　　　图4-6-17-4　方腺景天（拍摄者：孟世勇）

4.6.18 豆科 Leguminosae

1. 云南黄耆 *Astragalus yunnanensis* Franch.（图4-6-18-1）

多年生草本，羽状复叶呈莲座状，有17～29片小叶，疏被白色开展的细柔毛；小叶卵圆形，先端钝圆或微凹，基部近圆形，下面沿叶脉和叶缘疏被白色柔毛，小叶柄短。总状花序生10～20朵花，稍密集，下垂，花梗密被黑色柔毛；花萼管状，密被白色和黑色长柔毛，萼齿披针形，长约为萼筒的一半；花瓣黄色，边缘白色。子房狭卵形，密被白色和黑色长柔毛。荚果卵形或长圆状卵形，稍膨胀，密被白色和黑色长柔毛，先端具长而弯曲的喙。种子8～10颗，宽肾形。花期6—8月，果期8—9月。生于横断山地区海拔3 000～4 500 m的高山草甸或山坡灌丛中。

2. 秦岭棘豆 *Oxytropis chinglingensis* C. W. Chang（图4-6-18-2）

多年生草本，茎缩短，铺散，丛生。羽状复叶长约8 cm；托叶与叶柄分离；小叶19～21片，卵形，长6～8 mm，宽3～4.5 mm，先端急尖，基部圆形，两面仅沿中脉被极疏柔毛。6～8朵花组成头形总状花序；花萼钟状，旗瓣与龙骨瓣背面光滑，龙骨瓣喙长0.5 mm；子房斜披针形，密被黑色柔毛，含12胚珠，具短柄。荚果下垂，宽5 mm，先端具弯曲小喙，密被黑色短糙毛，无隔膜，1室。种子圆形，扁，棕色。花期5—7月，果期7—8月。生于秦岭地区海拔3 650 m的山地阳坡草地。

图4-6-18-1 云南黄耆（拍摄者：孟世勇）

图4-6-18-2 秦岭棘豆（拍摄者：孟世勇）

3. 黄花木 *Piptanthus nepalensis*（Hook.）D. Don（图4-6-18-3）

灌木，枝圆柱形，具沟棱，幼时被白色短柔毛。掌状三出复叶，托叶大，两枚合生，小叶椭圆形，两侧不等大，先端渐尖，基部楔形，下面被贴伏短柔毛，边缘具睫毛，侧脉6～8对，近边缘弧曲。总状花序顶生，疏被柔毛，具花3～7轮；萼片密被贴伏长柔毛；萼齿5齿，上方2齿合生，三角形，下方3齿披针形，与萼筒近等长；花冠黄色，旗瓣中央具暗棕色斑纹，瓣片圆形，先端凹缺，基部截形，瓣柄长4 mm，翼瓣稍短，龙骨瓣与旗瓣等长或稍长，子房柄短，密被柔毛。荚果线形，疏被短柔毛，果颈无毛。种子肾形。花期4—7月，果期7—9月。生于横断山、岷山地区1 600～4 000 m的山坡林缘或灌丛。

4. 歪头菜 *Vicia unijuga* A. Br.（图4-6-18-4）

多年生草本，根茎粗壮近木质。茎基部表皮红褐色；叶轴末端为细刺尖头；偶见卷须，托叶戟形或近披针形，边缘有不规则齿蚀状；小叶一对，近菱形，先端渐尖，两面均疏被微柔毛。总状花序单一，稀有分支呈圆锥状复总状花序，明显长于叶；花萼紫色，萼齿明显短于萼筒；花冠蓝紫色、紫红色或淡蓝色，旗瓣倒提琴形，中部缢缩，先端圆有凹，翼瓣先端钝圆，龙骨瓣短于翼瓣，子房线形，无毛。荚果扁长圆形，先端具喙，成熟时腹背开裂，果瓣扭曲。种子3～7颗，扁圆球形。花期6—7月，果期8—9月。生于低海拔至4 000 m的山地、林缘、草地、沟边或灌丛。

图4-6-18-3　黄花木（拍摄者：孟世勇）

图4-6-18-4　歪头菜（拍摄者：孟世勇）

4.6.19　蔷薇科 Rosaceae

1. 龙芽草 *Agrimonia pilosa* Ldb.（图4-6-19-1）

多年生草本，根多呈块茎状，基部常有1至数个地下芽。茎高30～120 cm，疏被柔毛及短柔毛。叶为间断奇数羽状复叶，通常有小叶3～4对，叶柄疏被柔毛或短柔毛；小叶片无柄或有短柄，边缘有急尖到圆钝锯齿，下面通常脉上伏生疏柔毛，有显著腺点；托叶草质，顶端急尖或渐尖，边缘有尖锐锯齿或裂片。花序穗状总状顶生；苞片通常3深裂，裂片带形，小苞片对生；萼片5片，三角卵形；花瓣黄色，长圆形；雄蕊5～15枚；花柱2枚，丝状，柱头头状。果实倒卵圆锥形。花果期5—12月。生于海拔

图4-6-19-1　龙芽草（拍摄者：顾红雅）

100～3 800 m的溪边、路旁、草地、灌丛、林缘或疏林下。

2. 微毛樱桃 *Pruns clarofolia*（Schneid.）Yü et Li（图4-6-19-2）

落叶灌木或小乔木，小枝灰褐色。叶片卵形，长3～6 cm，宽2～4 cm，先端渐尖，基部圆形，边缘单锯齿或重锯齿，齿端有小腺体或不明显，侧脉7～12对；叶柄长0.8～1 cm，托叶披针形，边有腺齿或有羽状分裂腺齿。伞形花序有花2～4朵，花叶同开；总苞片褐色，外面无毛，内面疏被柔毛；苞片绿色近圆形，直径2～5 mm，边有锯齿，齿端有腺体，果时宿存；萼筒钟状，萼片卵状三角形；花瓣白色或粉红色，倒卵形；雄蕊20～30枚；花柱基部有疏柔毛，比雄蕊稍短或稍长，柱头头状。核果红色，长椭圆形。花期4—6月，果期6—7月。生于海拔800～3 600 m的山坡林中或灌丛中。

3. 平枝栒子 *Cotoneaster horizontalis* Dcne.（图4-6-19-3）

落叶或半常绿匍匐灌木，枝水平开张成整齐两列状；小枝圆柱形，幼时外被糙伏毛，老时脱落，黑褐色。叶片近圆形，先端多数急尖，全缘。花1～2朵，近无梗，萼片三角形，先端急尖，外面微具短柔毛，内面边缘有柔毛；花瓣直立，粉红色，倒卵形，先端圆钝；雄蕊约12枚，短于花瓣；花柱常为3枚，离生，短于雄蕊。果实近球形，鲜红色，常具3小核，稀2小核。花期5—6月，果期9—10月。生于海拔2 000～3 500 m的灌木丛中或岩石坡上。

图4-6-19-2　微毛樱桃（拍摄者：孟世勇）

图4-6-19-3　平枝栒子（拍摄者：孟世勇）

4. 甘肃山楂 *Crataegus kansuensis* Wils.（图4-6-19-4）

灌木或乔木，枝刺多。叶片宽卵形，长4～6 cm，宽3～4 cm，先端急尖，基部截形，边缘有尖锐重锯齿和3～7对不规则羽状浅裂片，裂片三角卵形；叶柄细；托叶膜质。伞房花序，具花8～18朵；总花梗和花梗均无毛；花直径8～10 mm，萼筒钟状，萼片三角卵形，约萼筒一半；花瓣近圆形，白色；雄蕊15～20枚；花柱2～3枚，子房顶端被绒毛，柱头头状。果实近球形，红色或橘黄色，萼片宿存；果梗细，长1.5～2 cm；小核2～3个，内面两侧有凹痕。花期5月，果期7—9月。生于海拔1 000～3 000 m的杂木林中、山坡阴处或山沟旁。

5. 野草莓 *Fragaria vesca* L.（图4-6-19-5）

多年生草本，被开展柔毛，稀脱落。3小叶，稀羽状5小叶；小叶片倒卵圆形，长1～5 cm，宽0.6～4 cm，顶端圆钝，边缘具缺刻状锯齿；叶柄长3～20 cm，疏被开展柔毛，稀脱落。花序聚伞状，有花2～5朵，基部具一有柄小叶或为淡绿色钻形苞片，花梗被紧贴柔毛；萼片卵状披针形，顶端尾尖，副萼片窄披针形，花瓣白色，倒卵形，基部具短爪；雄蕊20枚，不等长；雌蕊多数。聚合果卵球形，红色；瘦果卵形，表面脉纹不显著。花期4—6月，果期6—9月。王朗自然保护区内海拔2 000～3 000 m的山坡常见。

图4-6-19-4　甘肃山楂（拍摄者：李晟）　　　图4-6-19-5　野草莓（拍摄者：孟世勇）

6. 柔毛路边青 *Geum japonicum* var. *chinense* F.Bolle（图4-6-19-6）

多年生直立草本，基生叶为大头羽状复叶，通常有小叶1～2对，其余侧生小叶呈附片状，叶柄被粗硬毛及短柔毛；顶生小叶最大，卵形，顶端圆钝，基部宽楔形；下部茎生3小叶，上部茎生单叶，3浅裂；茎生叶托叶草质，绿色，边缘有不规则粗大锯齿。花序疏散，顶生数朵，花梗密被粗硬毛及短柔毛；萼片三角卵形，副萼片狭小，比萼片短1倍多；花瓣黄色，近圆形，比萼片长。聚合果卵球形，瘦果被长硬毛。花果期5—10月。生于海拔200～2 300 m的山坡草地、田边、河边、灌丛或疏林下。

7. 锐齿臭樱 *Maddenia incisoserrata* Yü et Ku（图4-6-19-7）

落叶灌木，多年生枝条紫黑色，当年生小枝红褐色，密被棕褐色柔毛；冬芽长圆形，有数枚覆瓦状排列鳞片，鳞片外面有柔毛，边缘有密腺齿，晚落。叶片卵状长圆形，边缘有缺刻状重锯齿，侧脉10～17对，中脉和侧脉均明显突起；托叶膜质，披针形，长可达1.5 cm，先端渐尖，边缘有腺齿。总状花序，花多数密集；萼片长圆形，全缘，外面有柔毛，内面基部有毛，比萼筒短2～3倍；两性花：雄蕊30～35枚，排成紧密不规则2轮，着生在萼筒口部；雌蕊1枚。核果卵球形，紫黑色，萼片宿存。花期4月，果期6月。生于海拔1 800～2 900 m的山坡、灌丛、山谷密林下或河沟边。

图4-6-19-6　柔毛路边青（拍摄者：孟世勇）

图4-6-19-7　锐齿臭樱（拍摄者：孟世勇）

8. 短梗稠李 *Padus brachypoda*（Batal.）Schneid.（图4-6-19-8）

落叶乔木，树皮黑色；多年生小枝黑褐色，当年生小枝红褐色；叶片长圆形，长6～16 cm，宽3～7 cm，先端渐尖，基部圆形；叶边有贴生锐锯齿，齿尖带短芒，下面在脉腋有髯毛，中脉和侧脉均突起；叶柄长1.5～2.3 cm，无毛，顶端两侧各有1腺体。总状花序具有多花，基部有1～3叶，叶片长圆形；花直径5～7 mm；萼筒钟状，比萼片稍长，萼片三角状卵形，边有带腺细锯齿，萼筒和萼片外面有疏生短柔毛；花瓣白色，倒卵形，中部以上波状，基部楔形有短爪；雄蕊25～27枚，花丝长短不等，排成不规则2轮，着生在花盘边缘；雌蕊1枚，心皮无毛，柱头盘状，花柱比长花丝短。核果球形；萼片脱落，萼筒基部宿存；核光滑。花期4—5月，果期5—10月。生于海拔1 500～2 500 m的山坡灌丛、山谷或山沟林中。

9. 银露梅 *Potentilla glabra* Lodd.（图4-6-19-9）

灌木，树皮纵向剥落，小枝灰褐色。羽状复叶，有小叶2对，上面一对小叶基部下延

图4-6-19-8　短梗稠李（拍摄者：孟世勇）

图4-6-19-9　银露梅（拍摄者：孟世勇）

与轴汇合，小叶片椭圆形，全缘，托叶薄膜质。顶生单花或数朵，花梗细长，疏被柔毛；萼片卵形，副萼片披针形，比萼片短或近等长；花瓣白色，倒卵形，顶端圆钝，在柱头下缢缩，柱头扩大。花果期6—11月。生于海拔1 400~4 200 m的山坡草地、河谷岩石缝中、灌丛或林中。

10. 金露梅 *Potentilla fruticosa* L.（图4-6-19-10）

灌木，高0.5~2 m，多分枝，树皮纵向剥落。小枝红褐色，幼时被长柔毛。羽状复叶，有小叶2对，稀3对，上面一对小叶基部下延与叶轴汇合；叶柄被绢毛或疏柔毛；小叶片长圆形，长0.7~2 cm，宽0.4~1 cm，全缘，边缘平坦。单花或数朵生于枝顶，花梗密被长柔毛或绢毛；花直径2.2~3 cm；萼片卵圆形，副萼片披针形，顶端渐尖至急尖，与萼片近等长；花瓣黄色，宽倒卵形，顶端圆钝，比萼片长；花柱近基生，棒形，基部稍细，顶部缢缩，柱头扩大。瘦果近卵形，褐棕色。花果期6—9月。生于海拔1 000~4 000 m的山坡草地、砾石坡、灌丛或林缘。

图4-6-19-10　金露梅（拍摄者：孟世勇）

11. 红花蔷薇（华西蔷薇）*Rosa moyesii* Hemsl.（图4-6-19-11）

灌木，小枝圆柱形，具直立、扁平而基部稍膨大皮刺。小叶7~13对，小叶片卵形，先端圆钝，基部近圆形，边缘有尖锐单锯齿；托叶宽平，大部贴生于叶柄，离生部分长卵形，边缘有腺齿。花单生或2~3朵簇生；萼片卵形，先端延长成叶状而有羽状浅裂，外面有腺毛，内面被柔毛；花瓣深红色，宽倒卵形，先端微凹不平，基部宽楔形；花柱离生，被柔毛，比雄蕊短。果长圆卵球形，外面有腺毛，萼片直立宿存。花期6—7月，果期8—10月。生于海拔2 700~3 800 m的山坡或灌丛中。

12. 峨眉蔷薇 *Rosa omeiensis* Rolfe（图4-6-19-12）

直立灌木，小枝细弱，具基部膨大皮刺。小叶9~17对，小叶片长圆形，先端急尖，基部圆钝，边缘有锐锯齿；托叶大部贴生于叶柄，顶端离生部分呈三角状卵形。花单生于叶腋，萼片4片，披针形，全缘，先端渐尖或长尾尖；花瓣4片，白色，倒三角状卵形，先端微凹，基部宽楔形；花柱离生，被长柔毛，比雄蕊短很多。果倒卵球形，亮红色，成熟时果梗膨大，萼片直立宿存。花期5—6月，果期7—9月。生于海拔750~4 000 m的山坡、山脚下或灌丛中。

图4-6-19-11　红花蔷薇（华西蔷薇）（拍摄者：孟世勇）　　图4-6-19-12　峨眉蔷薇（拍摄者：孟世勇）

13. 窄叶鲜卑花 Sibiraea angustata (Rehd.) Hand.-Mazz.（图4-6-19-13）

灌木，小枝圆柱形，光滑无毛，黑紫色；叶在当年生枝条上互生，在老枝上通常丛生，叶片窄披针形，全缘，叶柄很短，不具托叶。顶生穗状圆锥花序，总花梗和花梗均密被短柔毛；萼片宽三角形，先端急尖，全缘；花瓣宽倒卵形，先端圆钝，白色；雄花具雄蕊20～25枚，着生在萼筒边缘，花盘环状，肥厚，具10裂片；雄花具3～5枚退化雌蕊，四周密被白色柔毛；雌花具雌蕊5枚，花柱稍偏斜，柱头肥厚，子房光滑无毛。蓇葖果直立，具宿存直立萼片。花期6月，果期8—9月。生于海拔3 000～4 000 m的山坡灌木丛中或山谷砂石滩上。

14. 紫花山莓草 Sibbaldia purpurea Royle（图4-6-19-14）

多年生草本，花茎上升，伏生疏柔毛。基生叶掌状五出复叶，小叶无柄或几无柄，倒卵形，通常有2～3齿，上下两面伏生白色柔毛或绢状长柔毛；基生叶托叶膜质，深棕褐色。单花1朵，腋生；萼片三角状卵形，副萼片披针形，稍短于萼片，外面疏生白毛；花瓣5片，紫色，倒卵长圆形，顶端微凹；花盘显著，紫色，雄蕊5枚，与花瓣互生；花柱侧生。瘦果卵球形，紫褐色，光滑。花果期6—7月。生于海拔4 400～4 700 m的山坡岩石缝中。

图4-6-19-13　窄叶鲜卑花（拍摄者：孟世勇）　　图4-6-19-14　紫花山莓草（拍摄者：孟世勇）

15. 高丛珍珠梅 Sorbaria arborea Schneid.（图4-6-19-15）

落叶灌木，小枝圆柱形，稍有棱角，幼时黄绿色，微被星状毛或柔毛。羽状复叶，小叶片13～17对，对生，披针形，边缘有重锯齿，羽状网脉，侧脉20～25对，下面显著。顶生大型圆锥花序，分枝开展，总花梗与花梗微具星状柔毛；萼片长圆形，稍短于萼筒；花瓣近圆形，白色，雄蕊20～30枚，着生在花盘边缘，约长于花瓣1.5倍；心皮5个。蓇葖果圆柱形，萼片宿存，反折，果梗弯曲，果实下垂。花期6—7月，果期9—10月。生于海拔2 500～3 500 m的山坡林边或山溪沟边。

16. 陕甘花楸 Sorbus koehneana Schneid.（图4-6-19-16）

灌木或小乔木，奇数羽状复叶，小叶片8～12对，长1.5～3 cm，宽0.5～1 cm，先端圆钝或急尖，边缘每侧有尖锐锯齿，叶轴两面微具窄翅。复伞房花序多生在侧生短枝上，具多数花朵，总花梗和花梗有稀疏白色柔毛；萼筒钟状，萼片三角形，先端圆钝，外面无毛，内面微具柔毛；花瓣白色，宽卵形，长4～6 mm，宽3～4 mm；雄蕊20枚，长约为花瓣的1/3；花柱5枚，几与雄蕊等长，基部微具柔毛。果实球形，白色，先端具宿存闭合萼片。花期6月，果期9月。生于海拔2 300～4 000 m的山区杂木林内。

图4-6-19-15 高丛珍珠梅（拍摄者：孟世勇）

图4-6-19-16 陕甘花楸（拍摄者：孟世勇）

17. 蒙古绣线菊 Spiraea mongolica Maxim.（图4-6-19-17）

灌木，小枝细瘦。小枝、叶片及花序均无毛。冬芽被2片棕褐色鳞片。叶片长圆形，长8～20 mm，宽3.5～7 mm，先端圆钝，全缘；叶柄极短。花序着生在去年生小枝的芽上，伞形总状花序具总梗，有花8～15朵；苞片线形，花直径5～7 mm，萼筒近钟状，萼片三角形，花瓣近圆形，先端钝，白色；雄蕊18～25枚，几与花瓣等长；花盘具有10个圆形裂片，子房具短柔

图4-6-19-17 蒙古绣线菊（拍摄者：孟世勇）

毛，花柱短于雄蕊。蓇葖果直立开张，沿腹缝线稍有短柔毛或无毛。花期5—7月，果期7—9月。生于海拔1 600～3 600 m的山坡灌丛、山顶或山谷多石砾地。

4.6.20 鼠李科Rhamnaceae

1. 黄背勾儿茶Berchemia flavescens（Wall.）Brongn.（图4-6-20-1）

藤状灌木，全株无毛；小枝圆柱形，叶互生，纸质，卵圆形，具小突尖，基部圆形，下面干时常变黄色，侧脉每边12～18条，两面凸起。花黄绿色，在侧枝顶端排成窄聚伞圆锥花序，萼片卵状三角形，花瓣倒卵形，稍短于萼片；雄蕊与花瓣等长。核果近圆柱形，成熟时紫红色。花期6—8月，果期翌年5—7月。常生于海拔1 200～4 000 m的山坡灌丛或林下。

2. 云南勾儿茶Berchemia yunnanensis Franch.（图4-6-20-2）

藤状灌木，高2.5～5 m；小枝平展，黄绿色。叶互生，纸质，卵状椭圆形，长2.5～6 cm，宽1.5～3 cm，顶端锐尖，稀钝，具小尖头，基部圆形，两面无毛，上面绿色，下面浅绿色，干时常变黄色，侧脉每边8～12条，两面凸起；叶柄长7～13 mm，无毛；托叶膜质，披针形。花黄色，无毛，通常数个簇生，排成聚伞总状或窄聚伞圆锥花序；花序常生于具叶的侧枝顶端；萼片三角形，顶端锐尖；花瓣倒卵形，顶端钝；雄蕊稍短于花瓣。核果圆柱形，顶端钝而无小尖头，成熟时红色，后黑色。花期6—8月，果期翌年4—5月。常生于海拔1 500～3 900 m的山坡、溪流边灌丛或林中。

图4-6-20-1 黄背勾儿茶（拍摄者：孟世勇）

图4-6-20-2 云南勾儿茶（拍摄者：孟世勇）

4.6.21 荨麻科Urticaceae

宽叶荨麻Urtica laetevirens Maxim.（图4-6-21-1）

多年生草本，茎四棱形，有稀疏的刺毛。叶对生，卵形或披针形，先端渐尖，基部宽楔形，边缘具牙齿状锯齿，两面疏生刺毛和细糙毛，基出脉3条，托叶每节4枚。雌雄同

株，雄花序近穗状，生上部叶腋；雌花序近穗状，生下部叶腋。雄花花被片4片；雌花具短梗。瘦果卵形，多少有疣点；宿存花被片4片，在基部合生。花期6—8月，果期8—9月。

王朗自然保护区常见的荨麻科植物还有透茎冷水花［*Pilea pumila*（L.）A. Gray.］，区别在于透茎冷水花茎半透明状，花序蝎尾状生于几乎每个叶腋。雄花具短梗或无梗，花被片常2片，雄蕊2～4枚。

图4-6-21-1　宽叶荨麻（拍摄者：李晟）

4.6.22　桦木科Betulaceae

白桦*Betula platyphylla* Suk.（图4-6-22-1）

乔木，树皮灰白色，枝条暗灰色，无毛。叶厚纸质，三角状卵形，顶端锐尖，边缘具重锯齿，下面无毛，密生腺点，侧脉5～8对；果序单生，果苞中裂片三角状卵形。小坚果狭矩圆形，背面疏被短柔毛，膜质翅较果长1/3。生于海拔400～4 100 m的山坡或林中，适应性大，尤喜湿润土壤，为次生林的先锋树种。

王朗自然保护区还有红桦（*B. albosinensis* Burk.），区别在于红桦树皮淡红褐色或紫红色，有光泽和白粉，呈薄层状剥落；叶卵形，侧脉10～14对；雄花序圆柱形，无梗；苞鳞紫红色，仅边缘具纤毛。小坚果卵形，膜质翅宽及果的1/2。

图4-6-22-1　白桦（拍摄者：孟世勇）

4.6.23　卫矛科Celastraceae

1. 纤齿卫矛*Euonymus giraldii* Loes.（图4-6-23-1）

灌木，枝或上升，高1～3 m。叶对生，纸质，卵形，长3～7 cm，宽2～3 cm，先端渐尖，基部阔楔形至近圆形，边缘具细密浅锯齿，脉网细密而明显；叶柄长3～5 mm。聚伞花序3～5分枝，小花梗长1～2 cm；花4数，淡绿色，有时稍带紫色，花瓣近圆形；雄蕊花丝长1 mm以下；花盘扁厚；子房有短花柱。蒴果长方扁圆状，有4翅。种子椭圆卵状。花期5—9月，果期8—11月。生于海拔1 000～2 300 m的山坡林中或路旁。

2. 突隔梅花草 *Parnassia delavayi* Franch.（图4-6-23-2）

多年生草本，基生叶3~7片，具长柄，叶片圆肾形，带突起圆头，基部深心形，全缘，有突起5~9条脉。茎1根，中部具1片茎生叶，与基生叶同形。花单生于茎顶，萼筒倒圆锥形，全缘，通常3~7条脉，有明显密集褐色小点；花瓣白色，长圆倒卵形，先端圆钝，基部渐窄成爪状，上半部1/3有短而疏流苏状毛，通常有5条紫褐色脉，并密被紫褐色小点；雄蕊5枚，花丝长短不等，花药椭圆形，顶生，药隔连合伸长，呈匕首状，子房上位，柱头3裂，裂片倒卵形，花后反折。蒴果3裂。花期7—8月，果期9月开始。生于海拔1 800~3 800 m的溪边疏林、冷杉林、杂木林、草滩湿处或碎石坡上。

图4-6-23-1　纤齿卫矛（拍摄者：孟世勇）

图4-6-23-2　突隔梅花草（拍摄者：孟世勇）

3. 鸡肫梅花草 *Parnassia wightiana* Wall. ex Wight et Arn.（图4-6-23-3）

多年生草本，基生叶2~4片，具长柄；叶片宽心形，全缘，向外反卷，上面深绿色，下面淡绿色，有7~9条脉；叶柄扁平，两侧膜质，并有褐色小条点；茎2~7根，近中部或偏上具单片茎生叶，与基生叶同形，边缘薄而形成一圈膜质，基部具多数长约1 mm铁锈色的附属物，有时结合成小片状膜，无柄半抱茎。花单生于茎顶，萼片卵状披针形或卵形，边全缘，主脉明显，密被紫褐色小点；花瓣白色，基部爪状，边缘上半部波状或齿状，下半部（除去爪）具长流苏状毛；雄蕊5枚，花丝扁平，退化雄蕊5枚，5浅裂至中裂；子房倒卵球形，花后反折。蒴果倒卵球形。花期7—8月，果期9月开始。生于海拔600~2 000 m的山谷疏林下、山坡杂草中、沟边或路边。

图4-6-23-3　鸡肫梅花草（拍摄者：孟世勇）

4.6.24 酢浆草科 Oxalidaceae

白花酢浆草 *Oxalis acetosella* L.（图4-6-24-1）

多年生草本，叶基生，叶柄长3～15 cm，近基部具关节；小叶3片，倒心形，先端凹陷，两侧角钝圆，基部楔形。单花，与叶柄近等长或更长，苞片2枚，对生，卵形；萼片5片，卵状披针形，宿存；花瓣5片，白色或稀粉红色，倒心形，长为萼片的1～2倍，先端凹陷，基部狭楔形，具白色或带紫红色脉纹；雄蕊10枚，长、短互间，花丝纤细，基部合生；子房5室，花柱5枚，细长，柱头头状。蒴果卵球形。花期7—8月，果期8—9月。生于海拔800～3 400 m的针阔混交林和灌丛中。

图4-6-24-1　白花酢浆草（拍摄者：李晟）

4.6.25 金丝桃科 Hypericaceae

黄海棠 *Hypericum ascyron* L.（图4-6-25-1）

多年生草本，茎直立，单一或数茎丛生，茎4棱。叶无柄，叶片长圆形，基部楔形或心形而抱茎，全缘。花序顶生，花金黄色，花瓣倒披针形，宿存。雄蕊极多数，分5束，每束有雄蕊约30枚，花药金黄色，具松脂状腺点。子房宽卵珠形；花柱5枚。蒴果棕褐色，成熟5裂。种子棕色，圆柱形。花期7—8月，果期8—9月。

4.6.26 堇菜科 Vilaceae

1. 圆叶小堇菜 *Viola biflora* var. *rockiana*（W. Becker）Y. S. Chen（图4-6-26-1）

多年生小草本，茎细弱，基生叶叶片较厚，圆形或近肾形，基部心形，有较长叶柄；

图4-6-25-1　黄海棠（拍摄者：孟世勇）

图4-6-26-1　圆叶小堇菜（拍摄者：顾红雅）

茎生叶少数，有时仅2片，叶片圆形或卵圆形，近全缘。花黄色，有紫色条纹，花梗较叶长，细弱，在上部有2枚小苞片；萼片狭条形，基部附属物极短，边缘膜质；上方及侧方花瓣倒卵形，距浅囊状，下方雄蕊之距短而宽呈钝三角形；子房近球形，花柱上部2裂。闭锁花生于茎上部叶腋，花梗较叶短，结实。蒴果卵圆形。花期6—7月，果期7—8月。生于海拔2 500～4 300 m的高山、亚高山地带的草坡、林下或灌丛中。

4.6.27　杨柳科Salicaceae

青杨Populus cathayana Rehd.（图4-6-27-1）

乔木，树皮光滑，灰绿色，老时暗灰色，沟裂。枝圆柱形，无毛。叶卵形，长5～10 cm，宽3.5～7 cm，基部圆形，边缘具腺圆锯齿，上面亮绿色，下面绿白色，叶柄圆柱形。雄花序，雄蕊30～35枚，苞片条裂；雌花柱头2～4裂。蒴果卵圆形，3～4瓣裂，稀2瓣裂。花期3—5月，果期5—7月。生于海拔800～3 000 m的沟谷、河岸或阴坡山麓。王朗自然保护区还有相近种冬瓜杨（P. purdomii Rehd.）和川杨（P. szechuanica Schneid.），区别在于冬瓜杨叶较长（短枝叶长7～14 cm，萌枝叶长25 cm），叶脉具疏柔毛，锯齿先端具短尖头，果多2～3裂；川杨枝条粗壮，幼时紫色，老则变为黄褐色，芽紫色，幼叶红色，萌枝叶卵状长圆形至卵状披针形，长10～20 cm，有时达20 cm以上，宽6～11 cm，短枝叶基部较宽圆。

图4-6-27-1　青杨（拍摄者：孟世勇）

4.6.28　大戟科Euphorbiaceae

钩腺大戟Euphorbia sieboldiana Morr. et Decne.（图4-6-28-1）

多年生草本，根状茎细长。叶互生，椭圆形、倒卵状披针形、长椭圆形，变异较大，长2～5 cm，宽0.5～1.5 cm，全缘；侧脉羽状；叶柄极短或无；总苞叶3～5枚，椭圆形或卵状椭圆形，先端钝尖，基部近平截；伞幅3～5，苞叶2枚，常呈肾状圆形。花序单生于二歧分枝的顶端，基部无柄；总苞杯状，边缘4裂，裂片三角形或卵状三角形，腺体4个，新月形，两端具角，角尖钝或长刺芒状。雄花多数，伸出总苞之外；雌花1枚，子房柄伸出总苞边缘；子房光滑无毛；花柱3枚，分离；柱头2裂。蒴果三棱状球状，成熟时分裂为3个分果爿；花柱宿存，且易脱落。种子近长球状，具不明显的纹饰；种阜无柄。花果期4—9月。生于田间、林缘、灌丛、林下、山坡、草地，生境较杂。

4.6.29 柳叶菜科Onagraceae

高山露珠草*Circaea alpina* L.（图4-6-29-1）

植株高4～25 cm，茎无毛或微被毛。叶半透明，狭卵形至阔三角形，基部截形或更常见为心形，边缘具尖牙齿至锯齿。花序被密的或稀疏的腺毛，单花序或基部具1～2个（稀多个）侧生的总状花序；花梗呈上升状或直立，基部具一刚毛状小苞片。萼片卵形、阔卵形或矩圆状椭圆形，先端圆形或微呈乳突状；花瓣白色或粉红色，倒三角形至倒卵形。果实上之钩状毛不含色素，偶尔具紫红色素。花期6—10月，果期7—10月。生于海拔3 100～5 000 m的高山潮湿灌丛、针叶林或高山草甸。

图4-6-28-1 钩腺大戟（拍摄者：李晟）

图4-6-29-1 高山露珠草（拍摄者：孟世勇）

4.6.30 牻牛儿苗科Geraniaceae

甘青老鹳草*Geranium pylzowianum* Maxim.（图4-6-30-1）

多年生草本，根茎细长，横生，节部常念珠状膨大。地上茎直立，叶互生，肾圆形，掌状5～7深裂至基部，裂片倒卵形，1～2次羽状深裂，小裂片矩圆形或宽条形，先端急尖。二歧聚伞花序腋生和顶生，每梗具2花或4花；萼片披针形；花瓣紫红色，倒卵圆形，长为萼片的2倍，先端截平；雄蕊与萼片近等长。蒴果。花期7—8月，果期9—10月。生于海拔2 500～5 000 m的山地针叶林缘、草地、亚高山或高山草甸。

图4-6-30-1 甘青老鹳草（拍摄者：孟世勇）

4.6.31 无患子科 Sapindaceae

长尾槭 *Acer caudatum* Wall.（图4-6-31-1）

落叶乔木，小枝粗壮，当年生枝紫色，多年生枝灰色，具椭圆形皮孔。叶对生，薄纸质，基部心形，常5裂，稀7裂；裂片三角卵形，先端尾状锐尖，边缘有锐尖的重锯齿，侧脉10～11对。总状圆锥花序花顶生，密被黄色长柔毛；花杂性，雄花与两性花同株；萼片5片，黄绿色，卵状披针形；花瓣5片，淡黄色，线状长圆形；雄蕊8枚，子房密被黄色绒毛，在雄花中不发育，花柱2裂，柱头平展。翅果淡黄褐色，常成直立总状果序；小坚果张开成锐角。花期5月，果期9月。生于海拔3 000～4 000 m的山谷松杉林下疏林中。

图4-6-31-1　长尾槭（拍摄者：孟世勇）

4.6.32 瑞香科 Thymelaeaceae

凹叶瑞香 *Daphne retusa* Hemsl.（图4-6-32-1）

常绿灌木，分枝密而短，稍肉质，当年生枝灰褐色，密被黄褐色糙伏毛。叶互生，常簇生于小枝顶部，革质或纸质，长圆形，先端钝圆形，尖头凹下，全缘，侧脉在两面不明显。花外面紫红色，内面粉红色，芳香，数花组成头状花序，顶生；萼片4片，宽卵形，几与花萼筒等长或更长，甚开展，脉纹显著；雄蕊8枚，2轮，花盘环状，子房瓶状或柱状，花柱极短，柱头密被黄褐色短绒毛。果实浆果状，近圆球形，成熟后红色。花期4—5月，果期6—7月。生于海拔3 000～3 900 m的高山草坡或灌木林下。王朗自然保护区常见还有唐古特瑞香（*D. tangutica* Maxim.），区别在于后者叶长圆状披针形，花内面白色。

图4-6-32-1　凹叶瑞香（拍摄者：李晟）

4.6.33 十字花科 Cruciferae

1. 弹裂碎米荠 *Cardamine impartiens* L.（图4-6-33-1）

二年或一年生草木，茎直立，基生小叶2～8对，有1对耳状托叶；顶生小叶卵形，边缘有不整齐钝齿状浅裂，基部楔形，小叶柄显著，侧生小叶与顶生的相似，自上而下渐小；总状花序顶生和腋生，花多数，形小；萼片长椭圆形；花瓣白色，狭长椭圆形。长角果狭条形而扁，成熟时自下而上弹性开裂；种子椭圆形。花期4—6月，果期5—7月。生于海拔150～3 500 m的路旁、山坡、沟谷、水边或阴湿地。

2. 紫花碎米荠 *Cardamine tangutorum*（O. E. Schulz）Al～Shehbaz et al.（图4-6-33-2）

多年生草本，基生叶有长叶柄；小叶3～5对，顶生小叶与侧生小叶的形态和大小相似，长椭圆形，边缘具钝齿，两面与边缘有少数短毛；茎生叶通常只有3片，与基生的相似，但较狭小。总状花序；外轮萼片长圆形，内轮萼片长椭圆形，基部囊状，边缘白色膜质，外面带紫红色，有少数柔毛；花瓣紫红色或淡紫色，倒卵状楔形，顶端截形，基部渐狭成爪。长角果线形，扁平。种子长椭圆。花期5—7月，果期6—8月。生于海拔2 100～4 400 m的高山山沟、草地或林下阴湿处。

图4-6-33-1　弹裂碎米荠（拍摄者：孟世勇）

图4-6-33-2　紫花碎米荠（拍摄者：孟世勇）

3. 毛葶苈 *Draba eriopoda* Turcz（图4-6-33-3）

越冬二年生草本，茎直立，密被单毛、叉状毛或星状毛。基生叶莲座状，全缘；茎生叶较多，下部的叶呈长卵形，上部的叶呈卵形，顶端渐尖，基部宽，两缘各有1～4锯齿，无柄或近于抱茎。总状花序；萼片椭圆形，顶端钝，背面有毛；花瓣金黄色，倒卵形，顶端微凹，基部爪短缩；雄蕊，花药卵形；雌蕊卵形，无毛，柱头小，花柱不发育。短角果卵形或长卵形，果瓣薄；果梗与果序轴成近于直角开展。种子卵形，褐色。花果期7—8月。生于海拔1 990～4 300 m的山坡、阴湿山坡或河谷草滩。

4. 山萮菜 *Eutrema yunnanense* Franch.（图4-6-33-4）

多年生草本，基生叶具长柄，叶片近圆形，基部深心形，边缘具波状齿或牙齿；茎生叶叶柄向上渐短，叶片向上渐小，长卵形或卵状三角形，顶端渐尖，基部浅心形，边缘具波状齿或锯齿。花序密集呈伞房状；萼片卵形；花瓣白色，长圆形，顶端钝圆，有短爪。角果长圆筒状，角果常翘起，花柱宿存。种子长圆形。花期3—4月。生于海拔1 000～3 500 m的林下、山坡草丛、沟边或水中。

图4-6-33-3　毛葶苈（拍摄者：李晟）

图4-6-33-4　山萮菜（拍摄者：李晟）

5. 蚓果芥 *Neotorularia humilis*（C. A. Meyer）Hedge & J. Léonard（图4-6-33-5）

多年生草本，被二叉毛，并杂有三叉毛。基生叶窄卵形，早枯；下部的茎生叶变化较大，叶片宽匙形至窄长卵形，近无柄，全缘，或具2～3对明显或不明显的钝齿；花序呈紧密伞房状，果期伸长；萼片长圆形；花瓣倒卵形，白色，顶端近截形或微缺，基部渐窄成爪；子房有毛。长角果筒状，长8～30 mm，略呈念珠状，两端渐细，直或略曲，或作"之"字形弯曲；花柱短，柱头2浅裂；果瓣被2叉毛，种子长圆形，长约1 mm，橘红色。花期4—6月。生于海拔1 000～4 200 m的林下、河滩或草地。

6. 菥蓂 *Thlaspi arvense* L.（图4-6-33-6）

一年生草本，茎直立，具棱。基生叶倒卵状长圆形，基部抱茎，两侧箭形，边缘具疏齿；叶柄长1～3 cm。总状花序顶生；花白色，萼片直立，卵形，顶端圆钝；花瓣长圆状倒卵形，顶端圆钝或微凹。短角果近圆形，扁平，顶端凹入，边缘有翅。种子每室2～8颗，倒卵形。花期3—4月，果期5—6月。生于平地路旁、沟边或村落附近。

图4-6-33-5　蚓果芥（拍摄者：李晟）　　　　图4-6-33-6　菥蓂（拍摄者：孟世勇）

4.6.34　檀香科Santalaceae

百蕊草*Thesium chinense* Turcz.（图4-6-34-1）

多年生柔弱草本，全株多少被白粉，无毛；茎细长，簇生，基部以上疏分枝，斜升，有纵沟。叶线形，具单脉。花单一，5数，腋生；花梗短，苞片1枚，线状披针形；小苞片2枚，线形，花被绿白色，花被裂片，顶端锐尖；雄蕊不外伸；子房无柄，花柱很短。坚果椭圆状或淡绿色，表面有明显、隆起的网脉；顶端的宿存花被近球形，比果梗短。花期4—5月，果期6—7月。相近种急折百蕊草（*Thesium refractum* C. A. Mey.），子房柄很短，坚果表面有5~10条不很明显的纵脉；宿存花被比果柄长，果熟时反折。花期7月，果期9月。

4.6.35　柽柳科Tamaricaceae

宽苞水柏枝*Myricaria bracteata* Royle（图4-6-35-1）

灌木，多年生枝红棕色，有光泽和条纹。叶密生于当年生绿色小枝上，卵形，长2~7 mm，宽0.5~2 mm。总状花序顶生于当年生枝条上，密集呈穗状；萼片披针形，长约4 mm，宽1~2 mm，先端钝或锐尖，常内弯，具宽膜质边；花瓣粉红色，倒卵形，基部狭缩，具脉纹，果时宿存；雄蕊略短于花瓣，子房圆锥形，柱头头状。蒴果狭圆锥形。种子狭长圆形，顶端芒柱一半以上被白色长柔毛。花期6—7月，果期8—9月。生于海拔1 100~3 300 m的河谷砂砾质河滩、湖边砂地或山前冲积扇砂砾质戈壁上。

图4-6-34-1　百蕊草（拍摄者：孟世勇）

图4-6-35-1　宽苞水柏枝（拍摄者：孟世勇）

4.6.36　蓼科Polygonaceae

1. 珠芽蓼*Polygonum viviparum* L.（图4-6-36-1）

多年生草本，茎直立，不分枝。基生叶长圆形或卵状披针形，基部圆形，两面无毛，具长叶柄；茎生叶较小披针形，近无柄；托叶偏斜，开裂，无缘毛。总状花序呈穗状，顶生，紧密，下部生珠芽，花被5深裂，白色或淡红色。花被片椭圆形，雄蕊8枚，花柱3枚。瘦果卵形，具3棱。花期5—7月，果期7—9月。王朗自然保护区常见的还有头花蓼（*P. capitatum* Buch.-Ham. ex D. Don）和尼泊尔蓼（*P. nepalense* Meisn.）。它们的区别在于头花蓼叶卵形，边缘具腺毛，两面疏生腺毛，叶柄基部有时具叶耳；花序头状，单生或成对，顶生。尼泊尔蓼叶卵形，基部沿叶柄下延成翅，两面无毛或疏被刺毛，疏生黄色透明腺点；花序头状，顶生或腋生，花被通常4裂，淡紫红色或白色；雄蕊5～6枚，花柱2枚，柱头头状。

2. 齿果酸模*Rumex dentatus* L.（图4-6-36-2）

一年生草本，高30～70 cm。叶长圆形，边缘浅波状；花序总状，顶生和腋生，由数个再组成圆锥状花序，多花，轮状排列，花轮间断；花梗中下部具关节；外花被片椭圆形，内花被片果时增大，三角状卵形，基部近圆形，网纹明显，全部具小瘤，边缘每侧具2～4个刺状齿。花期5—6月，果期6—7月。生于华北、西北、华东、华中、四川、贵州及云南等地海拔30～2 500 m的沟边湿地、山坡路旁。

王朗自然保护区常见还有尼泊尔酸模（*R. nepalensis* Spreng.），区别在于尼泊尔酸模是多年生草本，叶长圆状卵形，边缘全缘。内花被片边缘每侧具7～8个刺状齿，顶端成钩状，一部或全部具小瘤。

图4-6-36-1　珠芽蓼（拍摄者：孟世勇）　　　图4-6-36-2　齿果酸模（拍摄者：孟世勇）

4.6.37　石竹科Caryophyllaceae

1. 缘毛卷耳*Cerastium furcatum* Cham. et Schlecht.（图4-6-37-1）

多年生草本，全株被柔毛。叶对生，卵状披针形。聚伞花序；萼片5片，长圆状披针形；花瓣5片，白色，倒心形，长于花萼0.5～1倍，顶端2浅裂，基部被缘毛；雄蕊10枚，中下部疏被长柔毛；花柱5枚，线形。蒴果长圆形，比宿存萼长1倍。种子扁圆形，褐色，具细条形疣状凸起。花期5—8月，果期8—9月。生于海拔2 300～3 350 m（云南在3 300～3 800 m）的高山林缘或草甸。

2. 沼生繁缕*Stellaria palustris* Retzius（图4-6-37-2）

多年生草本，全株无毛，沿茎棱、叶缘和中脉背面粗糙，均具小乳凸。茎丛生，直立，具四棱。叶对生，线形，边缘基部具短缘毛，无柄，两面无毛，中脉明显。二歧聚伞花序；苞片边缘白色，膜质；萼片卵状披针形，边缘膜质，下面3脉明显；花瓣白色，2深裂达近基部，与萼片近等长，裂片近线形；雄蕊10枚，稍短于萼片；花柱3枚，丝状。

图4-6-37-1　缘毛卷耳（拍摄者：孟世勇）　　　图4-6-37-2　沼生繁缕（拍摄者：李晟）

蒴果长圆形。花期6—7月，果期7—8月。生于海拔1 000~3 600 m的山坡草地或山谷疏林地，喜湿润。王朗自然保护区常见的还有腺毛繁缕（*S. nemorum* L.），区别在于腺毛繁缕全株被稀疏腺毛，叶长卵形，具柄，基部心形，全缘，两面疏被柔毛；上部叶较小，具短柄、无柄至半抱茎。

4.6.38 绣球科Hydrangeaceae

1. 长叶溲疏*Deutzia longifolia* var. *pingwuensis* S. M. Hwang（图4-6-38-1）

灌木，老枝圆柱形，褐色，无毛，表皮常片状脱落；叶对生，披针形，边缘具细锯齿，下面灰白色，密被8~12辐线星状毛，侧脉每边4~6条。聚伞花序，具花9~20朵；花蕾椭圆形；萼筒杯状，密被灰白色12~14辐线星状毛；花瓣紫红色或粉红色，椭圆形，外面疏被星状毛，花蕾时内向镊合状排列；外轮雄蕊长5~9 mm，花丝先端2齿，齿长达花药或超过；花药长圆形，具短柄；内轮雄蕊长4~7 mm，先端钝或具2~3不等浅裂；花柱3~6枚，与雄蕊近等长。蒴果近球形，褐色，具宿存萼裂片外弯。花期6~8月，果期9~11月。生于海拔1 800~3 200 m的山坡林下灌丛中。

2. 挂苦绣球*Hydrangea xanthoneura* Diels（图4-6-38-2）

灌木至小乔木，当年生小枝黑褐色，二年生小枝色较淡，常具明显的浅色皮孔。叶对生，纸质至厚纸质，椭圆形，先端短渐尖，边缘有密而锐尖的锯齿，下面脉上被稍密的灰白色短柔毛，脉腋间常有髯毛；侧脉7~8对，叶柄紫红色。伞房状聚伞花序顶生，分枝3，中间1枝常较粗长，被短糙伏毛；不育花萼4片，偶有5片，淡黄绿色，广椭圆形至近圆形；可育花萼筒浅杯状，萼齿三角形；花瓣白色或淡绿色，长卵形；雄蕊10~13枚，不等长，短的约等于花瓣；子房半下位，花柱3~4枚。蒴果卵球形。种子褐色。花期7月，果期9—10月。生于海拔1 600~2 900m的山腰密林、疏林或山顶灌丛中。

图4-6-38-1　长叶溲疏（拍摄者：孟世勇）　　图4-6-38-2　挂苦绣球（拍摄者：孟世勇）

3. 云南山梅花 Philadelphus delavayi L. Henry（图4-6-38-3）

图4-6-38-3　云南山梅花（拍摄者：孟世勇）

灌木，二年生小枝灰棕色，当年生小枝紫褐色，常具白粉。叶对生，长圆状披针形，边缘具细锯齿，上面被糙伏毛，叶脉基出3～5条。总状花序有花5～21朵；花萼紫红色，常具白粉；裂片卵形，先端急尖；花冠盘状，花瓣4片，白色，近圆形，边缘稍波状；雄蕊30～35枚。蒴果倒卵形。种子具稍长尾。花期6—8月，果期9—11月。生于海拔700～3 800 m的林中或林缘。

4.6.39　花荵科 Polemoniaceae

中华花荵 Polemonium chinense（Brand）Brand（图4-6-39-1）

多年生草本，茎直立，羽状复叶互生，小叶互生，11～21片，长卵形，顶端锐尖，全缘，无小叶柄。聚伞圆锥花序顶生或上部叶腋生，疏生多花；花萼钟状，被短的或疏长腺毛，裂片长卵形；花冠紫蓝色，钟状，裂片倒卵形；雄蕊着生于花冠筒基部之上，通常与花冠近等长，花丝基部簇生黄白色柔毛。蒴果卵形。生于海拔1 000～3 700 m的山坡草丛、山谷疏林下、山坡路边灌丛或溪流附近湿处。和花荵（P. caeruleum L.）不同的是，圆锥花序疏散；花通常较小，花冠长约1 cm，有时长达1.5 cm；花柱和雄蕊伸出花冠外。

图4-6-39-1　中华花荵（拍摄者：孟世勇）

4.6.40　报春花科 Primulaceae

1. 高原点地梅 Androsace zambalensis（Petitm.）Hand.-Mazz.（图4-6-40-1）

多年生草本，植株由多数根出条和莲座状叶丛形成密丛或垫状体。莲座状叶丛直径6～8 mm；叶近两型，外层叶长圆形，早枯，两面被短硬毛；内层叶狭舌形，毛被同外层叶，但较密。花葶单生，伞形花序有2～5朵花；苞片倒卵状长圆形；花梗短于苞片，长2～4 mm，被柔毛；花萼阔钟形或杯状，密被柔毛，分裂近达中部，裂片卵状三角形，先端稍钝；花冠白色，喉部周围粉红色，裂片阔倒卵形或楔状倒卵形，全缘或先端微凹。花期6—7月。生于海拔3 600～5 000 m湿润的砾石草甸和流石滩上。

2. 假报春 Cortusa matthioli L.（图4-6-40-2）

多年生草本，株高20～25 cm，有时高达40 cm。叶基生，轮廓近圆形，基部深心形，边缘掌状浅裂，裂深不超过叶片的1/4，边缘具不整齐的钝圆或稍锐尖牙齿；叶柄长为叶片的2～3倍，被柔毛。花葶直立，通常高出叶丛1倍；伞形花序有5～10朵花；苞片狭楔形，顶端有缺刻状深齿；花梗纤细，不等长；花冠漏斗状钟形，紫红色，长8～10 cm，分裂略超过中部，裂片长圆形，先端钝；雄蕊着生于花冠基部，花药纵裂，先端具小尖头；花柱伸出花冠外。蒴果圆筒形，长于宿存花萼。花期5—7月，果期7—8月。生于华北地区云杉、落叶松林下腐殖质较多的阴处。

图4-6-40-1　高原点地梅（拍摄者：孟世勇）

图4-6-40-2　假报春（拍摄者：李晟）

3. 独花报春 Omphalogramma vinciflorum（Franchet）Franchet（图4-6-40-3）

根状茎粗短，具多数长根。叶与花葶同时自根茎抽出，叶片矩圆形，长3～14 cm，宽1～4 cm，先端钝圆，全缘或具极不明显的小圆齿，两面均被多细胞柔毛，侧脉纤细，4～6对；叶柄具翅。花葶高8～35 cm，花萼长5～10 mm，外面被褐色柔毛，分裂近达基部，裂片6～8片，披针形至线状披针形，先端稍钝；花冠深紫蓝色，高脚碟状，冠筒管状，长2.3～3 cm，外面被褐色腺毛；冠檐直径3～5 cm，裂片6～8片，形状和大小多变异，通常为倒卵形或倒卵状椭圆形，顶端具浅或深凹缺；雄蕊着生于冠筒的中上部；子房和花柱均无毛，柱头高达冠筒口。蒴果长约2 cm。花期5—6月。生于海拔2 200～4 600 m的高山草地或灌丛中。

4. 甘南报春 Primula erratica W. W. Smith（图4-6-40-4）

多年生草本，根状茎粗短，具多数须根。叶丛高2～4.5 cm，基部有少数阔卵形鳞片；叶片倒披针形或狭倒卵形，长1.5～4 cm，宽0.5～1 cm，边缘具三角形锐尖牙齿，上面无粉，下面具粉质腺体或有时散布少量白粉；叶柄不明显或极短。花葶高3～10 cm，稍纤细，直立或稍弯曲，顶端具粉质腺体或微被白粉；伞形花序有1～8朵花；苞片卵形至披针形，长1.5～2 mm，直立；花萼狭钟状，分裂约达中部，裂片披针形，先端锐尖或稍钝；花冠紫红色，喉部具环状附属物，裂片倒卵形，先端具深凹缺；花柱长1.5～5 mm。蒴果近球形，短于花萼。花期7月。生于岷江地区海拔200～3 000 m的山坡草地。

图4-6-40-3　独花报春（拍摄者：孟世勇）　　图4-6-40-4　甘南报春（拍摄者：孟世勇）

5. 雅江报春Primula munroi subsp. yargongensis（Petitm.）D.G.Long（图4-6-40-5）

多年生草本，全株无粉。叶丛基部无越年枯叶；叶片卵形，全缘或具不明显的稀疏小牙齿，鲜时带肉质，两面散布有小腺体。伞形花序有2～6朵花，苞片卵状披针形，基部下延成垂耳状附属物；花萼狭钟状，明显具5棱，绿色，常有紫色小腺点；花冠蓝紫色或紫红色，冠筒长于花萼通常不足一倍，冠筒口周围黄色，喉部具环状附属物，裂片倒卵形，先端深2裂；长花柱花，花柱微伸出筒口；短花柱花，花柱微短于花萼。蒴果长圆体状，稍短于花萼。花期6—7月。生于横断山地区海拔3 200～3 800 m的山坡湿草地、沼泽地、水沟边或林间空地。

6. 圆瓣黄花报春Primula orbicularis Hemsl.（图4-6-40-6）

多年生草本，叶丛基部由鳞片、叶柄包叠成假茎状。叶丛生，外轮少数叶片椭圆形，向内渐变成矩圆状披针形，长5～15 cm，宽1.5～3 cm，边缘常极窄外卷，近全缘或具细齿，下面初被乳白色粉，老时无粉；叶柄具宽翅，开花时基部互相包叠，与叶片近等长。花葶高10～50 cm，近顶端被乳黄色粉；伞形花序1轮，极少有2轮，具4朵至多朵花；花梗被淡黄色粉；花萼外面被小腺体，内面密被淡黄色粉；花冠鲜黄色，稀乳黄色或白色，喉部具环状附属物，裂片近圆形至矩圆形，全缘。蒴果筒状。花期6—7月，果期7—8月。生于岷江地区海拔3 100～4 450 m的高山草地、草甸或溪边。

7. 多脉报春Primula polyneura Franch.（图4-6-40-7）

多年生草本，根状茎短，向下发出多数纤维状须根。叶近圆形，边缘掌状7～11裂，深达叶片半径的1/4～1/2，边缘具浅裂状粗齿，稀近全缘，两面被毛，侧脉3～6对，最下方的1对基出；叶柄长5~20 cm，被密毛或疏毛。花葶高10~50 cm，被多细胞柔毛；伞形花序1~2轮，每轮3~12朵花；花萼管状，长5~12 mm，绿色或略带紫色，外面被毛，具明显的3~5纵脉；花冠粉红色或深玫瑰红色，冠筒口周围黄绿色至橙黄色，外面多少被毛，裂片阔倒卵形，先端具深凹缺。蒴果长圆体状，约与花萼等长。花期5—6月，果期7—8月。生于海拔2 000~4 000 m的林缘或潮湿沟谷边。

8. 甘青报春 *Primula tangutica* Duthie （图4-6-40-8）

多年生草本，全株无粉。叶丛基部无鳞片；叶椭圆形，边缘具小牙齿，稀近全缘，两面均有褐色小腺点；叶柄不明显或长达叶片的1/2。花葶高20~60 cm；伞形花序1~3轮，每轮5~9朵花；苞片线状披针形；花萼筒状，分裂达全长的1/3或1/2，裂片三角形或披针形，边缘具小缘毛；花冠朱红色，裂片线形，向外反折；长花柱花，冠筒与花萼近等长，雄蕊着生处距冠筒基部约2.5 mm；短花柱花，冠筒长于花萼约0.5倍，雄蕊着生处约与花萼等高。蒴果筒状，长于宿存花萼3~5 mm。花期6—7月，果期8月。生于岷江地区海拔3 300~4 700 m的阳坡草地或灌丛下。本种有黄色花冠的变种黄甘青报春（*P. tangutica* var. *flavescens* Chen et C. M. Hu）。

图4-6-40-5 雅江报春（拍摄者：孟世勇）

图4-6-40-6 圆瓣黄花报春（拍摄者：孟世勇）

图4-6-40-7 多脉报春（拍摄者：孟世勇）

图4-6-40-8 甘青报春（拍摄者：孟世勇）

4.6.41 猕猴桃科Actinidiaceae

猕猴桃藤山柳*Clematoclethra scandens* subsp. *actinidioides*（Maxim.）Y. C. Tang & Q. Y. Xiang（图4-6-41-1）

老枝灰褐色或紫褐色，叶卵形，顶端渐尖，基部阔楔形，叶缘具纤毛状齿，叶上面无毛，下面有时叶脉腋具髯毛；叶柄长2～8 cm，无毛或略被微柔毛。花序有1～3朵花，花柄具微柔毛，花白色；萼片倒卵形；花瓣长6～8 mm，宽4 mm。果近球形，熟时紫红色或黑色，干后直径5～7 mm。生于海拔2 300～3 000 m的山地沟谷林缘或灌丛中。

图4-6-41-1　猕猴桃藤山柳（拍摄者：孟世勇）

4.6.42 杜鹃花科Ericaceae

1. 北极果*Arctous alpinus*（L.）Niedenzu（图4-6-42-1）

落叶、垫状、稍铺散小灌木；叶互生，倒卵形，基部下延成短柄，通常有疏长睫毛，边缘有毛，具细锯齿，表面绿色，网脉明晰。花少数，组成短总状花序，生于去年生枝的顶端；花萼小，5裂，裂片宽而短，无毛；花冠坛形，绿白色，口部齿状5浅裂，外面无毛，里面有短硬毛；雄蕊8枚。浆果球形初时红色，后变为黑紫色，多汁。花期5—6月，果期7—8月。生于我国西北地区海拔1 900～3 000 m的山坡上，广泛分布于环北极地区。

图4-6-42-1　北极果（拍摄者：孟世勇）

2. 岩须*Cassiope selaginoides* Hook. f. et Thoms.（图4-6-42-2）

常绿矮小半灌木，枝条多而密，外倾上升或铺散成垫状，小枝无毛，密生交互对生的叶。叶硬革质，披针形，基部稍宽，2裂叉开，顶端稍钝，幼时具1紫红色芒刺，背面龙骨状隆起，有1深纵沟槽，向上几达叶顶端，背面有光泽，无毛，腹面近凹陷，被微毛，边缘被纤毛，以后变无毛，留下疏齿状的残余或全缘。花单朵腋生，花下垂，基部为苞片所包围；萼片5片，绿色或紫红色；花冠乳白色，宽钟状，口部5浅裂，裂片宽三角形；雄蕊10枚，较花冠短。蒴果球形，花柱宿存。花期4—5月，果期6—7月。生于横断山、岷山地区海拔2 000～4 500 m的灌丛中或垫状灌丛草地。

3. 雪山杜鹃 *Rhododendron aganniphum* Balf. F. et K. Ward（图4-6-42-3）

常绿灌木，幼枝无毛；叶厚革质，长圆形，长6～9 cm，宽2～4 cm，先端钝或急尖，具硬小尖头，基部圆形，边缘反卷，上面深绿色，无毛，下面密被一层永存的毛被，毛被白色至淡黄白色，海绵状，具表膜，中脉凸起，被毛，侧脉隐藏于毛被内；叶柄长1～1.5 cm，无毛。花序顶生；花萼小，杯状，长1～1.5 mm；花漏斗钟状，白色或淡粉色，筒部上方具多数紫红色斑点，内面基部被毛；雄蕊10枚，花丝被白色柔毛。蒴果圆柱形，直立。花期6—7月，果期9—10月。生于横断山、岷山地区海拔2 700～4 700 m的高山杜鹃灌丛中或针叶林下。

图4-6-42-2　岩须（拍摄者：李晟）

图4-6-42-3　雪山杜鹃（拍摄者：孟世勇）

4. 头花杜鹃 *Rhododendron capitatum* Maxim.（图4-6-42-4）

常绿小灌木，幼枝黑褐色，被鳞片。叶近革质，椭圆形，长1.0～1.8 cm，宽0.3～1.0 cm，顶端圆钝，无短突尖，上面被淡色鳞片，下面被黄褐色和禾杆色混生鳞片；叶柄长2～3 mm；花序顶生，伞形，有花2～8朵；花蓝紫色或紫色，萼片5片，带黄色，长圆形，长3～6 mm，边缘被睫毛；花冠宽漏斗状，淡紫或深紫，紫蓝色，外面不被鳞片；花管较裂片短，长3～5 mm，内面喉部密被绵毛，有时管外也有毛；内面喉部具毛，雄蕊10枚，伸出，基部被毛。蒴果卵圆形，被鳞片。花期4—6月，果期7—9月。生于海拔2 500～4 300 m的横断山北部、岷山地区的高山草原、草甸、湿草地或岩坡，常成灌丛，构成优势群落。本种与紫花杜鹃（*R. amesiae* Rehd. et Wils.）相近，但是后者叶更大（长3.0～8.0 cm，宽1.5～3.5 cm），叶柄被鳞片和刚毛，花冠裂片内面有暗红色斑点。

5. 秀雅杜鹃 *Rhododendron concinnum* Hemsl.（图4-6-42-5）

灌木，幼枝被鳞片。叶革质，椭圆形，长2.5～7.5 cm，宽1.5～3.5 cm，幼时下面被鳞片，中脉具柔毛，下面被黄色或黑色鳞片；叶柄长0.5～1.3 cm，密被鳞片。花序顶生，有

2~5朵花；花萼小，边缘被鳞片；花冠紫红色或淡紫色，外具鳞片，内面具褐色斑点，具短柔毛；雄蕊10枚，近与花冠等长，花丝下部疏被柔毛；子房密被鳞片。蒴果长圆形。生于华中、西南地区海拔2 300～3 800 m的山坡灌丛、冷杉林带杜鹃林。

图4-6-42-4　头花杜鹃（拍摄者：孟世勇）

图4-6-42-5　秀雅杜鹃（拍摄者：孟世勇）

6. 山光杜鹃 *Rhododendron oreodoxa* Franch.（图4-6-42-6）

常绿灌木或小乔木，高1～12 m；树皮灰黑色；叶革质，常5～6片生于枝端，椭圆形，长4.5～10 cm，宽2～3.5 cm，先端略有小尖头，基部钝至圆形，下面淡绿色至苍白色，无毛，侧脉13～15对；叶柄长8～18 mm，幼时紫红色，有时具有柄腺体，不久秃净。顶生总状伞形花序，有花6～12朵，花梗长0.5～1.5 cm，紫红色，被短柄腺体；花冠钟形，淡红色，有或无紫色斑点，裂片7～8片；雄蕊12～14枚，不等长，花药长椭圆形，红褐色至黑褐色，子房无毛。蒴果长圆柱形，有肋纹，绿色至淡黄褐色。花期4—6月，果期8—10月。生于秦岭、岷山及横断山北部海拔2 100～3 650 m的林下、杂木林或箭竹灌丛中。

7. 樱草杜鹃 *Rhododendron primuliflorum* Bur. et Franch.（图4-6-42-7）

常绿小灌木，幼枝密被鳞片和短刚毛；叶革质，长圆形，长2～2.5 cm，宽0.8～1.0 cm，先端有小突尖，上面暗绿色，光滑，有光泽，下面密被重叠成2～3层、淡黄色或灰褐色的屑状鳞片；叶片芽鳞早落。花序顶生，头状，有5～8朵花；花冠狭筒状漏斗形，白色或粉红色至玫瑰色，具黄色的管部，花管内面喉部被长柔毛，外面无毛；雄蕊5或6枚，内藏于花管；花柱粗短，约与子房等长，光滑。蒴果卵状椭圆形，密被鳞片。花期5—6月，果期7—9月。生于横断山、岷山地区海拔2 900～5 100 m的山坡灌丛、高山草甸。本种与毛喉杜鹃（*R. cephalanthum* Franch）极为相似，区别在于后者叶片芽鳞宿存。

图4-6-42-6 山光杜鹃（拍摄者：孟世勇）

图4-6-42-7 樱草杜鹃（拍摄者：孟世勇）

8. 陇蜀杜鹃 *Rhododendron przewalskii* Maxim.（图4-6-42-8）

常绿灌木，幼枝淡褐色，无毛；叶革质，常集生于枝端，叶片椭圆形，长6～10 cm，宽3～4 cm，先端具小尖头，基部圆形或略呈心形，上面深绿色，下面初被薄层灰白色、黄棕色至锈黄色，多少黏结的毛被，其由具长芒的分枝毛组成，以后毛陆续脱落，变为无毛；叶柄带黄色，长1～1.5 cm，无毛。顶生伞房状伞形花序；花萼小，长1～1.5 mm；花冠钟形，白色至粉红色，筒部上方具紫红色斑点，裂片5片；雄蕊10枚，不等长；子房圆柱形，无毛。蒴果长圆柱形，光滑。花期6—7月，果期9月。生于横断山、岷山地区海拔2 900～4 300 m的高山林地，常成林。

9. 无柄杜鹃 *Rhododendron watsonii* Hemsl. et Wils.（图4-6-42-9）

常绿灌木或小乔木，枝粗壮；叶革质，长圆状椭圆形，长11～25 cm，宽4～10 cm，基部近圆形，中脉凸起，侧脉和网脉明显；叶柄宽扁，微具翅，长5～10 mm；顶生疏松短总状伞形花序，有花12～15朵；花萼小，具7个宽三角形小齿裂；花冠宽钟形，白

图4-6-42-8 陇蜀杜鹃（拍摄者：孟世勇）

图4-6-42-9 无柄杜鹃（拍摄者：孟世勇）

色微带粉红色，基部具深红色斑，花冠7裂；雄蕊14枚，内藏，花丝基部被毛，花柱无毛，柱头头状，子房无毛。蒴果长圆柱形，长3～4 cm，直径5～7 mm，略弯弓，无毛。花期5—6月，果期7—9月。生于岷山地区海拔2 500～3 800 m的林中。

4.6.43 茜草科Rubiaceae

1. 六叶葎*Galium hoffmeisteri*（Klotzsch）Ehrendorfer & Schonbeck-Temesy ex R. R. Mill（图4-6-43-1）

一年生草本，茎直立，柔弱，具4角棱。叶片薄，纸质或膜质，生于茎中部以上的常6片轮生，生于茎下部的常4～5片轮生，长圆状倒卵形，长10～32 mm，宽4～13 mm，顶端钝圆而具凸尖，中脉上有时有倒向的刺，边缘有时有刺状毛，具1中脉；近无柄或有短柄。聚伞花序顶生和生于上部叶腋，少花，2～3次分枝，常广歧式叉开，总花梗长可达6 cm，无毛；花小，花冠白色或黄绿色，裂片卵形；雄蕊伸出，花柱顶部2裂。果爿近球形，单生或双生，密被钩毛；果柄长达1 cm。花期4—8月，果期5—9月。生于海拔920～3 800 m的山坡、沟边、河滩、草丛、灌丛或林下。

2. 甘肃野丁香*Leptodermis purdomii* Hutchins.（图4-6-43-2）

灌木，小枝纤长，嫩部被微柔毛，很快变无毛。叶簇生，纸质，线状倒披针形，长5～10 mm，宽1.5～3.5 mm，边缘明显背卷，两面无毛，叶脉不明显；小苞片2枚，膜质，透明，卵形，对生；萼管裂片5片，革质，长圆状卵形；花冠粉红色，狭漏斗形，管纤细，微弯，喉部稍扩大，外面密被柔毛，里面疏被长柔毛，裂片5片，卵状披针形；雄蕊5枚，生冠管喉部，长柱花的内藏，短柱花的略伸出；柱头5裂，裂片线形。蒴果长5 mm，种子的网状假种皮与种皮粘贴。花期7—8月，果期9—10月。生于海拔800～1 000 m的山坡上。

图4-6-43-1 六叶葎（拍摄者：孟世勇）

图4-6-43-2 甘肃野丁香（拍摄者：孟世勇）

4.6.44 龙胆科Gentianaceae

1. 湿生扁蕾Gentianopsis paludosa（Hook. f.）Ma（图4-6-44-1）

一年生草本，茎单生，基生叶3～5对，匙形，边缘具乳突，叶脉1～3条；茎生叶1～4对，无柄，矩圆形，边缘具乳突。花单生茎顶端，花萼筒形，长为花冠之半，裂片近等长；花冠蓝色，或下部黄白色，上部蓝色，宽筒形。蒴果椭圆形，与花冠等长或超出。花果期7—10月。生于海拔1 180～4 900 m的河滩、山坡草地或林下。

2. 钟花龙胆Gentiana nanobella C. Marquand（图4-6-44-2）

一年生草本，从基部起多分枝，枝铺散，斜升。叶先端钝，边缘密生乳突，两面光滑；基生叶大，在花期枯萎，宿存，卵状椭圆形；茎生叶小，疏离，短于节间，宽卵形，叶柄边缘具乳突。花多数，单生于小枝顶端；花萼宽筒形，中脉在背面呈龙骨状突起，并向萼筒下延成翅，密生乳突，弯缺楔形；花冠紫红色，喉部具黑紫色斑点，高脚杯状，裂片卵形，边缘有不整齐细齿，稀全缘；雄蕊着生于冠筒中上部，花丝丝状钻形；子房狭椭圆形；花柱线形，柱头2裂，裂片线形。蒴果狭椭圆形。花果期5—8月。生于海拔1 900～4 300 m的山坡草地或林下。王朗自然保护区内有假鳞叶龙胆（*Gentiana pseudosquarrosa* H. Smith），但是假鳞叶龙胆的萼片的中脉在背面绝不突起呈龙骨状，花冠筒形或漏斗形。

图4-6-44-1 湿生扁蕾（拍摄者：孟世勇）

图4-6-44-2 钟花龙胆（拍摄者：顾红雅）

4.6.45 车前科Plantaginaceae

1. 杉叶藻Hippuris vulgaris L.（图4-6-45-1）

多年生水生草本，全株光滑无毛。茎直立，多节，常带紫红色，上部不分枝，下部合轴分枝，有匍匐白色或棕色肉质根茎，节上生多数纤细棕色须根，生于泥中。叶条形，轮生，两型，无柄，4～12片轮生。茎中部叶最长，向上或向下渐短；露出水面的根茎较沉水叶根茎细小,节间亦短,叶条形,羽状脉不明显。花细小,两性,单生叶腋;萼与子房大部分合生成卵状椭圆形,萼全缘,常带紫色;无花盘;雄蕊1枚,花柱宿存。果为小坚果状。花期4—9月,果期5—10月。多群生在海拔40~5 000 m的池沼、湖泊、溪流、江河两岸等浅水外,稻田内等水湿处也有生长。

2. 疏花婆婆纳 *Veronica laxa* Benth.(图4-6-45-2)

多年生直立草本,全体被白色多细胞柔毛。叶对生,无柄或具极短的叶柄,卵形,边缘具深刻的粗锯齿,多为重锯齿。总状花序单支或成对,侧生于茎中上部叶腋,长而花疏离,萼片条状长椭圆形;花冠辐状,紫色或蓝色,裂片圆形。蒴果倒心形,基部楔状浑圆,有多细胞睫毛。种子南瓜子形。花期6月。生于海拔1 500~2 500 m的沟谷阴处或山坡林下。

图4-6-45-1　杉叶藻(拍摄者:孟世勇)

图4-6-45-2　疏花婆婆纳(拍摄者:孟世勇)

3. 四川婆婆纳 *Veronica szechuanica* Batalin(图4-6-45-3)

多年生直立草本。叶对生,卵形,通常上部的较大,基部宽楔形,边缘具尖锯齿,仅上面疏生多细胞硬毛。总状花序有花数朵,极短,萼片条形,有多细胞睫毛;花冠白色,少淡紫色,裂片卵形。蒴果倒心状三角形,边缘生多细胞睫毛。种子卵状矩圆形。花期7月。生于海拔1 600~3 500 m的沟谷、山坡草地、林缘或林下。

图4-6-45-3　四川婆婆纳(拍摄者:孟世勇)

4.6.46　狸藻科Lentibulariaceae

高山捕虫堇*Pinguicula alpina* L.（图4-6-46-1）

多年生草本，基生呈莲座状，叶3～13片，脆嫩多汁，长椭圆形，边缘全缘并内卷，上面密生多数分泌黏液的腺毛，背面无毛，侧脉每边5～7条。花单生，花萼2深裂，无毛；上唇3浅裂，裂片卵圆形，下唇2浅裂，裂片卵形；花冠白色，距淡黄色；上唇2裂达中部，裂片宽卵形至近圆形，下唇3深裂，中裂片较大，圆形或宽倒卵形，顶端圆形或截形，距圆柱状。花柱极短，柱头下唇圆形，边缘流苏状，上唇微小。蒴果卵球形，室背开裂。花期5—7月，果期7—9月。生于西南地区海拔2 300～4 500 m的阴湿岩壁间或高山杜鹃灌丛下。

图4-6-46-1　高山捕虫堇（拍摄者：孟世勇）

4.6.47　唇形科Labiatae

1. **圆叶筋骨草***Ajuga ovalifolia* Bur. et Franch.（图4-6-47-1）

一年生草本，茎直立，四棱形，具槽，被白色长柔毛，无分枝。叶对生，纸质，长圆状椭圆形，侧脉4～5对，边缘中部以上具波状或不整齐的圆齿，具缘毛，上面黄绿色或绿色，脉上有时带紫，满布具节糙伏毛；叶柄具狭翅，绿白色，有时呈紫红色或绿紫色。穗状聚伞花序顶生，几呈头状，由3～4轮伞花序组成；苞叶大，叶状，卵形；花萼管状钟形，无毛但仅萼齿边缘被长缘毛，具10脉，萼齿5枚，长三角形；花冠红紫色，冠檐二唇形，上唇2裂，裂片圆形，相等，下唇3裂，中裂片略大，扇形，侧裂片圆形；雄蕊4枚，二强，内藏，着生于上唇下方的冠筒喉部；花柱先端2浅裂，裂片细尖。花期6—8月，果期8月以后。生

图4-6-47-1　圆叶筋骨草（拍摄者：孟世勇）

于岷江地区海拔2 800～3 700 m的草坡或灌丛中。

2. **野芝麻***Lamium barbatum* Sieb. et Zucc.（图4-6-47-2）

多年生植物，茎直立，四棱形，具浅槽。叶对生，下部叶卵圆形，先端尾状渐尖，

基部心形。轮伞花序有4~14朵花，着生于茎端；花萼钟形，外面疏被伏毛，膜质，萼齿披针状钻形，具缘毛。花冠白色或浅黄色，冠筒上方呈囊状膨大；外面上部疏被硬毛，内面冠筒近基部有毛环，冠檐二唇形，上唇直立，倒卵圆形，先端圆形，边缘具缘毛及长柔毛，3裂，中裂片倒肾形，先端深凹，基部急收缩，侧裂片宽，浅圆裂片状，先端有针状小齿。花柱丝状，先端近相等的2浅裂。花盘杯状。子房裂片长圆形，无毛。小坚果倒卵圆形。花期4—6月，果期7—8月。生于海拔2 600 m以下的路边、溪旁、田埂或荒坡上。

3. 甘西鼠尾草 *Salvia przewalskii* Maxim.（图4-6-47-3）

多年生草本，密被短柔毛。叶有基生叶和茎生叶两种，均具柄，叶片三角状戟形，基部戟形，边缘具圆齿，下面灰白色，密被灰白绒毛。总状花序顶生，轮伞花序有2~4朵花，疏离；花萼钟形，外面密被具腺长柔毛，其间杂有红褐色腺点，二唇形；花冠紫红色，在上唇散布红褐色腺点，冠檐二唇形；能育雄蕊伸于上唇下面；花柱先端2浅裂。小坚果倒卵圆形。花期5—8月。生于海拔2 100~4 050 m的林缘、路旁、沟边、灌丛下。

图4-6-47-2　野芝麻（拍摄者：孟世勇）

图4-6-47-3　甘西鼠尾草（拍摄者：孟世勇）

4.6.48　通泉草科 Mazaceae

肉果草 *Lancea tibetica* Hook. f. et Thoms.（图4-6-48-1）

多年生矮小草本，除叶柄有毛外其余无毛。叶6~10片，几成莲座状，倒卵形，近革质，全缘或有很不明显的疏齿。花3~5朵簇生或伸长成总状花序；花萼钟状，革质，萼齿钻状三角形；花冠深蓝色，喉部稍带黄色或紫色斑点，花冠唇形；柱头扇状。果实卵状球形，被包于宿

图4-6-48-1　肉果草（拍摄者：李晟）

存的花萼内。花期5—7月，果期7—9月。生于海拔2 000～4 500 m的草地、疏林中或沟谷旁。

4.6.49 列当科Orobanchaceae

1. 聚花马先蒿*Pedicularis confertiflora* Prain（图4-6-49-1）

一年生低矮草本，茎单出或自基部成丛发出，多少紫黑色，有毛。叶对生，卵状长圆形，羽状全裂，裂片5～7对，卵形，有缺刻状锯齿，缘常反卷。花有短梗，对生或上部4枚轮生而较密；萼膜质，常有红晕，有粗毛，钟形，脉10条，无网纹，萼齿5枚；花冠红色至紫红色，花冠管约长于萼两倍，下唇宽大，约与盔等长，三角状心脏形，顶端成为稍稍指向前下方而伸直的细喙，端全缘；雄蕊着生于花冠管的中部；花柱不伸出或略伸出。蒴果斜卵形，伸出于宿萼1倍。花期7—9月。生于海拔2 700～4 420 m的空旷多石的草地。

2. 大卫氏马先蒿*Pedicularis davidii* Franch.（图4-6-49-2）

多年生直立草本，密被短毛。叶下部假对生，上部的互生；叶片膜质，卵状长圆形，羽状全裂，基部下延连中肋成狭翅，边羽状浅裂或半裂，2次裂片卵形，边有重锯齿，齿端有胼胝质小刺尖。总状花序顶生；萼膜质，主脉5条，萼齿3枚；花冠全部为紫色或红色，花冠管伸直，喙常卷成半环形，或呈S形；雄蕊着生于花冠管的上部，2对花丝均被毛；柱头伸出于喙端。蒴果狭卵形。花期6—8月，果期8—9月。生于海拔1 750～33 500 m的沟边、路旁或草坡上。

图4-6-49-1 聚花马先蒿（拍摄者：孟世勇）

图4-6-49-2 大卫氏马先蒿（拍摄者：孟世勇）

3. 美观马先蒿*Pedicularis decora* Franch.（图4-6-49-3）

高达1 m，茎中空，生有白色无腺的疏长毛。叶线状披针形，长10 cm，宽25 cm，深裂至2/3处为长圆状披针形的裂片，裂片达20对，缘有重锯齿。花序穗状而长，毛较密而具腺；苞片叶状而长，愈上则愈小；花黄色，萼有密腺毛，很小，长仅3～4 mm；花冠管长12 mm，有毛，约长于萼3倍，下唇裂片卵形，钝头，中裂较大于侧裂，盔约与下唇等长，舟形，下缘有长须毛。果卵圆而稍扁。生于海拔2 200～2 700 m的荒草坡上或疏林中。

4. 地管马先蒿 Pedicularis geosiphon H. Smith et Tsoong（图4-6-49-4）

多年生草本，叶有长柄，羽状全裂，裂片4～5对，有明显的小柄，边缘有锐重齿。花单生叶腋，萼圆筒形，主脉明显，萼齿5枚，略等长；花粉红色，花冠管长4.5～6.5 cm，外面有毛；盔在近顶处两边各有小齿1枚，约以直角转折为含有雄蕊的部分，前端再渐细为伸直而指向前方的喙，喙端2裂；雄蕊着生花冠管端。花期7月。生于海拔3 500～3 900 m的原生针叶林中苔藓层上。

图4-6-49-3　美观马先蒿（拍摄者：孟世勇）

图4-6-49-4　地管马先蒿（拍摄者：孟世勇）

5. 欧氏马先蒿 Pedicularis oederi Vahl（图4-6-49-5）

多年生草本，茎草质多汁，叶多基生，宿存成丛，有长柄，线状披针形，羽状全裂，在芽中为拳卷，羽片则垂直相迭而作鱼鳃状排列。茎叶仅1～2片。花序顶生；萼狭而圆筒形，主脉5条，次脉纵行，萼齿5枚；花冠多二色，盔端紫黑色，其余黄白色，盔与管的上段同其指向，几伸直，前缘之端稍稍作三角形凸出。蒴果。花期6月底至9月初。生于海拔2 600～4 000 m的高山沼泽、草甸或阴湿的林下。

6. 矽镁马先蒿 Pedicularis sima Maxim.（图4-6-49-6）

一年生草本，根细。叶两面有密卷毛，下部对生，上部3片轮生，长圆形，羽状深裂，裂片5～7对，卵形，有锯齿。花序穗状，花轮含3朵花；萼短圆筒形，有不整齐的5齿，外面脉上有长密毛，齿后方一枚三角形全缘而较小，其余膨大而有锯齿，常反卷；花冠玫瑰色，管几伸直，下唇有缘毛，短于盔，中裂圆形，甚小于椭圆形之侧裂，盔稍稍镰状弓曲，额圆形，前方突然狭成短而明显之喙；花丝无毛；子房卵圆形向上渐狭。生于高山草地中。

图4-6-49-5 欧式马先蒿（拍摄者：孟世勇）

图4-6-49-6 矽镁马先蒿（拍摄者：孟世勇）

7. 扭旋马先蒿 *Pedicularis torta* Maxim.（图4-6-49-7）

多年生草本，叶互生或假对生，基生叶多数，沿中肋具狭翅，羽状全裂，基部下延沿中肋成狭翅，边有锯齿，齿端具胼胝质刺尖。总状花序顶生；萼卵状圆筒形，萼齿3枚；花冠具黄色的花冠管及下唇，盔紫色，花冠管伸直，外被短毛，喙长形成S形指向上方，喙顶端微缺，沿其近基的2/3的缝线上有透明的狭鸡冠状凸起1条，下唇大，宽过于长；雄蕊着生花冠管顶部；柱头伸出于盔外。蒴果卵形，基部被宿萼所斜包。花期6—8月，果期8—9月。生于海拔2 500～4 000 m的草坡上。

8. 轮叶马先蒿 *Pedicularis verticillata* L.（图4-6-49-8）

多年生草本，基生叶发达，被白色长毛，叶片长圆形，羽状深裂至全裂，齿端常有多少白色胼胝；茎生叶4叶轮生，偶尔对生。花序总状，常稠密；萼球状卵圆形，具10条暗色脉纹，外面密被长柔毛；花冠紫红色，下唇约与盔等长或稍长，中裂圆形而有柄，甚小于侧裂，裂片上有时红脉极显著，盔略微镰状弓曲，额圆形，无明显的鸡冠状凸起，下缘之端似微有凸尖，但不显著。蒴果形状大小多变。花期7—8月。生于海拔2 100～3 350 m的湿润处，在北极则生于海岸及冻原中。

图4-6-49-7 扭旋马先蒿（拍摄者：孟世勇）

图4-6-49-8 轮叶马先蒿（拍摄者：孟世勇）

4.6.50 菊科Compositae

1. 淡黄香青 *Anaphalis flavescens* Hand. -Mazz. （图4-6-50-1）

根状茎稍细长，木质。茎高10～22 cm，细，被灰白色蛛丝状棉毛、稀白色厚棉毛。莲座状叶，倒披针状长圆形，长1.5～5 cm，宽0.5～1 cm，下部及中部叶长圆状披针形，长2.5～5 cm，宽0.5～0.8 cm，边缘平，全部叶被灰白色或黄白色蛛丝状棉毛、白色厚棉毛，有多少明显的离基三出脉。头状花序6～16个密集成伞房或复伞房状；总苞片4～5层，稍开展，外层椭圆形、黄褐色，基部密被棉毛。雌株头状花序外围有多层雌花，中央有3～12朵雄花；雄株头状花序有多层雄花，外层有10～25朵雌花。花冠长4.5～5.5 mm；冠毛较花冠稍长；雄花冠毛上部稍粗厚，有锯齿。瘦果长圆形，密被乳头状突起。花期8—9月，果期9—10月。生于海拔2 800～4 700 m的高山、亚高山的坡地、坪地、草地或林下。

2. 缘毛紫菀 *Aster souliei* Franch. （图4-6-50-2）

多年生草本，根状茎粗壮。茎单生，直立，不分枝。莲座状叶与茎基部的叶倒卵圆形，下部渐狭成具宽翅而抱茎的柄，全缘；下部及上部叶长圆状线形，长1.5～3 cm，宽0.1～0.3 cm；全部叶两面疏被毛，有白色长缘毛，离基三出脉。头状花序在茎端单生；总苞片约3层，舌状花30～50朵，舌片蓝紫色，管状花黄色，冠毛1层，紫褐色，稍超过花冠管部，有不等糙毛。瘦果卵圆形，密被粗毛。花期5—7月，果期8月。生于海拔2 700～4 000 m的高山针叶林外缘、灌丛或山坡草地。

图4-6-50-1　淡黄香青（拍摄者：孟世勇）

图4-6-50-2　缘毛紫菀（拍摄者：孟世勇）

3. 魁蓟 *Cirsium leo* Nakai et Kitag. （图4-6-50-3）

多年生草本，高40～100 cm。根直伸，粗壮。茎直立，上部伞房状分枝，全部茎枝有条棱，被多细胞长节毛，上部及接头状花序下部的毛较稠密。基部和下部茎叶长椭圆形，羽状深裂，侧裂片8～12对，半圆形，中部侧裂片较大，全部侧裂片边缘三角形刺齿不等大，齿顶长针刺，针刺长，齿缘短针刺。头状花序在茎枝顶端排成伞房花序，总苞钟状，总苞片8层,镊合状排列,外层与中层钻状长三角形,边缘或上部边缘有平展或向下反折的针刺,背面有稀疏蛛丝毛,内层硬膜质,披针形。小花紫色或红色。瘦果灰黑色,冠毛污白色,多层,基部连合成环,整体脱落。花果期5—9月。生于海拔700~3 400 m的山谷、山坡草地、林缘、河滩地、石滩地、岩石隙缝、溪旁、河旁、路边潮湿地或田间。

4. 长叶火绒草 *Leontopodium junpeianum* Kitam.(图4-6-50-4)

多年生草本,有顶生的莲座状叶丛。花茎直立,不分枝,草质,被白色疏柔毛。基部叶狭长匙形,两面被白色茸毛。苞叶多数,较茎上部叶短,但较宽,两面被白色长柔毛状茸毛,较花序长1.5~2倍或3倍,开展成径2~6 cm的苞叶群。头状花序径6~9 mm,3~30个密集。总苞被长柔毛;总苞片约3层,椭圆披针形。小花雌雄异株,少有异形花。雄花花冠管状、漏斗状,有三角形深裂片;雌花花冠丝状、管状,有披针形裂片。冠毛白色,较花冠稍长,基部有细锯齿;雄花冠毛向上端渐粗厚,有齿;雌花冠毛较细,上部全缘。瘦果无毛或有乳头状突起,或有短粗毛。花期7—8月。生于海拔1 500~4 800 m的高山、亚高山的湿润草地、洼地、灌丛或岩石上。

图4-6-50-3 魁蓟(拍摄者:孟世勇)

图4-6-50-4 长叶火绒草(拍摄者:孟世勇)

4.6.51 五福花科 Adoxaceae

接骨草 *Sambucus javanica* Blume(图4-6-51-1)

高大草本或半灌木,茎有棱条,髓部白色。基数羽状复叶对生,托叶叶状或有时退化成蓝色的腺体;小叶2~3对,互生或对生,边缘具细锯齿。复伞形花序顶生,大而疏散,总花梗基部托以叶状总苞片,分枝3~5出,纤细,被黄色疏柔毛;

图4-6-51-1 接骨草(拍摄者:孟世勇)

杯形不孕性花不脱落，可孕性花小；萼筒杯状，萼齿三角形；花冠白色，仅基部联合，花药黄色或紫色；子房3室，花柱极短或几无，柱头3裂。果实红色，近圆形，直径3～4 mm；核2～3粒，卵形，长2.5 mm，表面有小疣状突起。花期4—5月，果期8—9月。生于海拔300～2 600 m的山坡、林下、沟边或草丛中，亦有栽种。

4.6.52 忍冬科Caprifoliaceae

1. 刺续断*Acanthocalyx nepalensis*（D. Don）M. Cannon（图4-6-52-1）

多年生草本，上部疏被纵列柔毛。基生叶线状披针形，基部渐狭，成鞘状抱茎，边缘有疏刺毛，两面光滑，叶脉明显；茎生叶对生，2～4对，长圆状卵形，边缘具刺毛。花茎从基生叶旁生出。假头状花序顶生，含10朵花以上；总苞苞片4～6对，坚硬，边缘具多数黄色硬刺，基部更多；花萼筒状，下部绿色，上部边缘紫色，或全部紫色，裂口甚大，达花萼的一半，边缘具长柔毛及齿刺，齿刺数目一般为5；花冠红色或紫色，被长柔毛，裂片5片，倒心形，先端凹陷；雄蕊4枚，二强。果柱形。花期6—8月，果期7—9月。生于海拔3 200～4 000 m的山坡草地。

2. 金花忍冬*Lonicera chrysantha* Turcz.（图4-6-52-2）

落叶灌木，幼枝、叶柄和总花梗常被开展的直糙毛、微糙毛和腺毛。叶对生，纸质，菱状卵形，两面脉上被直，中脉毛较密，有直缘毛。总花梗细，直立，花冠先白色后变黄色，外面疏生短糙毛，唇形，唇瓣长2～3倍于筒，筒内有短柔毛，基部有1深囊；雄蕊和花柱短于花冠，花丝中部以下有密毛，花药隔上半部有短柔伏毛；花柱全被短柔毛。果实红色，圆形。花期5—6月，果期7—9月。生于海拔250～3 000 m的沟谷、林下或林缘灌丛中。

图4-6-52-1 刺续断（拍摄者：孟世勇）

图4-6-52-2 金花忍冬（拍摄者：李晟）

3. 刚毛忍冬*Lonicera hispida* Pall. ex Roem. et Schult.（图4-6-52-3）

落叶灌木，幼枝常带紫红色，连同叶柄和总花梗均具刚毛或兼具微糙毛和腺毛。叶对生，厚纸质，椭圆形，边缘有刚睫毛。总花梗靠在叶上或稍直立；苞片宽卵形；相邻两萼筒分离，萼檐波状；花冠白色或淡黄色，漏斗状，近整齐，外面有短糙毛，筒基部具囊，裂片直立，短于筒；雄蕊与花冠等长；花柱伸出，至少下半部有糙毛。果实先黄色后变红色，卵圆形至长圆筒形。花期5—6月，果期7—9月。生于海拔1 700～4 200 m的山坡林中、林缘灌丛中或高山草地上。

4. 红脉忍冬 Lonicera nervosa Maxim.（图4-6-52-4）

落叶灌木，叶对生，纸质，初发时带红色，椭圆形，上面中脉、侧脉和细脉均带紫红色。总花梗长约1 cm；苞片钻形；杯状小苞长约为萼筒之半，有时分裂成2对，具腺缘毛或无毛；相邻两萼筒分离，萼齿小，三角状钻形，具腺缘毛；花冠红色，内面基部密被短柔毛，筒略短于裂片，基部具囊；雄蕊约与花冠上唇等长；花柱端部具短柔毛。果实黑色，圆形。花期6—7月，果期8—9月。生于海拔2 100～4 000 m的山麓林下灌丛中或山坡草地上。

图4-6-52-3　刚毛忍冬（拍摄者：李晟）　　图4-6-52-4　红脉忍冬（拍摄者：孟世勇）

5. 唐古特忍冬（四川忍冬）Lonicera tangutica Maxim.（图4-6-52-5）

落叶灌木，小枝柔弱，二年生小枝淡褐色，纤细，开展。叶对生，纸质，矩圆形，基部渐窄。总花梗生于幼枝下方叶腋，纤细，稍弯垂；相邻两萼筒中部以上至全部合生，椭圆形，萼檐杯状，长为萼筒的2/5～1/2或相等；花冠白色、黄白色或有淡红晕，筒状漏斗形，筒基部稍一侧肿大或具浅囊，外面无毛，裂片近直立，圆卵形。果实红色。花期5—6月，果期7—8月（西藏9月）。生于海拔1 600～3 900 m的云杉、落叶松、桦和竹等林下、混交林、山坡草地或溪边灌丛中。

6. 华西忍冬 Lonicera webbiana Wall. ex DC.（图4-6-52-6）

落叶灌木，幼枝常秃净或散生红色腺，老枝具深色圆形小凸起。叶对生，纸质，卵状椭圆形，基部圆，边缘常不规则波状起伏或有浅圆裂，有睫毛，两面有疏或密的糙毛及疏腺。总花梗较长；相邻两萼筒分离，萼齿微小；花冠紫红色或绛红色，唇形，筒甚短，基部较细，具浅囊，向上突然扩张，上唇直立，具圆裂，下唇比上唇长1/3，反曲；雄蕊长约等于花冠，花丝和花柱下半部有柔毛。果实先红色后转黑色。花期5—6月，果期8月中旬至9月。生于海拔1 800～4 000 m的针阔叶混交林、山坡灌丛中或草坡上。

图4-6-52-5　唐古特忍冬（四川忍冬）　　　　　图4-6-52-6　华西忍冬（拍摄者：李晟）
　　　　　（拍摄者：李晟）

7. 莛子藨 *Triosteum pinnatifidum* Maxim.（图4-6-52-7）

多年生草本，茎开花时顶部生分枝1对，被白色刚毛及腺毛，中空，具白色髓部。叶羽状深裂，裂片1～3对，无锯齿，沿脉及边缘毛较密，茎基部的初生叶有时不分裂。聚伞花序对生，各具3朵花，在茎或分枝顶端集合成短穗状花序；萼筒被刚毛和腺毛，萼片三角形；花冠黄绿色，狭钟状，筒基部弯曲，一侧膨大成浅囊，被腺毛，裂片圆而短，内面有带紫色斑点；雄蕊着生于花冠筒中部以下。果卵圆，冠以宿存的萼齿。花期5—6月，果期8—9月。生于海拔1 800～2 900 m的山坡暗针叶林下或沟边向阳处。

8. 南方六道木 *Zabelia dielsii*（Graebn.）Makino（图4-6-52-8）

落叶灌木，当年生小枝红褐色，老枝灰白色。叶长对生，卵形，变化幅度很大，嫩

图4-6-52-7　莛子藨（拍摄者：李晟）　　　　　图4-6-52-8　南方六道木（拍摄者：孟世勇）

时上面散生柔毛，全缘或有1～6对齿牙，具缘毛。花2朵生于侧枝顶部叶腋；苞片3枚，形小而有纤毛；萼檐4裂，裂片卵状披针形；花冠白色，后变浅黄色，4裂，裂片圆，长为筒的1/3～1/5，筒内有短柔毛；雄蕊4枚，二强，内藏，花丝短；花柱细长，与花冠等长，柱头头状，不伸出花冠筒外。种子柱状。花期4月下旬至6月上旬，果期8—9月。生于海拔800～3 700 m的山坡灌丛、路边林下或草地。

9. 缬草 *Valeriana officinalis* L.（图4-6-52-9）

多年生高大草本，茎中空，有纵棱。匍枝叶、基生叶和基部叶在花期常凋萎。茎生叶对生，卵形，羽状深裂，裂片7～11片；中央裂片与两侧裂片近同形同大小，但有时与第1对侧裂片合生成3裂状，基部下延，全缘或有疏锯齿。花序顶生，成伞房状三出聚伞圆锥花序；花冠淡紫红色或白色，花冠裂片椭圆形；雌雄蕊约与花冠等长。瘦果长卵形。花期5—7月，果期6—10月。生于海拔2 500 m以下的山坡草地、林下或沟边。

图4-6-52-9　缬草（拍摄者：孟世勇）

4.6.53　五加科Araliaceae

1. 狭叶五加 *Eleutherococcus wilsonii*（Harms）Nakai（图4-6-53-1）

灌木，高2～5 m；幼枝灰紫色，节上常生细长下向直刺。叶互生，小叶3～5片，纸质，长圆状倒披针形，长4～5.5 cm，宽0.5～1.6 cm，先端尖至短渐尖，基部狭尖，边缘具钝齿，中脉微隆起，侧脉3～8对，几无小叶柄。伞形花序单个顶生，直径约4 cm，有花多数；花黄绿色；萼无毛，边缘全缘或有5小齿；花瓣5片，三角状卵形，长1.5 mm；雄蕊5枚。果实球形，有5棱。花期6—7月，果期9—10月。生于海拔2 700～3 600 m的森林或灌木林。王朗自然保护区常见的还有刺五加［*E. senticosus*（Rupr. & Maxim.）Maxim.］，区别在于后者茎密被直刺，形成复伞形花序，花紫黄色。

2. 藤五加 *Eleutherococcus leucorrhizus* Oliver（图4-6-53-2）

灌木，高2～4 m，有时蔓生状；枝无毛，节上有刺一至数个或无刺。叶有小叶5片，稀3～4片；叶柄长5～10 cm或更长，先端有时有小刺，无毛；小叶片纸质，长圆形至披针形，两面均无毛，边缘有锐利重锯齿，侧脉6～10对。伞形花序单个顶生，或数个组成短圆锥花序；总花梗长2～8 cm，花梗长1～2 cm；花绿黄色；萼无毛，边缘有5小齿；花瓣5片，长卵形，长约2 mm，开花时反曲；雄蕊5枚。果实卵球形，有5棱。花期6—8月，果期8—10月。生于海拔1 000～3 200 m的丛林中。王朗自然保护区还有相似种红毛五加[*Eleutherococcus giraldii*（Harms）Nakai]，特点在于小枝密生直刺。

图4-6-53-1　狭叶五加（拍摄者：李晟）

图4-6-53-2　藤五加（拍摄者：孟世勇）

4.6.54　伞形科Umbelliferae

1. 异叶囊瓣芹*Pternopetalum heterophyllum* Hand.-Mazz.（图4-6-54-1）

多年生草本，植株细柔、光滑。基生叶有柄，基部有阔卵形膜质叶鞘；叶片三角形，三出分裂，裂片扇形或菱形，中下部3裂，边缘有锯齿，或二回羽状分裂，裂片线形、披针形，全缘或顶端3裂；茎生叶1～3片，一至二回三出分裂，裂片线形。复伞形花序，无总苞；小伞形花序有花1～3朵，通常2朵，萼齿钻形或三角形，直立，大小不等；花瓣长卵形，顶端不内折；花柱基圆锥形，花柱直立，较长。果实卵形。花果期4—9月。生于海拔1 200～2 800 m的沟边、林下、灌丛中荫蔽潮湿处。

2. 锯叶变豆菜*Sanicula serrata* Wolff（图4-6-54-2）

多年生矮小草本，高8～30 cm。根茎短，侧根多数，细长。茎1～4根，细弱，下部裸

图4-6-54-1　异叶囊瓣芹（拍摄者：李晟）

图4-6-54-2　锯叶变豆菜（拍摄者：李晟）

露，上部有分枝。基生叶近圆形、圆心形或近五角形，掌状3～5深裂，中间裂片阔倒卵形或楔状倒卵形，顶端通常3浅裂，侧面裂片2深裂，裂片边缘有不规则的锐锯齿，齿端尖锐；叶柄基部有宽而透明的膜质鞘；茎生叶无柄或有短柄，掌状3～5深裂。伞形花序2～4轮，小伞形花序有花6～8朵；雄花5～7朵，花瓣白色或粉红色，宽倒卵形或近圆形，顶端微缺；两性花1～2朵，无柄；花柱长2～2.5 mm，向外反曲。果实卵形，表面皮刺短，略弯曲。花果期3—6月。生于海拔1 360～3 160 m的杂木林下。

4.7 常见昆虫

4.7.1 弹尾目Collembola

体长0.2～10 mm，长形或近球形；咀嚼式口器，陷入头部；触角丝状，通常4节，缺复眼；腹部6节，第1腹节有黏管，第3腹节有一小型握弹器，第4腹节为一叉状弹器；无尾须。生活在各种潮湿隐蔽的环境中，腐食性或植食性。

4.7.1.1 长蚖科Entomobryidae（图4-7-1-1-1）

体形一般圆柱形，表皮光滑，被以鳞毛，触角一般4节，弹器出自第4腹节。

4.7.2 蜉蝣目Ephemerida

体小型至中等，细长，体壁柔软；复眼发达，单眼3个；触角刚毛状；咀嚼式口器，但上、下颚退化；翅膜质，翅脉网状，前翅大，后翅退化或消失；腹部末端两侧有1对长尾须，有的还有长的中尾丝。成虫常在溪流附近活动，稚虫形不似成虫而水生。

4.7.2.1 蜉蝣科Ephemeridae（图4-7-2-1-1）

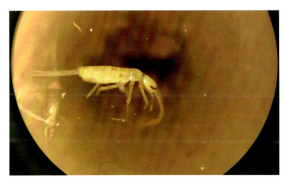

图4-7-1-1-1 长蚖科昆虫
（采集者：赵懂；牧羊场，20190701）

图4-7-2-1-1 蜉蝣科昆虫
（拍摄者：李晟；豹子沟，20190625）

前翅M_{1+2}及Cu_1基部，呈显著分歧形，后翅较小；后足跗节有可动环节4节或4节以下；尾丝2～3条，甚长；腹部均有花纹。

4.7.3 蜚蠊目Blattaria

体中至大型，扁平；触角长丝状；复眼发达，单眼退化；咀嚼式口器；前胸背板扩大如盾状，盖于头上；翅颇发达，脉序近原始形，前翅为覆翅，皮革质，后翅膜质；足3对，发育相等，适于奔走，跗节5节，有2爪；腹部10节，尾须1对。

4.7.3.1 硕蠊科Blaberidae（图4-7-3-1-1）

适应性强，活动范围广泛；野外种类喜潮湿，取食死植物、树皮或木材；室内种类白天隐匿于缝隙或阴暗处，夜间活动，食性杂。体光滑；头部近球形，头顶通常不露出前胸背板；前翅Sc脉具分枝，后翅臀域发达，部分种类完全无翅；中、后足腿节腹缘缺刺，具端刺；爪对称。

图4-7-3-1-1 硕蠊科昆虫（背面）
（采集者：金浩杰；牧羊场，20180701）

4.7.4 襀翅目Plecoptera

体中小型，细长、柔软；复眼发达，单眼3个；触角长丝状；咀嚼式口器；前胸大，方形；前后翅膜质，前翅狭长，后翅较大，臀域尤为发达，翅脉多变化；跗节3节，有2爪及爪间突；尾须长，丝状。成虫喜在溪流、湖畔等处，很少取食；稚虫大多生活在通气良好的水域、石下沙粒与水草中，食腐败有机质、藻类或小昆虫。

4.7.4.1 石蝇科Perlidae（图4-7-4-1-1）

体小至大型，浅黄色至深褐色，口器退化，下颚须锥状，单眼2～3个，胸部腹面有发达的残余气管鳃。

4.7.5 直翅目Orthoptera

体小至大型；典型的咀嚼式口器；前翅为覆翅，狭长，稍硬化，后翅膜质较软弱；后足常强大适于跳跃；尾须一对；雄虫多数能发声，常有鼓膜听器。陆生，生活于地面、植物上或土壤中；取食植物叶

图4-7-4-1-1 石蝇科昆虫
（拍摄者：王戎疆；牧羊场，20190624）

片等部分。

4.7.5.1 蝗科Acrididae（图4-7-5-1-1）

触角通常较身体短，呈丝状、棒状或剑状；前胸背板普通形；覆翅一般长形；跗节3节。

4.7.5.2 菱蝗科Tettigidae（图4-7-5-2-1）

体一般小型；触角短；前胸背板向后伸长，盖及全腹，前胸腹板亦向前伸长，形成颚状板盖及口部；前翅呈小鳞片状，存于后翅基部，后翅一般发达；足短，前足及中足跗节各2节，后足跗节3节。

图4-7-5-1-1 蝗科昆虫
（拍摄者：刘宗壮；牧羊场，20170706）

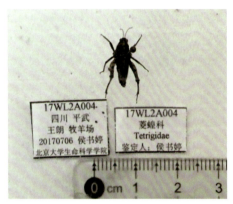

图4-7-5-2-1 菱蝗科昆虫（背面）
（采集者：侯书婷；牧羊场，20170706）

4.7.5.3 蟋螽科Gryllacridae（图4-7-5-3-1）

体粗短；触角甚长；前足胫节一般无听器；后足腿节极发达，缺爪间突。

图4-7-5-3-1 蟋螽科昆虫（左：背面；右：腹面）
（采集者：罗蓉；牧羊场，20170712）

4.7.6 革翅目Dermaptera

体中型，狭长，表皮坚韧，褐色或黑色；咀嚼式口器；触角丝状；前翅短形，革质，缺翅脉，后翅大，半圆形，膜质，有放射状翅脉，亦有不少缺翅种类；跗节3节，爪一对；尾须不分节，钳状，称尾铗。

4.7.6.1 球螋科Forficulidae（图4-7-6-1-1）

体呈圆柱形，触角12～15节，第4节与第3节相等，或较短；翅或存或缺；足短，腹部两侧基本平行，尾铗扁或圆柱形。

图4-7-6-1-1 球螋科昆虫
（拍摄者：王戎疆；牧羊场，20180629）

4.7.7 同翅目Homoptera

头后口式，刺吸式口器，从头部后方伸出；触角丝状或刚毛状；翅两对，前翅质地均一，膜质或皮革质，休息时呈屋脊状置于体背；有些种类短翅或无翅；足跗节1～3节；尾须消失。种类较多，全为植食性。

4.7.7.1 角蝉科Membracidae（图4-7-7-1-1）

体小至中型；头向下，略呈垂直状；前胸背有二角状突起，向前突出盖及头部，或向后盖过腹端；单眼2个；触角3节；足部缺齿状突起，胫节有棱，跗节3节，后足基节横生。

4.7.7.2 叶蝉科Cicadellidae（图4-7-7-2-1）

体小至中型，形态变化较大；头部颊宽大；单眼2个，少数种类消失；触角鞭毛状，多节；前胸不向后伸长；后基节横向，向侧膨大，前中后胫节均呈棱角形，后胫节一般有刺列，爪间突大型。

图4-7-7-1-1 角蝉科昆虫
（拍摄者：王戎疆；长白沟，20170614）

图4-7-7-2-1 叶蝉科昆虫
(左:拍摄者:王戎疆;长白沟,20170614。右:拍摄者:刘宗壮;牧羊场,20170705)

4.7.7.3 蚜科Aphididae(图4-7-7-3-1)

体小而软;头小,密接前胸;触角一般为丝状,3~6节;复眼1对,后端通常有突起;有翅或无翅;足一般有毛,跗节2节,爪1对,缺爪间突;腹部一般8~9节,通常有腹管。

图4-7-7-3-1 蚜科昆虫
(拍摄者:王戎疆;牧羊场,20190624)

4.7.8 异翅目Heteroptera(半翅目 Hemiptera)

成虫体壁坚硬,扁平;刺吸式口器,从头的前端伸出,休息时沿身体腹面向后伸,一般分为4节;触角一般4~5节;前胸背板大,中胸小盾片发达;前翅基半部骨化,端半部膜质,为半鞘翅;许多种类有臭腺。一些种类植食性,一些种类捕食其他昆虫,少数种类吸食血液。

4.7.8.1 红蝽科Pyrrhocoridae（图4-7-8-1-1）

体中等，红色或其他色泽，均有星斑；缺单眼，喙4节，触角4节；前翅革片、爪片及膜片分区明显，膜片有4翅脉，形成大翅室，外侧生分支极多；跗节3节，有爪间突。

图4-7-8-1-1　红蝽科昆虫（左：背面；右：腹面）
（采集者：金浩杰；牧羊场，20180630）

4.7.9　鞘翅目Coleoptera

咀嚼式口器；前翅骨化程度深，坚硬，为鞘翅；后翅膜质，藏于鞘翅下，翅脉减少；前胸背板发达，中胸仅露出三角形的小盾片；触角多样，11节。种类丰富，食性多样。

4.7.9.1　步甲科Carabidae（图4-7-9-1-1）

体中至大型；头部常较前胸为狭；触角11节；唇基两侧不超过触角基部；前口式，下颚内叶先端无钩，外叶2节，腹基3节，愈合不动，翅有小翅室；前中足基节半球形，有胫距，跗节均5节；雌雄腹部一般均6节。

图4-7-9-1-1　步甲科昆虫（左：背面；右：腹面）
（采集者：王洪光；白沙沟，20180703）

4.7.9.2　埋葬甲科Silphidae（图4-7-9-2-1）

体小至中型；颏横位，长方形，前方有膜状颏下片及前颏，有下唇须；触角生于额的前缘，略呈棍棒状；眼有微颗粒；前足基节大圆锥形，左右相连；跗节5节；腹先端常露出。

图4-7-9-2-1　埋葬甲科昆虫（左：背面；右：腹面）
（采集者：吴奕忱；牧羊场，20170709）

4.7.9.3　隐翅甲科Staphylinidae（图4-7-9-3-1）

触角10～11节，丝状或半棍棒状；前胸背向体下弯曲；鞘翅甚短，腹节大部露出；腹部两侧略平行，背板10个，腹板7～8个，全部角质化。一些种类血淋巴中含有毒素，接触皮肤，可引起炎症。

4.7.9.4　红萤科Lycidae（图4-7-9-4-1）

体扁平，鞘翅扁平而软，有网纹，一般红色；触角11节，形态多样；前足基节半圆锥圆筒形，有显著的亚基节；中足基节圆锥圆筒形，相互隔离；后足基节横阔

图4-7-9-3-1　隐翅甲科昆虫
（拍摄者：王戎疆；牧羊场，20190624）

图4-7-9-4-1　红萤科昆虫
（拍摄者：王戎疆；牧羊场，20170613）

形；足细弱，跗节5节。日间活动，不发光。

4.7.9.5 叩甲科Elateridae（图4-7-9-5-1）

触角锯齿状、栉齿状或丝状，11～12节，生于额之前缘下近眼处，因雌雄而不同；前胸后缘角突出，有时呈针尖状；前胸腹板有一突起，向后伸入中胸腹板沟内；前基窝开口，但完全被包围于前胸腹板中；足较短，跗节5节；腹部5节。

图4-7-9-5-1 叩甲科昆虫（中：背面；右：腹面）
（左：拍摄者：王戎疆；牧羊场，20170616。中、右：采集者：王峥；牧羊场，20170712）

4.7.9.6 锯天牛科Prionidae（图4-7-9-6-1）

体中至大型，体形一般扁平，褐色或黑色；触角锯齿状或栉齿状，有的较短，有的则多于11节；上唇与唇基愈合；前胸背板有尖锐的侧缘，具齿状突起；前足基节大而横形，第4跗节有时很发达。

图4-7-9-6-1 锯天牛科昆虫（左：背面；右：腹面）
（采集者：李雨欣；牧羊场，20180701）

4.7.9.7 沟胫天牛科Lamiidae（图4-7-9-7-1）

体中至大型；头额面垂直，口下位向后方开口，下颚须末端尖形；前胸背板缺明显的侧缘，前足基节深陷于圆形基窝中，前足胫节内面有斜沟，中足胫节外面有斜沟。

4.7.9.8 锹甲科Lucanidae（图4-7-9-8-1）

体大型，长椭圆形，体壁坚实，黑色或褐色，有光泽；头大而强，触角膝状，11节，末端3节呈扇状；复眼大；上唇不显，下颚与唇舌隐于下唇颏下，雄虫的上颚大而突出如鹿角状；前基窝闭口，中足基节幅广，中胸板短，后胸板较大；鞘翅盖于全腹；跗节5节，第5节最长。

图4-7-9-7-1 沟胫天牛科昆虫
（拍摄者：刘宗壮；牧羊场，20170712）

图4-7-9-8-1 锹甲科昆虫（中：背面；右：腹面）
（左：拍摄者：李晟；豹子沟，20190625。中、右：采集者：闫霖；豹子沟，20170711）

4.7.9.9 粪金龟科Geotrupidae（图4-7-9-9-1）

体中至大型，呈椭圆形、圆形或半球形，黑色或黄褐色，不少种类有金属光泽和斑纹；头大，触角11节，鳃片部3节，上颚和上唇突出，鞘翅上一般有明显纵沟。

4.7.9.10 鳃金龟科Melolonthidae（图4-7-9-10-1）

体小至大型，一般呈椭圆形或圆筒形，体壁平滑或粗糙或有沟条，有的生毛，体色有黑、褐、绿、蓝等，一般具金属光泽；触角鳃叶部尤为发达；口器强壮，上唇、上颚常隐于唇基下；前胸背板通常宽大于长，基部等于或稍狭于鞘翅基部；后足胫节有1~2枚端距，也有缺距的；雌虫尾节一般露出于鞘翅末端之外；腹部外观有5枚腹板。

图4-7-9-9-1　粪金龟科昆虫（左：背面；右：腹面）
（采集者：丁浙轩；竹根岔，20170711）

图4-7-9-10-1　鳃金龟科昆虫（中：背面；右：腹面）
（左：拍摄者：王戎疆；牧羊场，20170616。中、右：采集者：金浩杰；牧羊场，20180702）

4.7.9.11　蜉金龟科Aphodiidae（图4-7-9-11-1）

体小至中型，体平滑，圆筒状，褐色或黑色，有条纹；触角9节；下口式，上颚可于头下察看；前胸背板常有横向隆起，常覆及后胸后侧板；后足胫节端距尖形或截断形。

图4-7-9-11-1　蜉金龟科昆虫（左：背面；右：腹面）
（采集者：金浩杰；金草坡，20180701）

4.7.10　脉翅目Neuroptera

一般为中小型，也有大型种类；触角一般为丝状；复眼大，相隔很宽；咀嚼式口器；翅两对，形状、大小和翅脉均相似，翅脉网状；无尾须。成虫捕食蚜虫、蚂蚁、叶螨等。卵有丝质长柄。

4.7.10.1 草蛉科Chrysopidae（图4-7-10-1-1）

体小至中型，体较脆弱，绿色、黄色或灰色；头小，触角丝状，长于体长；复眼有金色闪光，相隔较远，缺单眼；前后翅形相似，后翅略小，前缘室内横脉在30条以下。

4.7.11 毛翅目Trichoptera

体小至中型；触角长丝状；复眼发达，单眼3个或消失；咀嚼式口器不发达；前翅略长于后翅，翅及体上通常被细毛，休息时叠置呈屋脊状；足细长，跗节5节。成虫常见于溪水边，主要在黄昏和晚间活动，白天隐藏于植物中，不取食固体食物，吸食花蜜和水。

图4-7-10-1-1 草蛉科昆虫
（拍摄者：王戎疆；牧羊场，20170616）

4.7.11.1 沼石蛾科Limnophilidae（图4-7-11-1-1）

下颚须雌5节，雄3节；前足胫节有一距，或消失，中足胫节有2～3距。

4.7.12 鳞翅目Lepidoptera

翅两对，膜质，横脉较少；身体、翅和附肢均密被鳞毛；一般为虹吸式口器。种类多，幼虫除极少数外均取食显花植物，成虫多能传粉；蛾类多夜间活动，蝶类一般白天活动。

图4-7-11-1-1 沼石蛾科昆虫
（拍摄者：王戎疆；牧羊场，20170614）

4.7.12.1 长角蛾科Adelidae（图4-7-12-1-1）

体小型，触角极细长，长于前翅，雄性可长至3倍，雌性较雄性短；复眼发达，雄性两眼甚至可相接；喙发达；前翅R脉5条，M脉3条，后翅A脉3条。

4.7.12.2 卷蛾科Tortricidae（图4-7-12-2-1）

体小型，翅展一般不超过30 mm，有褐、灰、黄等色，常有多种花纹，休息时翅体收缩如铃形；触角一般比前翅短，下颚须3节；翅平滑，前翅R脉较软弱，后翅有M_1脉。

图4-7-12-1-1 大黄长角蛾 *Nemophora amurensis*
（拍摄者：王戎疆；牧羊场，20170706）

图4-7-12-2-1 卷蛾科昆虫
（拍摄者：王戎疆；牧羊场，20170624）

4.7.12.3 野螟科Pyraustidae

体形纤小，形似螟蛾科，更瘦细；下颚须细长，下唇须向前上伸出；前翅R_5脉出自中室，后翅无肘栉毛；腹部第2节在左右鼓膜器间有龙骨片。

1. 夏枯草线须野螟*Eurrhyparodes hortulata*（图4-7-12-3-1）

身体黄褐色；翅面白色，前翅前缘黑色，中室有2个卵圆形褐色斑，翅基部中室以下有一褐色圆斑及一褐色弓形斑，中室外缘有两排褐色椭圆斑；后翅沿外缘有两排褐色椭圆斑。

图4-7-12-3-1 夏枯草线须野螟*Eurrhyparodes hortulata*（左：背面；右：腹面）
（采集者：吴佳乐；牧羊场，20170707）

2. 豆荚野螟*Maruca vitrata*（图4-7-12-3-2左）

前翅黄褐色，中室内外有透明斑纹。

3. 白翅黑带野螟*Parbattia latifascialis*（图4-7-12-3-2中）

4. 白蜡绢须野螟 *Palpita nigropunctalis*（图4-7-12-3-2右）

左：豆荚野螟 *Maruca vitrata*；　　中：白辊黑带野螟 *Parbattia latifascialis*；　　右：白蜡绢须野螟 *Palpita nigropunctalis*

图4-7-12-3-2　野螟科常见物种

（左、右：拍摄者：李晟；豹子沟，20190625。中：拍摄者：王戎疆；牧羊场，20190624）

4.7.12.4　草螟科 Crambidae（图4-7-12-4-1）

体小型，一般为银白色、灰褐色或黄褐色；触角丝状或栉齿状，下颚须长三角形，下唇须长而直；前翅R_5脉、R_4脉与R_3脉同柄，或分离出自中室，后翅有肘栉毛；胫节有距；腹基左右两鼓膜器间有龙骨片。

图4-7-12-4-1　双斑草螟 *Crambus bipartellus*
（拍摄者：李晟；豹子沟，20190625）

4.7.12.5　枯叶蛾科 Lasiocampidae（图4-7-12-5-1）

体中至大型，粗壮有厚毛；雌雄触角两栉齿形，眼有毛；口吻退化，下唇须发达，突出如喙；足多毛，胫距短，中足胫节无距；前翅R_4脉分离很长，或与R_{2+3}脉同柄，R_5脉与M脉有时有短柄，M_2脉出自中室下角，缺Cu_2脉；后翅2A脉达于外缘角。

图4-7-12-5-1　线枯叶蛾 *Arguda* sp.（左：背面；右：腹面）
（采集者：吴佳乐；牧羊场，20170711）

4.7.12.6 天蚕蛾科Saturniidae

又称大蚕蛾科，体大型或极大，身体强壮，身体及翅基部生长毛；触角短，仅在基部生鳞毛，每节生两对栉齿，雌短，雄甚长；口吻不发育，缺下颚须，下唇须短或缺；翅上多有透明窗斑，前翅R脉仅有4或3分枝，一般R_2脉与R_3脉同柄，后翅肩角膨大，Cu_2脉消失，后翅Sc脉分离，或在基部以一横脉与R脉相连。

1. 绿尾大蚕蛾*Actias selene ningpoana*（图4-7-12-6-1）

体绿白色，头部、胸部及肩板基部前缘有暗紫色带；翅粉绿色，基部有白色绒毛；前翅前缘暗紫色，混杂有白色鳞毛，翅的外缘黄褐色，外线黄褐色不明显，中室末端有眼斑1个，中间有一长条透明带，外侧黄褐色，内侧内方橙黄色，外方黑色；后翅也有1个眼斑，形状和颜色与前翅相同，略小，后角尾状突出，长40 mm左右。

图4-7-12-6-1　绿尾大蚕蛾*Actias selene ningpoana*（左：背面；右：腹面）
（采集者：王迪；牧羊场，20180630）

2. 黄猫鸮目天蚕蛾*Salassa viridis*（图4-7-12-6-2）

体锈红色，前翅顶角尖，外缘弧形，顶角内侧有粉白色三角斑，中线赤褐色，外线棕

图4-7-12-6-2　黄猫鸮目天蚕蛾*Salassa viridis*（左：背面；右：腹面）
（采集者：张彪；豹子沟，20190625）

褐色弯曲，外线与中线间各脉当中有棕色横条；后翅色较前翅浅，中线棕色有白斑，外线棕色，中室有眼斑，绿色透明斑与黑色相间，近似变形的阴阳图案，外有白线及黑线，环绕橙黄色圆圈，外侧为赭红色，再外有黑色大圈。

3. 黄珠天蚕蛾 *Saturnia anna*（图4-7-12-6-3）

体棕紫色，颈板黄色，腹部第一节背板黄白色，各节间有灰黑色横线，侧板上有成排黑点；前翅棕褐色布满黄色鳞粉，顶角突出，内侧靠近前缘有黑斑一个，内线粉黄色弯曲，两侧有黑边，外侧双行黑色波纹，缘线灰色，在各脉通过处断开，亚外缘线与外缘线间有黄色区域，中室端有大圆斑，外围黑色，中间有小黑圆斑，黑斑正中有1条半透明缝，内侧有条状白纹。

图4-7-12-6-3　黄珠天蚕蛾 *Saturnia anna*（左：背面；右：腹面）
（采集者：周正旸；牧羊场，20190628）

4.7.12.7　箩纹蛾科 Brahmaeidae（图4-7-12-7-1）

体大型；有口吻，下唇须大而圆，向上伸；雌雄触角均羽状；中胫有距；翅面密布箩

图4-7-12-7-1　枯球箩纹蛾 *Brahmaea wallichii*（左：背面；右：腹面）
（采集者：周正旸；牧羊场，20190628）

筐条纹；前翅翅顶圆形，R脉的分枝分前后两部分，M_1脉出自中室的顶角，M_2脉较近于M_1脉，1A+2A脉于基部分枝；后翅中室短，Sc脉分离，A脉2条。

4.7.12.8 蚕蛾科Bombycidae（图4-7-12-8-1）

触角羽状，口吻消失，下唇须退化；足有微毛，无胫距；前翅1A+2A脉基部分枝，R脉多变化，$R_2 \sim R_5$脉同柄，M_2脉在M_1脉和M_3脉的中间，或较近于M_1脉；后翅缺翅缰，中室短，Cu_2脉一般不发达。

图4-7-12-8-1　单齿翅蚕蛾Oberthueria falcigera
（拍摄者：王戎疆；牧羊场，20170624）

4.7.12.9 钩蛾科Drepanidae（图4-7-12-9-1）

体中等，较细瘦；触角丝状或栉齿状，口吻长；翅阔而薄，前翅M_2脉较近M_3脉，而$R_2 \sim R_4$脉同柄，有副室；后翅有翅缰，Sc脉基部分叉。

左：钳钩蛾Didymana bidens；右：古钩蛾Palaeodrepana harpagula
图4-7-12-9-1　钩蛾科常见昆虫
（拍摄者：王戎疆；牧羊场，20170624）

4.7.12.10 波纹蛾科Thyatiridae（图4-7-12-10-1）

很像夜蛾，又称拟夜蛾科。体中等；触角丝状，口吻强大，下唇须小；前翅顶较尖，有副室，R_2脉与R_3脉同柄，R_4脉、R_5脉及M_1脉同柄，后翅Sc脉基部与R脉不结合，可与夜蛾科区别；胫距2对。

图4-7-12-10-1　波纹蛾科昆虫
（拍摄者：王戎疆；牧羊场，20170624）

1. 大角斑波纹蛾 *Psidopala shirakii*（图4-7-12-10-2左）
2. 波纹蛾 *Thyatira* sp.（图4-7-12-10-2右）

左：大角斑波纹蛾 *Psidopala shirakii*；右：波纹蛾 *Thyatira* sp.
图4-7-12-10-2　波纹蛾科昆虫
（拍摄者：王戎疆；牧羊场，20170624）

3. 篝波纹蛾 *Gaurena* sp.（图4-7-12-10-3）
4. 湿渺波纹蛾 *Mimopsestis circumdata*（图4-7-12-10-4）

头部和胸部灰黑棕色，腹部灰黑色，背部有3个黑色毛丛；前翅浅黑灰色，略带棕色，基部有一浅黑棕色大斑，斑边黑色，肾纹为一黑色纹，中线与外线平行，中线浅黑色，不甚清晰，外线双线，浅黑色，两线间色浅，亚端线灰色，端线为一列新月形黑斑；后翅灰白色，外线和外缘浅灰黑色，缘毛浅棕色，末梢白色。

图4-7-12-10-3 箐波纹蛾*Gaurena* sp.（右1：背面；右2：腹面）
（左1：拍摄者：王戎疆；牧羊场，20190624。左2：拍摄者：李晟；豹子沟，20190625。
右1、右2：采集者：侯书婷；牧羊场，20170708）

5. 浩波纹蛾*Habrosyne derasa*（图4-7-12-10-5）

头部黄棕色，有白色斑，颈板红褐色，前缘有一白色带和一褐色线；胸部黄棕色，有白色和黄色纹；前翅丝样，浅棕灰色，中部黄红褐色，前缘白色，基部亚中褶上有一由白色竖鳞组成的斜纹，有丝样光泽，内线白色成45°外斜，环纹和肾纹赤褐色，缘毛黄棕色与白色相间；后翅暗浅褐色，缘毛白色。

图4-7-12-10-4 湿渺波纹蛾*Mimopsestis circumdata*
（拍摄者：王戎疆；牧羊场，20190624）

图4-7-12-10-5 浩波纹蛾*Habrosyne derasa*
（拍摄者：王戎疆；牧羊场，20190624）

4.7.12.11 尺蛾科Geometridae

体较细，纤弱；翅较广大，常有细波纹，有时雌蛾翅退化，雄蛾翅则照常发达；后翅$Sc+R_1$脉在近基部与Rs脉靠近或愈合，形成一个小基室；第1腹节腹面两侧有1对鼓膜听器。

1. 顶斑黄普尺蛾*Pseudomiza aurata*（图4-7-12-11-1）

2. 普尺蛾*Pseudomiza* sp.（图4-7-12-11-2）

3. 雪尾尺蛾*Ourapteryx nivea*（图4-7-12-11-3）

翅白色，斜线浅褐色，有浅褐色浅条纹，后翅外缘略突出，有2个赭色斑，外缘毛赭色，腹部后半浅褐色。

4. 尾尺蛾 *Ourapteryx* sp.（图4-7-12-11-4）

图4-7-12-11-1　顶斑黄普尺蛾 *Pseudomiza aurata*
（左：拍摄者：陆杨帆；豹子沟，20170713。右：拍摄者：李晟；豹子沟，20190625）

图4-7-12-11-2　普尺蛾 *Pseudomiza* sp.
（拍摄者：李晟；豹子沟，20190625）

图4-7-12-11-3　雪尾尺蛾 *Ourapteryx nivea*
（拍摄者：陆杨帆；豹子沟，20170713）

图4-7-12-11-4　尾尺蛾属昆虫 *Ourapteryx* sp.
（拍摄者：王戎疆；牧羊场，20190624）

图4-7-12-11-5　小金星尺蛾*Abraxas suspecta*
（拍摄者：王戎疆；牧羊场，20190624）

5. 小金星尺蛾*Abraxas suspecta*（图4-7-12-11-5）

翅底银白色，浅灰色斑纹，前翅外缘有一行连续的浅灰纹，外线成一行浅灰斑，下端有一大斑，呈红褐色，中线不成行，翅基有一深黄褐色花斑。

6. 金星尺蛾*Abraxas* sp.（图4-7-12-11-6）

图4-7-12-11-6　金星尺蛾*Abraxas* sp.
（左：拍摄者：李晟；豹子沟，20190625。右：拍摄者：王戎疆；牧羊场，20190624）

7. 短斑异序尺蛾*Agnibesa pictaria*（图4-7-12-11-7）

8. 缘点尺蛾*Lomaspilis marginata*（图4-7-12-11-8）

图4-7-12-11-7　短斑异序尺蛾*Agnibesa pictaria*
（拍摄者：李晟；豹子沟，20190625）

图4-7-12-11-8　缘点尺蛾*Lomaspilis marginata*
（拍摄者：李晟；豹子沟，20190625）

9. 台褥尺蛾 *Eustroma changi*（图4-7-12-11-9）

10. 直纹白尺蛾 *Asthena tchratchraria*（图4-7-12-11-10）

图4-7-12-11-9　台褥尺蛾 *Eustroma changi*
（拍摄者：李晟；豹子沟，20190625）

图4-7-12-11-10　直纹白尺蛾 *Asthena tchratchraria*
（拍摄者：王戎疆；牧羊场，20190624）

11. 赤尖水尺蛾 *Hydrelia sanguiniplaga*（图4-7-12-11-11）

12. 暗带截翅尺蛾 *Oxymacaria truncaria*（图4-7-12-11-12）

图4-7-12-11-11　赤尖水尺蛾 *Hydrelia sanguiniplaga*
（拍摄者：王戎疆；牧羊场，20190624）

图4-7-12-11-12　暗带截翅尺蛾 *Oxymacaria truncaria*
（拍摄者：李晟；豹子沟，20190625）

13. 淡网尺蛾 *Laciniodes denigrata*（图4-7-12-11-13）

图4-7-12-11-13　淡网尺蛾 *Laciniodes denigrata*（左：背面；右：腹面）
（采集者：赖其梁；牧羊场，20170706）

14. 贡尺蛾 *Odontopera aurata*（图4-7-12-11-14）

土黄色，前翅外缘锯齿形，共三齿，愈后愈大，外线明显，灰黄两色，内线灰色不明显，中室上有一灰圆点，中空；后翅淡黄，外线浅灰，上部不很明显，中室圆点比前翅上的略大。

15. 焰尺蛾 *Electrophaes* sp.（图4-7-12-11-15）

图4-7-12-11-14　贡尺蛾*Odontopera aurata*
（拍摄者：王戎疆；牧羊场，20190624）

图4-7-12-11-15　焰尺蛾*Electrophaes* sp.
（拍摄者：李晟；豹子沟，20190625）

16. 黑岛尺蛾 *Melanthia* sp.（图4-7-12-11-16）

17. 点尺蛾 *Percnia* sp.（图4-7-12-11-17）

图4-7-12-11-16　黑岛尺蛾*Melanthia* sp.
（拍摄者：李晟；豹子沟，20190625）

图4-7-12-11-17　点尺蛾*Percnia* sp.
（拍摄者：李晟；豹子沟，20190625）

4.7.12.12　天蛾科 Sphingidae

体强大；头大，眼突出，雄性触角栉齿状，雌性丝状，末端有小尖钩；前翅大而狭，顶角尖，外缘斜形或扇形，呈长三角形；后翅较前翅小；腹部粗而尖，成纺锤形；距发达。

1. 条背天蛾 *Cechenena lineosa*（图4-7-12-12-1）

体灰色，头及肩板两侧有白色鳞毛；触角背面灰白色，腹面棕黄色；胸部背面灰褐色，有棕黄色背线，腹部背面有棕黄色条纹，两侧有灰黄色及黑色斑；体腹面灰白色，两侧橙黄色；前翅自顶角至后缘基部有橙灰色斜纹，前缘部位有黑白色毛丛，中室端有黑点；后翅灰色，有灰黄色横带。

图4-7-12-12-1　条背天蛾 *Cechenena lineosa*（左：背面；右：腹面）
（采集者：金浩杰；牧羊场，20180701）

2. 眼斑天蛾 *Callambulyx orbita*（图4-7-12-12-2）

前翅灰黄色，各横线不明显，自前缘经过中室中部有斜向后角的棕黑色带，斜带至基部侧区域棕黄色，外侧区域污黄色，顶角坚向下弯曲；后翅中央红色，近下方有眼斑，外围黑色，中央灰蓝色，在翅反面则不见，外侧有棕色横斑；前后翅反面污黄。

图4-7-12-12-2　眼斑天蛾 *Callambulyx orbita*（左：背面；右：腹面）
（采集者：金浩杰；牧羊场，20180702）

4.7.12.13　舟蛾科 Notodontidae

体中至大型；触角丝状或栉齿状（雄）；口吻仅有显著痕迹，或消失，缺下唇须；前翅后缘有时生黑色束状毛，休息时突起像齿状；Cu_2脉退化或消失，M脉主干有时残缺一部分，$R_2 \sim R_5$脉同柄，有副室，M_1脉亦常与R脉相连接，M_2脉位于M_1脉与M_3脉的中间，或稍近M_1脉；后翅有翅缰，Sc脉在中室范围与R脉相近，但不相接合，M_1脉外观上像R脉的分枝；后腿有长毛，跗节不长于胫节，后胫节有距1～2对。

1. 燕尾舟蛾 *Furcula furcula*（图4-7-12-13-1）

图4-7-12-13-1　燕尾舟蛾 *Furcula furcula*
（采集者：陈子玉；牧羊场，20170706）

2. 杉怪舟蛾 *Hagapteryx sugii*（图4-7-12-13-2）

3. 杨扇舟蛾 *Clostera anachoreta*（图4-7-12-13-3）

图4-7-12-13-2　杉怪舟蛾 *Hagapteryx sugii*
（拍摄者：王戎疆；牧羊场，20190624）

图4-7-12-13-3　杨扇舟蛾 *Clostera anachoreta*
（拍摄者：刘宗壮；牧羊场，20170707）

前翅褐灰色，顶角斑暗褐色，扇形；3条横线灰白色具暗边，亚基线在中室下缘断裂错位外斜，内线外侧暗褐色，近后缘处外斜，外线前半段横过顶角斑，呈斜伸的双齿型，外衬锈红色斑，中室下内外线间有一灰白色斜线，亚端线有一列黑点组成；后翅褐灰色。

4.7.12.14 灯蛾科Arctiidae（图4-7-12-14-1）

体中至大型，多毛，颜色多样，有黑点纹；触角丝状或栉齿状；前翅鳞毛平滑，副室或存或缺；后翅有两条A脉；胫距发达，中胫或后胫往往有针。

左：污灯蛾*Spilarctia* sp.；中：望灯蛾*Lemyra* sp.；右：丽灯蛾*Callimorpha* sp.
图4-7-12-14-1　灯蛾科常见昆虫
（拍摄者：王戎疆；牧羊场，20190624）

4.7.12.15 苔蛾科Lithosiidae

从前作为灯蛾科的一亚科，体形较小，一般黄色；前翅狭长椭圆形，翅上往往有小点或波纹，前翅鳞毛不立起。

1. 白黑瓦苔蛾*Vamuna ramelana*（图4-7-12-15-1左）

纯白色；雄蛾前翅前缘边黑色，外线紫褐色，前缘边及翅顶缘毛黑色；后翅中室下角外有一紫褐斑。雌蛾前翅外线减缩为一黑点，位于中室下角下方。

2. 双分苔蛾*Hesudra divisa*（图4-7-12-15-1中）

3. 硃美苔蛾*Miltochrista pulchra*（图4-7-12-15-1右）

左：白黑瓦苔蛾*Vamuna ramelana*；中：双分苔蛾*Hesudra divisa*；右：硃美苔蛾*Miltochrista pulchra*
图4-7-12-15-1　苔蛾科常见昆虫
（左、中：拍摄者：王戎疆；牧羊场，20190624。右：拍摄者：李晟；豹子沟，20190625）

红色，前翅翅脉为黄带，内线及中线底色黄，其上由黑点组成，中线较直；前缘基部黑色，基点及亚基点黑色；外线由黑点组成，黑点向外延伸成黑带；后翅色稍淡；前后翅缘毛黄色。

4.7.12.16 夜蛾科 Noctuidae

体中至大型，粗厚而结实，一般暗灰褐色，密生鳞毛；头小眼大，眼光滑，有时生毛，一般有两单眼；触角丝状，雄的有时呈锯齿或栉齿状；口吻发达，下颚长，缺下颚须；胸大，背上常有毛丛，有翅缰，前翅有副室；胫距发达。

1. 方淡银纹夜蛾 *Macdunnoughia tetragona*（图 4-7-12-16-1 左）

头部深灰色，触角丝状；胸部密布灰色鳞片；腹部灰色；前翅翅面深灰色，中区黑色，白色楔形斑有一条黑纹，基线灰黑色，前中线黑色，中线浅，后中线黑色带红色；亚端线灰黑色，端线前部黑色；后翅翅面灰褐色，翅脉明显。

2. 中金翅夜蛾 *Thysanoplusia intermixta*（图 4-7-12-16-1 中）

头部及胸部红褐色，翅基片及后胸褐色；腹部黄白色，基节毛簇褐色；前翅棕褐色，基线与内线灰色，环纹斜，肾纹灰色细边；后半段有一大金斑自前缘外部1/4至亚褶并内伸至环纹后端，亚端线褐色；后翅基半部微黄，外部褐色。

3. 黄绿组夜蛾 *Anaplectoides virens*（图 4-7-12-16-1 右）

头部及胸部黄绿色杂黑色，腹部黑灰色；前翅黑灰色，大部分带黄绿色，基线双线黑色，内线双线黑色外斜，后半波曲明显，线间黄绿色；剑纹大，大部分黑色；环斜纹，前端开放，两侧黄绿色及黑色；肾纹前后部黑色，中部红褐色，有肉色圈及黑边；中线黑色锯齿形，外线双线锯齿形，线间黄绿色，亚端线黄绿色，内侧有一列齿形黑纹，端线有一列黑点；后翅暗灰褐色，缘毛白色。

左：方淡银纹夜蛾 *Macdunnoughia tetragona*；中：中金翅夜蛾 *Thysanoplusia intermixta*；右：黄绿组夜蛾 *Anaplectoides virens*

图 4-7-12-16-1　夜蛾科常见昆虫（一）

（左：拍摄者：王戎疆；牧羊场，20190624。中、右：拍摄者：李晟；豹子沟，20190625）

4. 饰青夜蛾 *Diphtherocome comepallida*（图4-7-12-16-2左1）

5. 角翅夜蛾 *Tyana* sp.（图4-7-12-16-2左2）

6. 鲁夜蛾 *Xestia* sp.（图4-7-12-16-2右2）

7. 狼夜蛾 *Ochropleura* sp.（图4-7-12-16-2右1）

左1：饰青夜蛾 *Diphtherocome comepallida*；左2：角翅夜蛾 *Tyana* sp.；右2：鲁夜蛾 *Xestia* sp.；右1：狼夜蛾 *Ochropleura* sp.

图4-7-12-16-2　夜蛾科常见昆虫（二）

（左1、左2、右2：拍摄者：王戎疆；牧羊场，20190624。右1：拍摄者：李晟；豹子沟，20190625）

4.7.12.17　毒蛾科 Lymantriidae（图4-7-12-17-1）

体中至大型，身体粗肥，多毛；口吻退化或消失，口须短；足厚生毛，中胫距常存在；一般有翅缰；Cu_2脉及M脉主干均退化，前翅$R_2 \sim R_5$脉同柄，M_2脉接近M_3脉，后翅Sc脉位于基部稍远地方，但仍在中室范围内，常与R脉一度接合，M_1脉形成R脉分枝。

图4-7-12-17-1　毒蛾科昆虫
（拍摄者：李晟；牧羊场，20190625）

4.7.12.18　凤蝶科 Papilionidae

多为大型种类，色彩鲜艳，一般为黑色、深青色、绿色、黄色，有闪光，同时有着橙、黄、红、蓝、绿等花纹；触角发达；喙发达，下唇须小；足发达，前足正常；前后翅三角形，中室闭式；前翅R脉5条，A脉2条，通常有1条臀横脉cu-a；后翅A脉1条，多数种类M_3脉常延伸成尾突，也有种类无尾突或有2条以上的尾突；有明显的性二型现象。

1. 碧凤蝶 *Papilio bianor*（图4-7-12-18-1）

翅黑色，前翅端半部色淡，翅脉间多散布黄色和蓝色鳞片；后翅亚外缘有6个粉红色和蓝色飞鸟形斑，臀角有1个半圆形粉红色斑，有1条尾突。

图4-7-12-18-1　碧凤蝶*Papilio bianor*（左：背面；右：腹面）
（采集者：李大建；长白沟，20170707）

2. 窄斑翠凤蝶*Papilio arcturus*（图4-7-12-18-2）

形似碧凤蝶，雄蝶后翅正面蓝绿斑呈斧状，斧柄达后翅前缘边；后翅反面臀角旁2个红斑呈圆形，其他红斑呈弦月形。

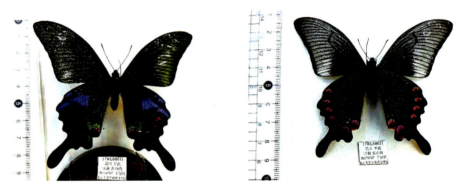

图4-7-12-18-2　窄斑翠凤蝶*Papilio arcturus*（左：背面；右：腹面）
（采集者：丁浙轩；长白沟，20170707）

3. 金凤蝶*Papilio machaon*（图4-7-12-18-3）

翅黄色，前翅外缘具黑色宽带，宽带内有8个黄色椭圆斑，中室端部有2个黑斑，翅基部黑色，宽带及基部黑色区上散生黄色鳞粉；后翅外缘黑色宽带内有6个黄色新月斑，其内方有略呈新月形的蓝斑，臀角有1个赭黄色的色斑。

4.7.12.19　粉蝶科Pieridae

体中等大小，颜色一般白色或黄色，有暗黑等斑纹；头小，触角成明显锤状，下唇须发达；前足正常；前翅三角形，R脉3或4条，极少有5条，A脉1条；后翅卵圆形，A脉2条。

图4-7-12-18-3　金凤蝶*Papilio machaon*（左：背面；右：腹面）
（采集者：张聪；白沙沟，20170707）

1. 红襟粉蝶*Anthocharis cardamines*（图4-7-12-19-1）

前翅顶角及脉端黑色，中室端有1个肾形黑斑，雄蝶端部橙红色，雌蝶为白色；后翅反面有淡绿色云状斑。

图4-7-12-19-1　红襟粉蝶*Anthocharis cardamines*（左：背面；右：腹面）
（采集者：侯书婷；长白沟，20170710）

2. 橙黄豆粉蝶*Colias fieldii*（图4-7-12-19-2）

翅为橙黄色，前后翅外缘的黑带较宽，雌蝶带中有橙色斑，雄蝶则无，前后翅中室端的黑点和橙黄点较大。

3. 钩粉蝶*Gonepteryx amintha*（图4-7-12-19-3）

翅淡黄色，前翅外缘前段较平直，顶角突出较小；后翅Rs脉明显粗大，中室端的橙色点显著较大，翅的边缘有明显脉端红点。

图4-7-12-19-2　橙黄豆粉蝶 *Colias fieldii*（左：背面；右：腹面）
（采集者：王峥；长白沟，20170710）

图4-7-12-19-3　钩粉蝶 *Gonepteryx amintha*（左：背面；右：腹面）
（采集者：闫霖；金草坡，20170709）

4. 菜粉蝶 *Pieris rapae*（图4-7-12-19-4）

翅面和翅脉白色，翅基部和前翅前缘暗色；前翅顶角黑色，中央有2个黑色斑纹；后翅前缘有1个黑斑。

图4-7-12-19-4　菜粉蝶 *Pieris rapae*（左：背面；右：腹面）
（采集者：侯书婷；牧羊场，20170708）

5. 东方菜粉蝶 *Pieris canidia*（图4-7-12-19-5）

前翅面中部外侧的2个黑斑和后翅前缘中部的1个黑斑均较菜粉蝶的大而圆，顶角与外缘的黑斑连接，延伸到Cu_2脉以下，黑斑内缘呈齿状；后翅外缘脉端有三角形黑斑。

图4-7-12-19-5　东方菜粉蝶 *Pieris canidia*（左：背面；右：腹面）
（采集者：丁淅轩；牧羊场，20170706）

6. 黑纹粉蝶 *Pieris melete*（图4-7-12-19-6）

翅面白色，翅脉黑色；前翅顶角和后缘黑色，近外缘2个黑斑较大，下面的一个与后缘黑带相连；后翅前缘外侧有1个黑色圆斑；后翅反面基角处有1个橙黄色斑点。

图4-7-12-19-6　黑纹粉蝶 *Pieris melete*（左：背面；右：腹面）
（采集者：金浩杰；牧羊场，20180629）

7. 暗脉粉蝶 *Pieris napi*（图4-7-12-19-7）

雄蝶前翅前缘黑褐色，顶角黑斑窄且被脉纹分割；m_3室的黑斑不发达或消失；cu_2室无黑斑；前翅反面顶角淡黄色，cu_2室有明显的黑斑，其余同正面；后翅前缘外侧有1个三角形黑斑；后翅反面淡黄色，基角处有1个橙色斑点，脉纹暗褐色明显。雌蝶翅基部淡黑褐色，黑色斑及后缘末端的条纹扩大，正面的脉纹明显，其余同雄蝶。

图4-7-12-19-7　暗脉粉蝶*Pieris napi*（左：背面；右：腹面）
（采集者：杨晓颖；长白沟，20170709）

8. 大卫粉蝶*Pieris davidis*（图4-7-12-19-8）

雄蝶触角黑色，各节有银灰色的环纹；下唇须黑色，有白色鳞片；体背面黑色，腹面淡棕色，密布灰黄色的长毛；翅正面白色略带黄色，有黑色斑纹；前翅中室端纹不明显加粗，亚端有1条松散的宽黑带，从前缘伸达Cu_2脉；后翅r_2室有松散的亚顶斑；前翅反面淡黄白色，顶角区泛黄色，脉纹较粗；后翅反面底色淡黄，脉纹较粗，中室内有1条脉状宽条纹。雌蝶前后翅翅面黄色较浓，黑色脉纹明显加粗，前翅亚端的黑带伸达A脉。

图4-7-12-19-8　大卫粉蝶*Pieris davidis*（左：背面；右：腹面）
（采集者：丁浙轩；长白沟，20170707）

9. 维纳粉蝶*Pieris venata*（图4-7-12-19-9）

雄蝶触角黑色，各节有银灰色的环纹；下唇须黑色，有白色鳞片；体背面黑色，腹面淡棕色，密布灰黄色的长毛；翅正面白色略带黄色，有黑色斑纹；前翅中室端纹不明显加粗，亚端有1条松散的宽黑带，从前缘伸达Cu_2脉；后翅r_2室有松散的亚顶斑；前翅反面淡白色，顶角区黄色，脉纹较粗；后翅反面橙黄色，黑色脉纹明显较大卫粉蝶粗，中室内有1条脉状宽条纹。雌蝶前后翅翅面黄色较浓，黑色脉纹明显加粗，前翅亚端的黑带伸达A脉。

图4-7-12-19-9　维纳粉蝶*Pieris venata*（左：背面；右：腹面）
（采集者：任艺；竹根岔，20170707）

10. 斯托粉蝶*Pieris stotzneri*（图4-7-12-19-10）

雄蝶触角黑色，各节有银灰色的环纹；下唇须黑色，有白色鳞片；体背面黑色，腹面灰色；翅正面淡绿白色，有黑色斑纹；前翅中室周边的脉纹明显加粗，亚端和端部有1条松散的宽黑带，从前缘伸达Cu_2脉，向内扩展到中室末端；后翅r_2室亚顶斑不明显；前翅反面淡黄白色，顶角区泛黄色，脉纹较粗；后翅反面淡黄色，黑色脉纹较粗，中室内有1条Y状黑条纹。

图4-7-12-19-10　斯托粉蝶*Pieris stotzneri*（左：背面；右：腹面）
（采集者：马思行；大窝凼，20170707）

11. 灰翅绢粉蝶*Aporia potanini*（图4-7-12-19-11）

又称灰姑娘绢粉蝶。前翅正面白色，翅脉黑色，翅面密布灰蓝色的细小鳞片，臀区通常没有；中室内有3条不清晰的细线纹，从中室基部一直延伸到中室端线；R_{2+3}脉至Cu_2脉各翅室中间有1条模糊的细线纹。前翅反面底色与翅脉同正面，后缘处从基部至中部有一灰黑色长条斑。后翅正面底色与翅脉同前翅，中室宽大，内有2条较显著的细线纹，从中室基部延伸到中室端线，s_c+r_1至2a各翅室中间有1条细线纹，较显著。后翅反面底色浅黄绿色，基角有1个黄色斑。

图4-7-12-19-11　灰翅绢粉蝶*Aporia potanini*（左：背面；右：腹面）
（采集者：左大庆；长白沟，20170709）

12. 锯纹绢粉蝶*Aporia goutellei*（图4-7-12-19-12）

翅正面散布暗色鳞片；前翅反面A脉两侧无密集的黑色鳞片，后翅反面的箭状纹长，末端接近翅的边缘。

图4-7-12-19-12　锯纹绢粉蝶*Aporia goutellei*（左：背面；右：腹面）
（采集者：周文涛；长白沟，20170710）

13. 丫纹绢粉蝶*Aporia delavayi*（图4-7-12-19-13）

翅正面底色纯白色，黑色斑纹较淡化，仅在前翅的顶角斑和中室端斑明显；前翅

M_3、Cu_1、Cu_2脉端部具黑边；后翅反面淡乳白色，翅脉具有很窄的暗色边，中室内有1条Y形纹；各翅室的箭状纹末端达翅缘。

图4-7-12-19-13　丫纹绢粉蝶*Aporia delavayi*（左：背面；右：腹面）
（采集者：杨晓颖；长白沟，20170709）

4.7.12.20　蛱蝶科Nymphalidae

触角长，上有鳞片；雌蝶和雄蝶的前足都退化，无爪，一般折叠于胸上，步行时仅用中后足，故又称为四足蝶。前翅中室多为闭式，R脉5条，A脉1条；后翅中室通常为开式，A脉2条。

1. 大红蛱蝶*Vanessa indica*（图4-7-12-20-1）

翅黑褐色，外缘波状，前翅M_1脉外伸成角状，翅顶角有几个白色小点，亚顶角斜列4个白斑，中间有一条宽的红色不规则斜带；后翅暗褐色，外缘红色，内有一列黑色斑，内侧还有一列黑色斑；后翅反面有茶褐色的云状斑纹，外缘有4个模糊的眼斑。

图4-7-12-20-1　大红蛱蝶*Vanessa indica*（左：背面；右：腹面）
（采集者：左大庆；长白沟，20170709）

2. 小红蛱蝶 Vanessa cardui（图4-7-12-20-2）

体翅较大红蛱蝶小，前翅中域3个黑斑相连，后翅端半部橘红色扩展至中室；前翅反面无完整的黑色外缘带。

图4-7-12-20-2　小红蛱蝶 Vanessa cardui（左：背面；右：腹面）
（采集者：龚梓桑；牧羊场，20170707）

3. 大卫蜘蛱蝶 Araschnia davidis（图4-7-12-20-3）

翅正面棕黑色，前翅有4条紫红色横带，外侧2条在Cu_1脉处合为1条；后翅端半部2条，在M_3脉和Cu_1脉两脉上相连接，后翅亚缘M_3脉之后有青蓝色鳞片；前翅反面中室外有1条黄色条纹，蜘蛛网状线均为细线，遍布翅面。

图4-7-12-20-3　大卫蜘蛱蝶 Araschnia davidis（左：背面；右：腹面）
（采集者：王峥；长白沟，20170710）

4. 中华黄葩蛱蝶 Patsuia sinensis（图4-7-12-20-4）

翅黑色，斑纹土黄色；前翅中室内与端部有黄色斑；后翅外横带弧形，从翅前缘到中室后缘有1个圆形大斑；前翅反面顶角土黄色；后翅反面土黄色，有褐色弧形中带及外缘带。

图4-7-12-20-4　中华黄葩蛱蝶*Patsuia sinensis*（左：背面；右：腹面）
（采集者：马博洁；长白沟，20170709）

5. 红线蛱蝶*Limenitis pupuli*（图4-7-12-20-5）

翅正面黑褐色，前翅中室有1个白色斑；中域白斑列在前翅弧形，在后翅直；前翅亚顶部有3～4个小斑；后翅边缘有1条红线及2条蓝线；翅反面赭黄色或赭红色，后翅亚缘红线宽。

图4-7-12-20-5　红线蛱蝶*Limenitis pupuli*（左：背面；右：腹面）
（采集者：杨晓颖；长白沟，20170709）

6. 单环蛱蝶*Neptis rivularis*（图4-7-12-20-6）

前翅正面中室条窄，分割成4段；后翅无白色外带；后翅反面亚基条显著，基域内无黑点。

图4-7-12-20-6　单环蛱蝶*Neptis rivularis*（左：背面；右：腹面）
（采集者：侯书婷；长白沟，20170710）

4.7.12.21　眼蝶科Stayridae

体小至中型；头小，复眼周围有长毛；前足退化，毛刷状，折叠在胸下，不能行走，无爪；翅一般为暗灰色或褐色，有大小环状眼纹或圆斑，单个或者若干个列成一列；翅短而阔，外缘扇状，或有齿状；前翅R脉5条，A脉1条；后翅A脉2条。

1. 田园荫眼蝶*Neope christi*（图4-7-12-21-1）

翅深黑褐色，中室下脉纹及由此发生的脉纹黄色，中室端斑黄色，在反面尤其明显；后翅反面棕黑色，斑纹模糊不清，但前缘中部及中室端外的白斑明显。

图4-7-12-21-1　田园荫眼蝶*Neope christi*（左：背面；右：腹面）
（采集者：任艺；长白沟，20170709）

2. 明带黛眼蝶*Lethe helle*（图4-7-12-21-2）

前翅中室有黄色横带，外横带弧形连续，有明显的缘线。

图4-7-12-21-2　明带黛眼蝶 *Lethe helle*（左：背面；右：腹面）

（采集者：马思行；长白沟，20170710）

3. 云南黛眼蝶 *Lethe yunnana*（图4-7-12-21-3）

前翅中横线和亚外缘线在2A脉接近；后翅反面亚外缘1列眼状纹两侧均有白线；中线在中室端处有一条纵线与眼斑内侧白线相连；翅反面的带线均淡黄色，前翅中横带到达臀角，亚外缘有一列小眼斑；后翅中室端外有一条横线伸出，眼斑列两侧均有线。

图4-7-12-21-3　云南黛眼蝶 *Lethe yunnana*（左：背面；右：腹面）

（采集者：金浩杰；牧羊场，20180629）

4.7.12.22　灰蝶科 Lycaenidae

体小型，翅正面通常有蓝、绿、铜等色，反面多为灰、白、褐等色；复眼互相接近，周围有一圈白毛；触角短，每节有白色环；前足正常；前翅R脉通常3～4条，R_4脉消失，A脉1条；后翅A脉2条，有的生1～3个尾突。

斯旦呃灰蝶*Athamanthia standfussi*（图4-7-12-22-1）

体小型；前翅正面红褐色，中室及其端部各有1个黑斑，中室外侧黑斑1列，外缘黑色；后翅正面外缘有红褐色带；前翅反面橙黄色，斑纹同正面；后翅反面灰褐色，分布有淡褐色斑。

图4-7-12-22-1　斯旦呃灰蝶*Athamanthia standfussi*
（左：拍摄者：王戎疆；白沙沟，20170707。右：拍摄者：王戎疆；流石滩，20180703）

4.7.13　双翅目Diptera

成虫只有一对膜质前翅，后翅变化为平衡棒；口器刺吸式、刮吸式、舐吸式；触角丝状、短角状、具芒状。适应性强，个体和种类的数量多；有些种类取食植物，有的腐食，有的吸血。

4.7.13.1　食虫虻科Asilidae（图4-7-13-1-1）

体小至大型，强壮而细长；头甚阔，颈细，触角向前突出，丝状，通常3节，末节

 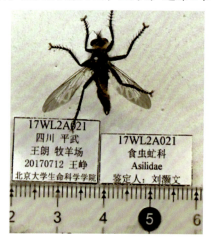

图4-7-13-1-1　食虫虻科昆虫（左：背面；右：腹面）
（采集者：王峥；牧羊场，20170712）

延长，有1~2节的端刺，有时缺；复眼大，分离，有单眼，生在突起上；口器硬而短，喙状，向下，舌片细长，口须2节，基节小；胸部大而拱起，有刺毛；足细长有力而多刺毛。

4.7.13.2　大蚊科Tipulidae（图4-7-13-2-1）

体小至大型，细长；头有时延长呈喙状，单眼消失；雄蚊触角锯齿状，雌的简单；口器显著，下唇须4~5节；中胸背板一般有明显的V字形缝；翅有点纹或云纹，有时退化或消失，平衡棒明显；足甚长；腹端第9、10节膨大，形成膨腹端。

图4-7-13-2-1　大蚊科昆虫（中：背面；右：腹面）
（左：拍摄者：王戎疆；长白沟，20170614。中、右：采集者：郑心和；牧羊场，20180701）

4.7.13.3　食蚜蝇科Syrphidae（图4-7-13-3-1）

体小至大型，有黄色、橙色、白色等斑纹；头大，有的额突起；触角3节，生在小型或大型瘤上，触角芒位于背方或背方末端处；雌虫离眼式，雄虫接眼式，有3个单眼；翅大，顶室封闭，臀室大，在边缘前即闭合；外缘有和边缘平行的横脉，使R脉和M脉的缘室成为闭室；R脉和M脉之间有一条两端游离的伪脉。

图4-7-13-3-1　食蚜蝇科昆虫
（拍摄者：王戎疆；牧羊场，20180629）

4.7.13.4　蝇科Muscidae（图4-7-13-4-1）

体小至大型；头大，活动自如；复眼大，分离；舐吸式口器，唇瓣发达；触角具芒状，3节；翅的顶室狭，M脉外端向上，弯曲，末端达于翅顶前面或后方，Cu_1+An_1脉不达于翅后缘；腋瓣发达；平衡棒小。

图4-7-13-4-1 蝇科昆虫

（左：拍摄者：王戎疆；牧羊场，20180629。右：拍摄者：王戎疆；大草地，20170709）

4.7.14 膜翅目Hymenoptera

翅膜质，透明，后翅前缘有翅钩列与前翅连锁，翅脉往往退化成消失；一般为咀嚼式口器，有时变化为舐食式、吸收式或者嚼吸式口器；雌虫产卵器发达，锯状、刺状或针状，有的特化为螫针。大多数捕食性或寄生，少数为植食性；有的社会性生活。

4.7.14.1　叶蜂总科Tenthredinoidea（图4-7-14-1-1）

腹基部与胸部相接处宽阔（广腰亚目）；触角生于两眼间，唇基上方；前胫有两端距；植食性。

图4-7-14-1-1　叶蜂总科昆虫（中：背面；右：腹面）

（左：拍摄者：王戎疆；牧羊场，20180629。中、右：采集者：2017年3组；长白沟，20170709）

锤角叶蜂科Cimbicidae（图4-7-14-1-2）

体大型；触角棍棒状；前胫及后足跗节有扁舌状毛；翅缘室有横脉。

4.7.14.2　姬蜂总科Ichneumonoidea（4-7-14-2-1）

体形细；触角非膝状；前胸背板达于翅基片、相互接触；前翅有翅痣，中室与盘室间有基横脉相隔，转节2节；雌性有长形产卵管，一般生于腹端下面稍前方伸出。一般寄生于鞘翅目、鳞翅目、膜翅目和双翅目的幼虫。

图4-7-14-1-2　锤角叶蜂科昆虫（左：背面；右：腹面）
（采集者：2017年3组；白熊沟，20170710）

图4-7-14-2-1　姬蜂总科昆虫（上左、下左：背面；上右、下右：腹面）
（左1、左2：采集者：金浩杰；牧羊场，20180701。右1、右2：采集者：陈峻松；长白沟，20170710）

4.7.14.3　蚁总科Formicoidea（图4-7-14-3-1）

社会性昆虫，多态性；触角膝状；复眼小，有时退化或消失；单眼3个，位于头顶；口器发达，前胸背板向后伸长达于肩片；胸部与第一腹节愈合，为并胸腹节；转节1节，前足有发达的呈栉齿状的距；翅2对，存于有性体，工蚁常缺翅。

图4-7-14-3-1　蚁总科昆虫（中：背面；右：腹面）
（左：拍摄者：王戎疆，长白沟，20170614。中、右：采集者：曹配懿；牧羊场，20180702）

4.7.14.4　胡蜂科Vespidae（图4-7-14-4-1）

体小至大型，一般细长；体表光滑或有毛，黄、红等色，有黑褐等斑纹；头阔与胸等，唇基发达，上颚强大有齿；触角细长稍弯曲；足长，中胫有两距，爪简单；翅长而狭，休息时纵向折叠，后翅无臀叶，前翅有3亚缘室；腹部无柄，圆锥形，一般有横带，有螫针。

图4-7-14-4-1　胡蜂科昆虫（左：背面；右：腹面）
（采集者：王戎疆；牧羊场，20170616）

4.7.14.5　蜜蜂总科Apoidea（图4-7-14-5-1）

独栖或社会性生活，社会性生活的种类有工蜂，无缺翅型个体；前胸背板不向后伸达肩片；转节1节，后足跗节增大；头胸部的绒毛呈羽毛状。

图4-7-14-5-1 蜜蜂总科昆虫

（左：拍摄者：王戎疆；牧羊场，20170616。中、右：采集者：侯书婷；牧羊场，20170708）

熊蜂科Bombidae（图4-7-14-5-2）

体粗壮，密生毛，有黑、白、黄、橙、红等色；头比胸狭小；复眼较长，单眼生于头顶，列成一直线；触角膝状；雄足细长，雌足强大，雌后胫扁阔，有2距，外方有长缘毛，第一跗节长圆形，有一大端齿，其边缘与内面生短刚毛，形成花粉篮；翅长，有3个亚缘室。

图4-7-14-5-2 熊蜂科昆虫

（拍摄者：王戎疆；牧羊场，20180629）

4.8 两栖类

1. 高原林蛙*Rana kukunoris*（图4-8-1），无尾目Salientia，蛙科Ranidae

雄蛙体长51～62 mm，雌蛙体长51～70 mm。体色多变，体背土黄色、灰褐色、浅棕红色等，鼓膜部位有深色斑。背侧褶在颞部形成曲折状，背部有深色斑，四肢有深色横纹。雄性第Ⅰ指有婚垫，分为4团。生活于海拔2 000～4 000 m的高山林区、灌丛或森林边缘地带，多栖息在静水域岸边及其他潮湿环境中，捕食昆虫、蜘蛛、蚯蚓等小动物。繁殖期一般在3—5月，卵聚为团状（图4-8-2）。

2. 华西蟾蜍*Bufo andrewsi*（图4-8-3），无尾目Salientia，蟾蜍科Bufonidae

雄蟾体长63～90 mm，雌蟾体长85～116 mm。体背棕色、土黄色或橄榄绿色，杂有深色斑。皮肤粗糙，除头部外体背满布大小不等的瘰粒，耳后腺大而明显，长卵圆形。雄性第Ⅰ、Ⅱ、Ⅲ指基部有黑色婚刺。穴居在海拔750～3 500 m的草丛间或石下。白昼潜伏，晚上或雨天外出活动。捕食蜗牛、蛞蝓、蚂蚁、甲虫与蛾类等动物。繁殖期一般在3—5月，产长条形卵带（图4-8-4）。

图4-8-1　高原林蛙成体（拍摄者：李晟）

图4-8-2　高原林蛙卵（拍摄者：李成）

图4-8-3　华西蟾蜍成体（拍摄者：李晟）　　　图4-8-4　华西蟾蜍卵带（拍摄者：李成）

3. 川北齿蟾 *Oreolalax chuanbeiensis*（图4-8-5），无尾目Anura，角蟾科Megophryidae

雄蟾体长48～56 mm，雌蟾体长56～59 mm。体背灰黄色，杂以黑斑；腹面灰色，具黑色麻斑。四肢背面具横纹。头扁平，吻端钝圆，瞳孔纵置，无犁骨齿。皮肤粗糙，背部密布大小不等的圆疣。雄蟾前肢上臂背面有刺，第Ⅰ、Ⅱ指有细密婚刺，胸部有1对刺团，较大。成体以陆栖为主，多生活于海拔2 000～3 200 m树木丛生的山溪附近。白天常隐蔽在溪边朽木下、有苔藓腐叶的泥洞或石隙间。夜出活动，多爬行，行动缓慢。繁殖季节进入溪流内。繁殖期5—6月。中国特有种，仅见于四川平武、甘肃文县。

图4-8-5　川北齿蟾（拍摄者：李成）

4. 王朗齿突蟾Scutiger wanglangensis（图4-8-6），无尾目Anura，角蟾科Megophryidae

雄蟾体长53～58 mm，雌蟾体长64 mm左右。体和四肢背面灰橄榄色，两眼间常有1个褐色三角斑。腹部多无斑，雌蟾腹部及四肢腹面有深灰色网状斑。头较扁平，头长略小于头宽，吻端圆，无鼓膜和鼓环；上颚有齿突。头部背面光滑；背部及四肢有刺疣（雌蟾背疣上无刺）；前肢及手长不到体长一半，后肢短。雄蟾内侧Ⅲ指有细密婚刺，胸部有2对刺团。生活于海拔2 200～2 800 m的山地森林生境。成体多栖息在小溪流的石下或岸边土洞内。5月中旬至6月中旬繁殖。卵群黏附在溪内石块底部，呈环状（图4-8-7）。2007年

图4-8-6　王朗齿突蟾（拍摄者：李成）

被确定为中国两栖类新种，为中国特有种，仅分布于四川（平武、九寨沟、青川）、甘肃（文县）的少部分地区。

图4-8-7　王朗齿突蟾环状卵群（拍摄者：李成）

5. 西藏山溪鲵*Batrachuperus tibetanus*（图4-8-8），有尾目Urodela，小鲵科Hynobiidae

雄鲵全长175～211 mm，雌鲵全长170～197 mm。体背面灰黑色至深灰色或橄榄灰色，无斑或有细麻斑；腹面色略浅。头部较扁平，唇褶甚发达，成体颈侧无鳃孔。躯干浑圆或略扁平，皮肤光滑，肋沟一般有12条；掌、跖部腹面无角鞘，指、趾各4。生活于海拔1 500～4 250 m的溪流内，或栖息于泉水石滩内。成鲵以水栖生活为主，白天多隐于溪内石块下或倒木下。成鲵主要以虾类和水生昆虫及其幼虫为食。繁殖期5—7月，雌鲵产卵鞘袋1对（图4-8-9），固着在石块或倒木底面，袋内有卵16～25粒。中国特有种，为国家二级重点保护野生动物，分布于青海（东部）、甘肃（南部）、陕西（南部）、四川（西北部）、西藏（东部），在王朗自然保护区内各个溪流均有分布。

左：幼体；右：成体

图4-8-8　西藏山溪鲵（拍摄者：李晟）

图4-8-9　西藏山溪鲵卵鞘（拍摄者：李成）

4.9　爬行类

1. 铜蜓蜥 *Sphenomorphus indicus*（图4-9-1），有鳞目Squamata，石龙子科Scincidae

雄体全长16～23 cm，雌体全长16～25 cm。体背面古铜色，背中央有一条断续黑纹，体侧有一条宽黑褐色纵带。主要生活于海拔2 600 m以下的山地、平原，常见于阴湿草丛、荒石堆、道路路侧或石壁裂缝处。

2. 菜花原矛头蝮 *Protobothrops jerdonii*（图4-9-2），有鳞目Squamata，蝰科Viperidae

成体全长75～84 cm。背面亮绿色或暗绿色间杂菜花黄色斑，背正中有镶边红色斑块。头三角形；躯干细长而尾短。头背被覆细小粒鳞。常生活于海拔1 500～3 000 m的山地。繁殖期7—9月。有剧毒，不甚惧人。王朗自然保护区罕见，仅发现于豹子沟附近区域。

图4-9-1　铜蜓蜥成体（拍摄者：宋心强）

图4-9-2　菜花原矛头蝮（拍摄者：李成）

4.10 鸟类

4.10.1 鸡形目Galliformes

中国纪录有1科（即雉科Phasianidae）64种，王朗纪录有11属11种。其中，环颈雉（*Phasianus colchicus*）见于豹子沟外村庄农田附近，保护区内少见；其余10种在保护区内均可见到（表4-10-1-1）。

雉科鸟类均为留鸟，地栖活动。体形较大，足强健善奔走，翅短圆不善飞行。喙短而坚实，适于挖掘和啄食，主要取食植物性食物，偶尔捕捉小型无脊椎动物（例如昆虫与蚯蚓），而雏鸟的食谱中动物性食物的比例要高于成体。许多物种具明显的性二型性，通常雄性羽色华丽而雌性较为暗淡。雄性个体在繁殖期具复杂的求偶展示行为。除角雉等物种外，大多营地面巢，结构简单，通常仅为地面上的一个浅凹，垫有落叶和亲鸟脱落的绒羽。雏鸟早成，在孵化出壳后很快就可以活动并自行觅食。

王朗自然保护区内鸡形目物种分为两个生态群，即主要栖息于林线以上高山草甸至流石滩生境的高山雉类群（包括绿尾虹雉*Lophophorus lhuysii*、雪鹑*Lerwa lerwa*、藏雪鸡*Tetraogallus tibetanus*等），以及主要栖息于林线以下森林生境的森林雉类群（包括血雉*Ithaginis cruentus*、勺鸡*Pucrasia macrolopha*、红腹角雉*Tragopan temminckii*等）。保护区2014—2018年红外相机调查（有效调查位点249个，相机总有效工作日天数26 123天）结果显示，在保护区内记录到的10个雉类物种中，血雉为种群数量最大的优势种，在114个位点共拍摄到血雉照片与视频合计8 907份（占鸡形目总数的71.46%），独立探测922次（占鸡形目总数的70.11%），相对多度指数RAI=35.29（表4-10-1-1）。

表4-10-1-1　王朗自然保护区2014—2018年红外相机调查中记录到的鸡形目物种及相对多度指数

物种	国家保护级别	IUCN RedList	记录数（照片+视频）	独立探测数	相对多度指数RAI
1. 斑尾榛鸡*Tetrastes sewerzowi*	一级	NT	57	6	0.23
2. 雪鹑*Lerwa lerwa*		LC	47	6	0.23
3. 红喉雉鹑*Tetraophasis obscurus*	一级	LC	687	65	2.49
4. 藏雪鸡*Tetraogallus tibetanus*	二级	LC	52	10	0.38
5. 血雉*Ithaginis cruentus*	二级	LC	8 907	922	35.29
6. 绿尾虹雉*Lophophorus lhuysii*	一级	VU	62	6	0.23
7. 红腹角雉*Tragopan temminckii*	二级	LC	1 242	208	7.96
8. 勺鸡*Pucrasia macrolopha*	二级	LC	219	21	0.80
9. 红腹锦鸡*Chrysolophus pictus*	二级	LC	120	13	0.50
10. 蓝马鸡*Crossoptilon auritum*	二级	LC	1 071	58	2.22
总计			12 464	1 315	50.34

1. 斑尾榛鸡 *Tetrastes sewerzowi*，Chinese Grouse（图4-10-1-1），雉科 *Phasianidae*，榛鸡属 *Bonasa*

保护等级：中国：一级；IUCN RedList：近危（NT）。

形态特征：体长33～40 cm。雌雄个体外部形态相似。成年雄性喉部黑色，外周具白色边缘，眼后具一明显的白色条纹，眼上方有一小块明显的红色裸皮。头顶具较短的蓬松羽冠。身体羽色斑驳，整体棕红色至棕色，上部具黑色横纹，而下部为显眼的黑色与白色横纹。雌性个体喉部棕红色，外缘白圈较窄细。

习性：中国特有种。留鸟，见于针叶林、杜鹃林和林缘灌丛。常于灌丛之上啄食嫩芽。行单配制，常见单只或成对活动，冬季偶见集群觅食。

左：雄性；右：雌性

图4-10-1-1 斑尾榛鸡成体（拍摄者：唐军）

2. 雪鹑 *Lerwa lerwa*，Snow Partridge（图4-10-1-2），雉科 *Phasianidae*，雪鹑属 *Lerwa*

保护等级：中国：三有名录[1]；IUCN RedList：无危（LC）。

形态特征：小型雉类，体长30～40 cm。雌雄羽色差异不明显。喙及足红色。头、尾及上体密布较细的横纹，胸至下腹具棕红色矛状纵纹，两翅沾棕褐色。

习性：留鸟，栖息于海拔2 900～5 000 m的高山草甸和碎石地带。单配制，繁殖季常成对出现，非繁殖季集小群活动，偶见数十只大群。

3. 红喉雉鹑 *Tetraophasis obscurus*，Chestnut-throated Partridge（图4-10-1-3），雉科 *Phasianidae*，雉鹑属 *Tetraophasis*

保护等级：中国：一级；IUCN RedList：无危（LC）。

形态特征：体长44～55 cm。性二型性差异不显著，雄性体形稍大于雌性。胸部深灰色并被有黑斑，喉部栗红色，外缘具白边。肩羽羽端白色，两胁灰色并带有棕红色色斑。

1 《国家保护的有益的或者有重要经济、科学研究价值的陆生野生动物名录》

尾羽较长，端部白色。成体眼周裸皮猩红色，幼鸟眼周裸皮颜色较暗淡。

习性：中国特有种。留鸟，常栖息于海拔3 000～4 880 m的针叶林、杜鹃林、灌丛和开阔的流石滩。主要以植物和昆虫为食，喜食植物根和块茎。单配制，非繁殖季集3～5只小群觅食。

图4-10-1-2　集群活动的雪鹑（拍摄者：唐军）

图4-10-1-3　红喉雉鹑成体
（红外相机拍摄，提供者：李晟）

4. 藏雪鸡*Tetraogallus tibetanus*，Tibetan Snowcock（图4-10-1-4），雉科Phasianidae，雪鸡属*Tetraogallus*

保护等级：中国：二级；IUCN RedList：无危（LC）。

图4-10-1-4　藏雪鸡成体（拍摄者：张永）

形态特征：大型雉类，体长46～64 cm。雌雄羽色差异不明显。头、枕部灰，喉白，眼下具月牙状白斑。眼周裸皮及喙部呈红色。两翼具灰色及白色细纹，下体苍白，有黑色细纹。次级飞羽具白色宽边，在翅上形成大的白斑，飞行时明显。臀部及尾部呈红棕色。

习性：留鸟。栖息于海拔3 000 m以上的高山草甸和岩石陡坡地带，冬季下迁至低矮的灌丛及柏属植被地带，但从不进入森林和厚密的大片灌丛地区。单配制，繁殖季以外常集群觅食。

5. 血雉*Ithaginis cruentus*，Blood Pheasant（图4-10-1-5），雉科Phasianidae，血雉属*Ithaginis*

保护等级：中国：二级；IUCN RedList：无危（LC）。

形态特征：中小型雉类，体长40～48 cm。具中等程度性二型性差异。雄鸟头顶具黑色短冠羽，面部裸皮呈红色，喙部短小呈黑色。羽毛成披针状，羽干白色，上背部灰色，腹部两侧绿色。腿部及肛周羽毛鲜红色。雌鸟体色暗淡，呈灰色或暗褐色。

习性：留鸟。常栖息于海拔2 100～4 100 m的针叶林、针阔混交林、阔叶林和高山灌丛地区。主要以植物叶片、嫩芽、花、种子、根、苔藓、真菌及昆虫为食。单配制，繁殖期4—7月。繁殖期未配对个体会集成小群。冬季可集成较大的觅食群。

左：雄性；右：雌性

图4-10-1-5　血雉成体（红外相机拍摄，提供者：李晟）

6. 绿尾虹雉 *Lophophorus lhuysii*，Chinese Monal（图4-10-1-6），雉科 Phasianidae，虹雉属 *Lophophorus*

保护等级：中国：一级；IUCN RedList：易危（VU）。

形态特征：大型雉类，体长72～80 cm。雌雄性二型性差异显著。雄鸟头部金属绿色，颈部红铜色，上体蓝绿色；下背和腰白色，飞行时可见。雌鸟深褐色，具由羽干形成

左：雄性；右：雌性

图4-10-1-6　绿尾虹雉成体（红外相机拍摄，提供者：李晟）

的白色纵纹，喉部及下背部呈白色。

习性：留鸟。栖息于树线以上海拔3 000～5 000 m的亚高山、高山灌丛和草甸，尤其喜欢在陡崖及岩石地带出没；冬季可能会下迁到低至海拔2 600 m的森林中。主要挖掘植物根茎和块茎为食。单配制，繁殖季以外，集成1～8只个体组成的小群。夜间一般休憩于树上，或者有悬崖或灌木作为掩护的地面。

7. 红腹角雉*Tragopan temminckii*，Temminck's Tragopan（图4-10-1-7），雉科Phasianidae，角雉属*Tragopan*

保护等级：中国：二级；IUCN RedList：无危（LC）。

形态特征：中等体形雉类，体长44～60 cm。雌雄性二型性差异显著。成年雄性整体羽色绯红至橙红，上体覆有边缘黑色的白色斑点，下体覆有稍大的浅灰色至灰白色斑点。雄体头部黑色，头顶两侧有鲜亮的橙色至金色条纹，脸部具亮蓝色裸皮；头顶长有两个肉质角，平时隐于羽下不可见；喉部有蓝色喉垂。在求偶炫耀时，头顶肉质角充血竖起，喉垂向下充分伸展，形成具有红色条纹和蓝色斑点、色彩对比鲜明的华丽肉垂。雌性全身灰褐色至黄褐色，并密布白色的点斑与矛状短条纹。

习性：留鸟。通常栖息于海拔1 000～3 500 m的阔叶林和针阔混交林，也可见于竹林和杜鹃林。主要以植物为食，食物包括多种多样的植物种子、果实、花朵和叶子。单配制，但在繁殖期（3月下旬至7月）偶尔也可见到1雄2雌的组合。冬季会集成2～5只的小群活动。本区域中少有的不在地面筑巢的雉类，通常在有浓密林灌遮蔽的树上或灌木上筑巢，巢址离地可高达8 m。

左：雄性；右：雌性

图4-10-1-7 红腹角雉成体（红外相机拍摄，提供者：李晟）

8. 勺鸡*Pucrasia macrolopha*，Koklass Pheasant（图4-10-1-8），雉科Phasianidae，勺鸡属*Pucrasia*

保护等级：中国：二级；IUCN RedList：无危（LC）。

形态特征：大型雉类，体长60～70 cm。雌雄性二型性差异较为显著。成年雄性头部呈金属暗绿色，并具棕褐色长冠羽，颈部两侧有明显的白色斑块，下体中央至下腹深栗色，其余部分体羽银灰色并具有黑色纵纹。成年雌性体形稍小于雄性，耳羽簇更短。雌鸟和雄鸟均具有较长的楔形尾。亚成体在羽色上同雌鸟相似。新孵化雏鸟具有独特的黑色眼状斑。

习性：留鸟。常栖息于海拔600～4 000 m的山地森林中。常单独或成对觅食，冬季集成3～8只个体的小群。单配制，繁殖期4月底到7月初。雄鸟会在离开它们的夜宿地前发出响亮、震耳的占域性叫声，远处可辨。

左图：雄性成体；右图：雌性成体（右）及幼鸟（左）
图4-10-1-8　勺鸡（拍摄者：向定乾）

9. 红腹锦鸡*Chrysolophus pictus*，Golden Pheasant（图4-10-1-9），雉科Phasianidae，锦鸡属*Chrysolophus*

保护等级：中国：二级；IUCN RedList：无危（LC）。

左：雄性；右：雌性
图4-10-1-9　红腹锦鸡成体（红外相机拍摄，提供者：李晟）

形态特征：中等体形雉类，体长60～110 cm。雌雄性二型性差异显著。成年雄性羽色艳丽，具特长的中央尾羽，冠羽及背部金黄色，腹部亮红色。颈后具金黄色披肩，上具黑色横纹，在求偶展示时可呈扇状展开。双翅深蓝色，具金属光泽。成年雌性体形略小，羽色暗淡，整体浅棕色，密布鱼鳞状横纹，腹部羽色较浅。

习性：中国特有种，留鸟。常栖息于海拔1 000～2 800 m的山地森林和灌丛生境。多配制，繁殖期3—7月，其间雄性发出响亮的叫声。求偶时雄鸟在林间空地（求偶场）汇聚，共同向前来探查的雌性进行求偶展示。

10. 蓝马鸡 *Crossoptilon auritum*，Blue Eared-Pheasant（图4-10-1-10），雉科 Phasianidae，马鸡属 *Crossoptilon*

保护等级：中国：二级；IUCN RedList：无危（LC）。

形态特征：大型雉类，体长75～103 cm。性二型性差异不明显，但雄性体形稍大于雌性且跗跖有短距。整体浅蓝色至灰蓝色，头顶密布黑色绒羽；耳羽簇白色，向斜后方突出于头顶之上；眼周面部裸皮绯红色。尾羽较长，呈弧形披散下来，先端沾金属绿色和暗紫蓝色，外侧尾羽白色。腿、脚呈珊瑚红色。

图4-10-1-10　蓝马鸡成体（拍摄者：邵良鲲）

习性：中国特有种，留鸟。栖息于海拔2 400～4 000 m的高山灌丛、高山草甸和针叶林。主要以植物叶片、嫩芽、花、根、种子及昆虫为食。单配制，繁殖期3月下旬至7月，其间雄性发出响亮的叫声，常为争夺配偶发生殴斗。繁殖季结束后，常集群活动，可见数十只大群。受到惊扰时习惯奔跑疾行，很少起飞。

4.10.2　鹈形目 Pelecaniformes

鹈形目包括鹈鹕科、锤头鹳科、鲸头鹳科、鹮科和鹭科，共计5科35属109种。其中鹭科包括18属64种，中国有10属24种，王朗自然保护区内至今观察到4属4种。

鹭科鸟类雌雄相似，体羽疏松，通常为白色、灰色、紫色、褐色，有些种类具深色条纹。喙长直而尖，翅大而长，颈长，脚和趾细长，胫部部分裸露。

鹭科皆为涉禽，开阔的水域和湿地是其主要栖息地。飞翔能力强，飞行时颈呈S形收于肩间，脚向后伸直。行单配制，集群繁殖，巢位于树上，雏鸟晚成。双亲参与营巢、孵卵和育雏。

池鹭*Ardeola bacchus*，Chinese Pond Heron（图4-10-2-1），鹭科Ardeidae，池鹭属*Ardeola*

保护等级：中国：三有名录；IUCN RedList：无危（LC）。

形态特征：体长38～50 cm。翼白色，身体具褐色纵纹。雌雄鸟同色，雌鸟体形略小。繁殖羽：头及颈深栗色，胸紫酱色。冬羽及亚成体：站立时具褐色纵纹，飞行时体白而背部深褐。虹膜褐色；嘴黄色（冬季），端黑；腿及脚绿灰色。

习性：留鸟，常见于湖泊、沼泽湿地等水域。

左、中：非繁殖羽；右：繁殖羽

图4-10-2-1　池鹭（左、中：拍摄者：邵良鲲；右：拍摄者：罗春平）

4.10.3　鸻形目Charadriiformes

鸻形目下分鸻亚目（Charadrii）、鹬亚目（Scolopaci）和鸥亚目（Lari）。其中鸻亚目包括8科22属102种，鹬亚目包括5科27属107种，鸥亚目包括5科41属168种。中国有鸻鹬类9科26属79种。王朗自然保护区内至今观察到的鸻形目鸟类有4科9属10种。

鸻鹬类喙或长或短，形状各异，翅尖长，腿长，多数雌雄羽色相似。

鸻鹬类是涉禽中物种数最多的一类，是湿地生态系统的重要成员。其中，鸻类大多行社会性单配制，双亲共同育雏；鹬类具多种交配系统，部分物种表现出典型的性转换现象。营巢于地面，许多物种窝卵数通常为4，雏鸟早成。大多为候鸟，是水鸟保护的重点对象。

1. 丘鹬*Scolopax rusticola*，Eurasian Woodcock（图4-10-3-1），鹬科Scolopacidae，丘鹬属*Scolopax*

保护等级：中国：三有名录；IUCN RedList：无危（LC）。

形态特征：体长32～42 cm，肥胖，腿短，嘴长且直。整体棕红色，与沙锥相比体形较大，头顶及颈背具斑纹。起飞时振翅嗖嗖作响。占域飞行缓慢，于树顶高度起飞时嘴朝下。飞行看似笨重，翅较宽。虹膜褐色；嘴基部偏粉色，端黑；脚粉灰色。

习性：冬候鸟，常见于针叶林。

2. 灰头麦鸡*Vanellus cinereus*，Grey-headed Lapwing（图4-10-3-2），鸻科 Charadriidae，麦鸡属*Vanellus*

保护等级：中国：三有名录；IUCN RedList：无危（LC）。

形态特征：体长32～36 cm。体呈亮丽黑色、白色及灰色。头及胸灰色；上背及背褐色；翼尖、胸带及尾部横斑黑色，翼后余部、腰、尾及腹部白色。亚成体似成体但褐色较浓而无黑色胸带。虹膜褐色；嘴黄色、端黑；脚黄色。

习性：旅鸟。偶见于开阔草地、河边湿地。

图4-10-3-1　丘鹬（拍摄者：向定乾）

图4-10-3-2　灰头麦鸡（拍摄者：张铭）

4.10.4　佛法僧目Coraciiformes

佛法僧目包括佛法僧科（Coraciiformes）、蜂虎科（Meropidae）和翠鸟科（Alcedinidae），全球共有30属164种，王朗自然保护区内至今观察到翠鸟科2属2种。

翠鸟科鸟类以蓝、绿和棕色为主，黑或红色的喙直、长而强，腿短，并趾型，雌雄形态相似，少数种性二型性差别明显。

翠鸟科鸟类多栖息于湿地环境，等候式捕食，在水边生活的物种食鱼，陆生物种捕食昆虫和小型脊椎动物。在土壁或树洞内繁殖，自行凿洞或利用旧洞。社会系统多样，有配对繁殖，也有合作繁殖。

蓝翡翠*Halcyon pileata*，Black-capped Kingfisher（图4-10-4-1），翠鸟科Alcedinidae，翡翠属*Halcyon*

保护等级：中国：三有名录；IUCN RedList：无危（LC）。

形态特征：体长26～30 cm。体蓝色、白色及黑色。以头黑为特征。翼上覆羽黑

图4-10-4-1　蓝翡翠（拍摄者：罗春平）

色，上体其余为亮丽华贵的蓝色或紫色。两胁及臀沾棕色。飞行时白色翼斑显见。虹膜深褐色；嘴红色；脚红色。

习性：夏候鸟，常见于河流、水塘和沼泽地带。

4.10.5 隼形目Falconiformes

隼形目仅隼科（Falconidae）1科，下分笑隼亚科（Herpetotherinae）和隼亚科（Falconinae），共计11属64种，中国有2属12种，王朗自然保护区内至今观察到1属2种。

隼类的体形在猛禽中是相对较小的，存在性二型性，雌性体重比雄性重5%~10%。面部常有深色斑纹。翅长而狭尖，喙钩状，喙两侧有齿突。爪锐利，适于撕扯食物。

隼类适应于几乎所有类型的环境。肉食性，食谱很广，处于食物链的顶端。行单配制，雏鸟晚成，双亲共同育雏。多数具迁徙性。

游隼*Falco peregrinus*，Peregrine Falcon（图4-10-5-1），隼科Falconidae，隼属*Falco*

保护等级：中国：二级；IUCN RedList：无危（LC）。

形态特征：体长41~50 cm。体深色而强壮。成体头顶及脸颊近黑色或具黑色条纹；上体深灰色具黑色点斑及横纹；下体白色，胸具黑色纵纹，腹部、腿及尾下多具黑色横斑。雌鸟比雄鸟体大。亚成体褐色浓重，腹部具纵纹。虹膜黑色；嘴灰色，蜡膜黄色；腿及脚黄色。

习性：留鸟，飞行甚快，并从高空呈螺旋形而下猛扑猎物。为世界上飞行最快的鸟种之一，有时做特技飞行。在悬崖上筑巢。

图4-10-5-1 游隼（拍摄者：张铭）

4.10.6 鹰形目Accipitriformes

鹰形目包括蛇鹫科（Sagittariidae）、鹗科（Pandionidae）和鹰科（Accipitridae）。其中鹰科是猛禽中种类和数量最多的科，广泛分布于各大洲。全世界有69属248种，中国有20属46种，王朗自然保护区内至今观察到7属10种。

鹰科鸟类体形差别较大，种内存在性二型性，雌鸟体形常大于雄鸟。其羽色以棕、黑、白为主，亚成体多具斑纹，尾羽色常有别于体羽色。翅钝而宽圆，初级飞羽打开后在翼尖形成分离的"翼指"。具等趾足。喙基有蜡膜，喙侧有圆突。

鹰科鸟类为昼行性猛禽，大多为肉食性且食物种类多样，少数腐食。大多行单配制，仅少数种类有合作形式的多配现象。均为国家一级或二级保护动物。

1. 高山兀鹫*Gyps himalayensis*，Himalayan Vulture（图4-10-6-1），鹰科Accipitridae，兀鹫属*Gyps*

保护等级：中国：二级；IUCN RedList：无危（LC）。

形态特征：体长103～130 cm。体浅土黄色。下体具白色纵纹，头及颈略被白色绒羽，具皮黄色的松软领羽。初级飞羽黑色。亚成体深褐色，羽轴色浅成细纹。飞行显得甚缓慢。翼尖而长，略向上扬。与兀鹫的区别在于尾较短，成体色彩一般较浅，下体纵纹较少，幼鸟色彩深沉。虹膜橘黄色；嘴灰色；脚灰色。

习性：留鸟，通常于高空翱翔，有时结小群活动，或停栖于多岩峭壁。

2. 金雕*Aquila chrysaetos*，Golden Eagle（图4-10-6-2），鹰科Accipitridae，雕属*Aquila*

保护等级：中国：一级；IUCN RedList：无危（LC）。

形态特征：体长78～105 cm。体浓褐色。头颈部覆羽暗金色，嘴巨大。飞行时腰部白色明显可见。尾长而圆，两翼呈浅V形。与白肩雕的区别在于肩部无白色。亚成体翼具白色斑纹，尾基部白色。虹膜褐色；嘴灰色；脚黄色。

习性：留鸟，常见于高山针叶林，会随暖气流做壮观的高空翱翔。

图4-10-6-1　高山兀鹫（拍摄者：张铭）

图4-10-6-2　金雕（亚成体）
（红外相机拍摄，提供者：李晟）

3. 雀鹰*Accipiter nisus*，Eurasian Sparrowhawk（图4-10-6-3），鹰科Accipitridae，鹰属*Accipiter*

保护等级：中国：二级；IUCN RedList：无危（LC）。

形态特征：体长32～43 cm。翼短。雄鸟：上体褐灰色，白色的下体上多具棕色横斑，尾具横带。脸颊棕色为识别特征。雌鸟：体形较大，上体褐色，下体白色，胸部、腹部及腿上具灰褐色横斑，无喉中线，脸颊棕色较少。亚成体与鹰属其他鹰类的亚成体区别在于胸部具褐色横斑而无纵纹。虹膜：雄鸟橙红色，雌鸟、幼鸟黄色；嘴深灰色，端黑；脚黄色。

习性：留鸟，喜在高山幼树上筑巢，擅于从栖处或"伏击"飞行中捕食。

图4-10-6-3 雀鹰（拍摄者：李晟）

4.10.7 鸮形目Strigiformes

鸮形目分鸱鸮科（Strigidae）和草鸮科（Tytonidae），遍布除南极洲外的世界各地。全球共28属236种，中国有2科13属31种，王朗自然保护区内至今观察到1科5属7种。

不同种类的鸮体形变化很大，雌性一般比雄性大。羽毛柔软蓬松，羽色暗淡，一些种类具有显著的面盘和耳羽簇，足部常被羽，趾型3前1后，爪大而锐利。

鸮为夜行性猛禽，夜间视觉和听觉发达，以昆虫和各种脊椎动物为食。多数为留鸟或短期游荡，少数物种具迁徙行为。

1. 灰林鸮*Strix aluco*，Tawny Owl（图4-10-7-1），鸱鸮科Strigidae，林鸮属*Strix*

保护等级：中国：二级；IUCN RedList：无危（LC）。

形态特征：体长37～40 cm。体偏褐色。无耳羽簇，通体具浓红褐色的杂斑及棕纹，但也见偏灰个体。每片羽毛均具复杂的纵纹及横斑。上体有些许白斑，面盘之上有一偏白的V形。虹膜深褐色；嘴黄色；脚黄色。

习性：留鸟，常见于山地阔叶林和混交林中。在树洞营巢。夜行性，白天通常在隐蔽的地方睡觉。有时被小型鸣禽发现和围攻。

2. 领鸺鹠*Glaucidium brodiei*，Collared Owlet（图4-10-7-2），鸱鸮科Strigidae，鸺鹠属*Glaucidium*

保护等级：中国：二级；IUCN RedList：无危（LC）。

形态特征：体长14～16 cm。身体多横斑，眼黄色，颈圈浅色，无耳羽簇。头顶灰色，具白或皮黄色的小型眼斑；上体浅褐色而具橙黄色横斑；喉白而满具褐色横斑；胸及腹部皮黄色，具黑色横斑；大腿及臀白色具褐色纵纹。颈背有橘黄色和黑色的假眼。虹膜黄色；嘴角质色；脚灰色。

习性：留鸟，常见于山地森林和林缘灌丛地带。夜晚栖于高树，由凸显的栖木上出猎捕食。飞行时振翼极快。

图4-10-7-1　灰林鸮（拍摄者：李斌）

图4-10-7-2　领鸺鹠（拍摄者：张铭）

4.10.8　鸽形目Columbiformes

鸽形目仅鸠鸽科1科，下分鸠鸽亚科（Columbinae）、地鸠亚科（Peristerinae）和绿鸠亚科（Raphinae）。分布于全球的热带和温带地区，包括49属351种。中国有7属31种，王朗自然保护区内至今观察到2属6种。

鸠鸽类羽毛柔软，喙短，喙基有蜡膜，脚短而强，适于行走。雌雄羽色相似。种间体形差异甚大。

鸠鸽类多树栖，少数栖于地面或岩石间。喜集群。多数为留鸟，部分物种迁徙。主要以植物果实、种子为食，有些种类也取食小型动物。行社会性单配制。巢结构简单，窝卵数1～2，亲鸟会以嗉囊腺分泌的鸽乳饲喂幼鸟。

珠颈斑鸠Streptopelia chinensis，Spotted Dove（图4-10-8-1），鸠鸽科Columbidae，斑鸠属Streptopelia

保护等级：中国：三有名录；IUCN RedList：无危（LC）。

图4-10-8-1　珠颈斑鸠（拍摄者：邵良鲲）

形态特征：体长30～33 cm。体粉褐色。尾略显长，外侧尾羽前端的白色甚宽，飞羽较体羽色深。明显特征为颈侧满是白点的黑色斑块。虹膜橘黄色；嘴黑色；脚红色。

习性：留鸟，分布范围极广。地面取食，常成对立于开阔路面。受干扰后缓缓振翅，贴地而飞。

4.10.9 雁形目Anseriformes

雁形目包括叫鸭科（Anhimidae）、鹊雁科（Anseranatidae）和鸭科（Anatidae）。其中鸭科种类最多，包括52属165种。鸭科又可分为雁亚科（Anserinae）和鸭亚科（Anatinae），在中国分别有3属14种和17属37种，王朗自然保护区内至今观察到2属4种。

雁形目动物高度适应水生生活，体形较大但瘦长。天鹅类脖颈长，嘴扁平，翅膀长而尖，适于长途飞行。多数种类次级飞羽色彩艳丽，有金属光泽，被称作翼镜。脚短，着生于身体的中后部，向前的三趾间有蹼或半蹼。尾脂腺发达。除天鹅外大部分物种雌雄性二型性差异明显。

雁形目都是游禽，海洋、湖泊、河流和湿地是它们的重要栖息地。食性多样，有迁徙的习性，多集群生活，多行季节性单配制，雏鸟早成。

绿头鸭Anas platyrhynchos，Mallard（图4-10-9-1），鸭科Anatidae，［河］鸭属Anas

保护等级：中国：三有名录；IUCN RedList：无危（LC）。

形态特征：体长50～60 cm。家鸭的野生型。雄鸟头及颈深绿色带光泽，白色颈环使头与栗色胸隔开。雌鸟褐色斑驳，有深色的贯眼纹。较雌针尾鸭尾短而钝；较雌赤膀鸭体大且翼上图纹不同。虹膜褐色；嘴黄色；脚橘黄色。

习性：冬候鸟，主要栖息于湖泊、沼泽和草地。

图4-10-9-1　绿头鸭（拍摄者：邵良鲲）

4.10.10 啄木鸟目Piciformes

啄木鸟目亦称䴕形目，包括拟啄木鸟科（Megalaimidae）、响蜜䴕科（Indicatoridae）、啄木鸟科（Picidae）、鵎鵼科（Galbulidae）、蓬头䴕科（Buccoindae）、须䴕科（Capitoindae）、巨嘴鸟科（Ramphastidae）、巨嘴拟啄木鸟科（Semnornithidae）和非洲拟啄木鸟科（Lybiidae），共计9科74属484种。中国有拟啄木鸟科1属9种，响蜜䴕科1属1种，啄木鸟科14属33种，王朗自然保护区内至今观察到2科8属10种。

拟啄木鸟科雌雄形态相似，头部颜色多样，体羽以绿色为主，喙较大，边缘具齿，腿短，并趾型。啄木鸟科喙直、长而强，腿短而强，对趾型，趾长而粗，爪弯曲。许多物种雄性的头顶为红色。

此类群一般树栖生活，拟啄木鸟科主要取食植物果实，也吃昆虫和小型脊椎动物。啄木鸟科在树干上探食节肢动物，偶尔在空中捕捉猎物，许多种类也补充坚果和种子。行社会性单配制，一些物种合作繁殖。

1. 三趾啄木鸟*Picoides tridactylus*，Three-toed Woodpecker（图4-10-10-1），啄木鸟科Picidae，三趾啄木鸟属*Picoides*

保护等级：中国：二级；IUCN RedList：无危（LC）。

形态特征：体长20～23 cm。体黑白色。雄性头顶中央金黄色，杂以深色细纹；雌性头顶黑色具白色细纹；头顶两侧及枕部黑色，黑色的颊纹经颈侧与黑色的耳羽相连，头颈其余部分白色。背部黑色，中央白色，飞羽黑色具白色横纹。下体大致白色，仅胸侧及两胁具黑色纵纹。尾羽黑色，最外侧为白色具黑色横纹。虹膜褐色；嘴黑色；脚灰色。

习性：留鸟，常见于原始针叶林。常用喙在树干上凿出整齐横排的浅坑以取食树液。

2. 赤胸啄木鸟*Dendrocopos cathpharius*，Crimson-breasted Woodpecker（图4-10-10-2），啄木鸟科Picidae，啄木鸟属*Dendrocopos*

保护等级：中国：三有名录；IUCN RedList：无危（LC）。

图4-10-10-1 三趾啄木鸟（拍摄者：曹勇刚）

图4-10-10-2 赤胸啄木鸟（拍摄者：张铭）

形态特征：体长17～19 cm。体黑白色。具宽的白色翼段，黑色的宽颊纹成条带延至下胸。绯红色胸块及红臀为识别特征。雄鸟枕部红色。雌鸟枕黑但颈侧或具红斑。亚成体顶冠全红但胸无红色。虹膜略呈红色；嘴暗灰色；脚近绿色。

习性：留鸟，常见于落叶阔叶林和针阔混交林。喜栖于死树上，食花蜜及昆虫。

4.10.11 犀鸟目Bucerotiformes

犀鸟目包括犀鸟科（Bucerotidae）、戴胜科（Upupidae）和林戴胜科（Phoeniculidae）。分布广泛而易于辨识。戴胜科仅1属2种。王朗自然保护区内至今观察到仅戴胜1种。

戴胜科具有醒目的羽冠，喙长而弯，雌雄形态相似。

戴胜科适应于多种生境，常在地面翻动觅食昆虫及其幼虫、蚯蚓和螺类。行单配制，在洞穴缝隙内繁殖，少有巢材。

戴胜*Upupa epops*，Common Hoopoe（图4-10-11-1），戴胜科Upupidae，戴胜属*Upupa*

保护等级：中国：三有名录；IUCN RedList：无危（LC）。

形态特征：体长25～32 cm。身体色彩鲜明。具长而尖黑的耸立型粉棕色丝状冠羽。头、上背、肩及下体粉棕，两翼及尾具黑白相间的条纹。嘴长且下弯。虹膜褐色；嘴黑色；脚黑色。

习性：夏候鸟，分布范围极广。性活泼，喜开阔潮湿地面，用长嘴探查寻找食物。

图4-10-11-1　戴胜（左：拍摄者：邵良鲲；右：拍摄者：李斌）

4.10.12 鹃形目Cuculiformes

鹃形目包括1科36属149种。中国有20种，王朗自然保护区内至今观察到3属5种。

鹃形目动物翅短而微尖，尾长，腿短，对趾型。除金鹃属和杜鹃属外，雌雄羽色相似，雄鸟体形较雌鸟稍大。

鹃形目分布广泛，除鸦鹃和地鹃外均为树栖。以昆虫为主食，有些种类兼食植物果实和种子。地栖鹃类为留鸟，树栖种类具迁徙性。一些物种有巢寄生现象，以其独特的鸣声被人类熟知。

1. 小杜鹃*Cuculus poliocephalus*，Lesser Cuckoo（图4-10-12-1），杜鹃科Cuculidae，杜鹃属*Cuculus*

图4-10-12-1 小杜鹃（拍摄者：罗春平）

保护等级：中国：三有名录；IUCN RedList：无危（LC）。

形态特征：体长约25 cm。体灰色。腹部具横斑。上体灰色，头、颈及上胸浅灰色。下胸及下体余部白色，具清晰的黑色横斑，臀部沾皮黄色。尾灰色，无横斑但端具白色窄边。雌鸟似雄鸟但也具棕红色变型，全身具黑色条纹。眼圈黄色。似大杜鹃但体形较小，以叫声最易区分。虹膜褐色；嘴黄色，端黑；脚黄色。

习性：夏候鸟，常见于林缘地边、河谷次生林、阔叶林和灌木林。

2. 大鹰鹃*Hierococcyx sparverioides*，Large Hawk-Cuckoo，杜鹃科Cuculidae，鹰鹃属*Hierococcyx*

保护等级：中国：三有名录；IUCN RedList：无危（LC）。

形态特征：体长38～40 cm。灰褐色鹰样杜鹃。尾部次端斑棕红色，尾端白色。胸棕色，具白色及灰色斑纹。腹部具白色及褐色横斑而染棕。颏黑色。亚成体：上体褐色带棕色横斑；下体皮黄色而具近黑色纵纹。与鹰类的区别在其姿态及嘴形。虹膜橘黄色；上嘴黑色，下嘴黄绿色；脚浅黄色。

习性：夏候鸟，隐蔽于树木叶簇中鸣叫，白天或夜间都可听到。

4.10.13 夜鹰目Caprimulgiformes

夜鹰目包括雨燕类、夜鹰类和蜂鸟类。其中雨燕类包括凤头雨燕科（Hemiprocnidae）和雨燕科（Apodidae），全球共20属100种，中国有5属14种，王朗自然保护区内至今观察到3属3种。

雨燕类鸟类羽色朴素，雌雄相似。颈短，翅尖长，尾叉形。喙短，嘴裂宽。跗跖短且被羽，四趾均向前。

雨燕类擅于在飞行中捕食昆虫，飞行速度快，但由于足的结构，只能从高处起飞。部分物种进行长距离迁徙。营巢于岩壁、屋檐和树洞中，窝卵数1~5，双亲共同育雏。一些非迁徙的物种常形成长期的配偶关系。

1. 短嘴金丝燕Collocalia brevirostris，Himalayan Swiftlet（图4-10-13-1），雨燕科Apodidae，金丝燕属Collocalia

保护等级：中国：三有名录；IUCN RedList：无危（LC）。

形态特征：体长14 cm的小型雨燕。体近黑色。两翼长而钝，尾略呈叉形。腰部颜色有异，从浅褐色至偏灰色，下体浅褐色并具色稍深的纵纹。腿略覆羽。虹膜色深；嘴黑色；脚黑色。

习性：夏候鸟，常结群快速飞行于开阔的高山峰脊。

2. 白腰雨燕Apus pacificus，Fork-tailed Swift（图4-10-13-2），雨燕科Apodidae，雨燕属Apus

保护等级：中国：三有名录；IUCN RedList：无危（LC）。

形态特征：体长17 cm的中型雨燕。体污褐色。尾长而尾叉深，颏偏白，腰上有白斑。与小白腰雨燕区别在于体大而色淡，喉色较深，腰部白色马鞍形斑较窄，体形较细长，尾叉开。虹膜深褐色；嘴黑色；脚偏紫色。

习性：夏候鸟，成群活动于开阔地区，常常与其他雨燕混群，进食时做不规则的振翅和转弯。

图4-10-13-1　短嘴金丝燕（拍摄者：章麟）

图4-10-13-2　白腰雨燕（拍摄者：刘勤）

4.10.14　雀形目Passeriformes

雀形目鸟类多数善于鸣叫，分为鸣禽与亚鸣禽两类。鸣禽主要指燕雀亚目（Passerii）的鸟类，亚鸣禽包括琴鸟亚目（Menura）、阔嘴鸟亚目（Eurylaimi）和霸鹟亚目（Tyranni）。种类及数量众多，是鸟类中多样性最高的一目，全球有超过140科6 500种以上，占鸟类全部种类的半数以上。我国有55科，王朗自然保护区内至今观察到35科93属

194种。

雀形目鸟类喙形多样，适于多种类型的生活习性。鸣管结构及鸣肌复杂，大多善于鸣啭，叫声多变、悦耳。离趾型足，趾三前一后，后趾与中趾等长。腿细弱，跗跖后缘鳞片常愈合为整块鳞板。雀腭型头骨。

雀形目鸟类适应辐射及各种生态环境。筑巢大多精巧，雏鸟晚成。

1. 灰背伯劳*Lanius tephronotus*，Grey-backed Shrike（图4-10-14-1），伯劳科Laniidae，伯劳属*Lanius*

保护等级：中国：三有名录；IUCN RedList：无危（LC）。

形态特征：体长22～25 cm。尾长。似棕背伯劳但区别在于上体深灰色，仅腰及尾上覆羽，具狭窄的棕色带。初级飞羽的白色斑块小或无。虹膜黑色；嘴浅灰色；脚深灰色。

习性：留鸟，分布范围极广，常栖息于树梢的干枝或电线上，俯视四周以抓捕猎物。甚不惧人。

图4-10-14-1　灰背伯劳（左：拍摄者：邵良鲲；右：拍摄者：李斌）

2. 红嘴蓝鹊*Urocissa erythrorhyncha*，Red-billed Blue Magpie（图4-10-14-2），鸦科Corvidae，蓝鹊属*Urocissa*

保护等级：中国：三有名录；IUCN RedList：无危（LC）。

形态特征：体长53～68 cm。体色亮丽，具长尾。头黑而顶冠白。与黄嘴蓝鹊的区别在于嘴猩红色，脚红色。腹部及臀白色，尾楔形，外侧尾羽黑色而端白色。虹膜红色；嘴红色；脚红色。

习性：留鸟，分布范围较广，性喧闹，结小群活动。以果实、小型鸟类及卵、昆虫和动物尸体为食，常在地面取食。

图4-10-14-2　红嘴蓝鹊（左：拍摄者：王进；右：拍摄者：李斌）

3. 大嘴乌鸦 *Corvus macrorhynchos*，Large-billed Crow（图4-10-14-3），鸦科 Corvidae，鸦属 *Corvus*

保护等级：IUCN RedList：无危（LC）。

形态特征：体长45～54 cm。体黑色，有闪光。嘴甚粗厚。比渡鸦体小而尾较平。与小嘴乌鸦的区别在于嘴粗厚而尾圆，头顶更显拱圆形。虹膜褐色；嘴黑色；脚黑色。

习性：留鸟，分布范围极广，常成对生活，偶聚小群。食性杂，偶见捕食小型脊椎动物，常食腐。

图4-10-14-3　大嘴乌鸦（左：拍摄者：罗春平；右：拍摄者：李斌）

4. 星鸦 *Nucifraga caryocatactes*，Spotted Nutcracker（图4-10-14-4），鸦科 Corvidae，星鸦属 *Nucifraga*

保护等级：IUCN RedList：无危（LC）。

形态特征：体长30～38 cm。体深褐色而密布白色点斑。臀及尾角白色，形短的尾与强直的嘴使之看上去特显壮实。虹膜深褐色；嘴黑色；脚黑色。

图4-10-14-4 星鸦（拍摄者：邵良鲲）

习性：留鸟，常见于针阔混交林。动作斯文，飞行起伏而有节律。

5. 长尾山椒鸟 *Pericrocotus ethologus*，Long-tailed Minivet（图4-10-14-5），山椒鸟科Campephagidae，山椒鸟属 *Pericrocotus*

保护等级：中国：三有名录；IUCN RedList：无危（LC）。

形态特征：体长17~20 cm。体黑色，具红色或黄色斑纹，尾形长。红色雄鸟与粉红山椒鸟及灰喉山椒鸟的区别在于喉黑；与短嘴山椒鸟的区别在于翼斑形状不同且色泽较淡，下体红色。雌鸟与灰喉山椒鸟易混淆，区别仅在上嘴基具模糊的暗黄色。虹膜褐色；嘴黑色；脚黑色。

习性：夏候鸟，分布范围极广，尤喜栖息于疏林、草坡、乔木、树顶。成对或营大群生活。

左：雄性；右：雌性

图4-10-14-5 长尾山椒鸟（左：拍摄者：曹勇刚；右：拍摄者：罗春平）

6. 河乌 *Cinclus cinclus*，White-throated Dipper（图4-10-14-6），河乌科Cinclidae，河乌属 *Cinclus*

保护等级：IUCN RedList：无危（LC）。

形态特征：体长16~21 cm。体深褐色。特征为颏及喉至上胸具白色的大斑块。下背及腰偏灰。深色型喉胸可能呈烟褐色，偶具浅色纵纹。通常的浅色型喉胸纯白色。幼鸟灰色较重，下体较白。虹膜红褐色；嘴近黑色；脚褐色。

习性：留鸟，常见于清澈而湍急的山间溪流。身体常上下点动，做振翅炫耀。善游泳及潜水，头从水中冒起如瓶塞。

左：成体；右：亚成体

图4-10-14-6　河乌（左：拍摄者：李斌；右：拍摄者：曹勇刚）

7. 宝兴歌鸫*Turdus mupinensis*，Chinese Thrush（图4-10-14-7），鸫科Turdidae，鸫属*Turdus*

保护等级：中国：三有名录；IUCN RedList：无危（LC）。

形态特征：体长20～24 cm。上体褐色，下体皮黄而具明显的黑点。与欧歌鸫的区别在于耳羽后侧具黑色斑块，白色的翼斑醒目。虹膜褐色；嘴污黄色；脚暗黄色。

习性：留鸟，常见于针阔混交林和针叶林，一般栖息于林下灌丛。单独或结小群。甚惧生。

8. 淡背地鸫*Zoothera mollissima*[1]，Plain-backed Thrush（图4-10-14-8），鸫科Turdidae，地鸫属*Zoothera*

保护等级：IUCN RedList：无危（LC）。

形态特征：体长24～26 cm。上体全红褐色，外侧尾羽端白，浅色眼圈明显，翼部白色斑块在飞行时明显，但停歇时不显露。与长尾地鸫的区别在于尾较短，胸具鳞状斑纹而非黑色横纹，翼上横纹较窄且色暗。虹膜褐色；嘴黑褐色，下颚基部色较浅；脚肉色。

习性：夏候鸟，常见于林线以上的低矮的杜鹃灌丛、长有稀树灌丛的岩石地和裸岩的坡地。

---

[1] 原称光背地鸫。

图4-10-14-7　宝兴歌鸫（拍摄者：王进）　　　　图4-10-14-8　淡背地鸫（拍摄者：王进）

9. 灰头鸫*Turdus rubrocanus*，Grey-headcd Thrush（图4-10-14-9），鸫科Turdidae，鸫属*Turdus*

保护等级：IUCN RcdList：无危（LC）。

形态特征：体长24～29 cm。体栗色及灰色。体羽色彩图纹特别，头及颈灰色，两翼及尾黑色，体多栗色。与棕背黑头鸫的区别在于头灰色而非黑色，栗色的身体与深色的头胸部之间无偏白色边界，尾下覆羽黑色且羽端白，而非黑色且羽端棕色，眼圈黄色。虹膜褐色；嘴黄色；脚黄色。

习性：留鸟，栖息于草甸、草地、落叶阔叶林和针阔混交林。一般单独或成对活动，但冬季结小群。常于地面取食。性惧生。

图4-10-14-9　灰头鸫（左：拍摄者：邵良鲲；右：拍摄者：罗春平）

10. 锈胸蓝姬鹟*Ficedula hodgsonii*，Slaty-backed Flycatcher（图4-10-14-10），鹟科Muscicapidae，姬鹟属*Ficedula*

保护等级：IUCN RedList：无危（LC）。

形态特征：体长12～14 cm。体青石蓝色。胸橘黄色，上体无虹闪，外侧尾羽基部白色，胸橙褐渐变为腹部的皮黄白色。与山蓝仙鹟的区别在于背部色彩较暗淡，尾基部白色，两翼较长而嘴短，且缺少眉纹和翼斑。雌鸟与灰蓝姬鹟雌鸟的区别在于胸部无浅色的中央斑纹，与玉头姬鹟雌鸟的区别在于下体较暗淡。虹膜褐色；嘴黑色；脚深褐色。

习性：夏候鸟，常见于针叶林。较安静。

左：雄性；右：雌性

图4-10-14-10　锈胸蓝姬鹟（拍摄者：罗春平）

11. 橙胸姬鹟 Ficedula strophiata，Rufous-gorgeted Flycatche（图4-10-14-11），鹟科Muscicapidae，姬鹟属Ficedula

保护等级：IUCN RedList：无危（LC）。

形态特征：体长12～15 cm。尾黑而基部白，上体多灰褐色，翼橄榄色，下体灰色。成年雄鸟额上有狭窄白色带并具小的深红色项纹（常不明显）。雌鸟似雄鸟，但项

左：雄性；右：雌性

图4-10-14-11　橙胸姬鹟（左：拍摄者：罗春平；右：拍摄者：曹勇刚）

纹小而色浅。亚成体具褐色纵纹，两胁棕色而具黑色鳞状斑纹。虹膜褐色；嘴黑色；脚褐色。

习性：夏候鸟，栖于密闭森林的地面和较低灌丛。性惧生。

12. 乌鹟 *Muscicapa sibirica*，Sooty Flycatcher（图4-10-14-12），鹟科 Muscicapidae，鹟属 *Muscicapa*

保护等级：中国：三有名录；IUCN RedList：无危（LC）。

形态特征：体长12～14 cm。体烟灰色。上体深灰色，翼上具不明显皮黄色斑纹，下体白色，两胁深色具烟灰色杂斑，上胸具灰褐色模糊带斑。白色眼圈明显，喉白，通常具白色的半颈环。下脸颊具黑色细纹。翼长至尾的2/3。亚成体脸及背部具白色点斑。虹膜深褐色；嘴黑色；脚黑色。

习性：夏候鸟，常见于针阔混交林和针叶林。喜紧立于裸露低枝，冲出捕捉过往昆虫。

图4-10-14-12　乌鹟（拍摄者：罗春平）

13. 蓝眉林鸲 *Tarsiger rufilatus*[1]，Himalayan Bluetail（图4-10-14-13），鹟科 Muscicapidae，鸲属 *Tarsiger*

保护等级：IUCN RedList：无危（LC）。

形态特征：体长12～15 cm，体深蓝色，喉白。特征为橘黄色两胁与白色腹部及臀成对比。雄鸟头部至上背深蓝色，眉纹亮蓝色（有时也会显白）且从眼先延伸至耳部；亚成体及雌鸟褐色，腰部和尾亮天蓝色。虹膜褐色；嘴黑色；脚灰色。

习性：夏候鸟，常见于针阔混交林和针叶林，喜林下低处。

1　由红胁蓝尾鸲（*Tarsiger cyanurus*）的亚种提升为种。

左：雄性；右：雌性

图4-10-14-13 蓝眉林鸲（拍摄者：罗春平）

14. 红尾水鸲*Rhyacornis fuliginosus*，Plumbeous Water-Redstart（图4-10-14-14），鹟科Muscicapidae，水鸲属*Rhyacornis*

保护等级：IUCN RedList：无危（LC）。

形态特征：体长12～15 cm。雌雄异色。雄鸟：腰、臀及尾栗褐色，其余部位深青石蓝色。与多数红尾鸲的区别在于无深色的中央尾羽。雌鸟：上体灰色，眼圈色浅；下体白色，灰色羽缘成鳞状斑纹，臀、腰及外侧尾羽基部白色；尾余部黑色；两翼黑色，覆羽及三级飞羽羽端具狭窄白色带。与小燕尾的区别在于尾端槽口，头顶无白色，翼上无横纹。雌雄两性均具明显的不停弹尾动作。幼鸟灰色上体具白色点斑。虹膜深褐色；嘴黑色；脚褐色。

习性：留鸟，主要栖息于山地溪流沿岸。单独或成对。尾常摆动。在岩石间快速移动。炫耀时停在空中振翼，尾扇开，做螺旋形飞回栖处。领域性强，但常见与河乌、溪鸲或燕尾在同一河段活动。

左：雄性；右：雌性

图4-10-14-14 红尾水鸲（拍摄者：罗春平）

15. 白顶溪鸲 *Chaimarrornis leucocephalus*，White-capped Water Redstart（图4-10-14-15），鹟科 Muscicapidae，白顶溪鸲属 *Chaimarrornis*

保护等级：IUCN RedList：无危（LC）。

形态特征：体长16~20 cm。雌雄相似。头顶至枕部白色，头部其余部分、胸部、背部及两翼为黑色。腰、尾上覆羽、腹部和尾下覆羽为鲜艳而浓重的橙红色。尾羽较长，橙红色，具宽阔的黑色端斑。虹膜深褐色；嘴黑色；脚黑色。

习性：留鸟，主要栖息于水边石滩。特征性动作为尾羽有节奏地上翘，但一般不扇开。

图4-10-14-15 白顶溪鸲（拍摄者：李斌）

16. 小燕尾 *Enicurus scouleri*，Little Forktail（图4-10-14-16），鹟科 Turdidae，燕尾属 *Enicurus*

保护等级：IUCN RedList：无危（LC）。

形态特征：体长12~14 cm，整体呈黑白两色。尾短，与黑背燕尾色彩相似但尾短而叉浅。其头顶白色、翼上白色条带延至下部且尾开叉而易与雌红尾水鸲相区别。虹膜褐色；嘴黑色；脚粉白色。

习性：留鸟，常见于针阔混交林的山涧溪流。常成对或单独活动。以水生昆虫和昆虫幼虫为食。不惧人。

17. 普通䴓 *Sitta europaea*，Eurasion Nuthatch（图4-10-14-17），䴓科 Sittidae，䴓属 *Sitta*

保护等级：IUCN RedList：无危（LC）。

形态特征：体长约14 cm。色彩优雅。上体蓝灰，过眼纹黑色，喉白，腹部淡皮黄，

图4-10-14-16 小燕尾（拍摄者：张永）

图4-10-14-17 普通䴓（拍摄者：罗春平）

两胁浓栗色，整个下体粉皮黄。虹膜深褐色；嘴黑色，下颚基部带粉色；脚深灰色。

习性：留鸟，分布范围广泛。成对或结小群活动。在树干的缝隙及树洞中啄食橡树籽及坚果。飞行起伏呈波状。偶尔于地面取食。

18. 红翅旋壁雀 *Tichodroma muraria*，Wallcreeper（图4-10-14-18），䴓科Sittidae，旋壁雀属 *Tichodroma*

保护等级：IUCN RedList：无危（LC）。

形态特征：体长16～17 cm。体灰色。尾短而嘴长，翼具醒目的绯红色斑纹。繁殖期雄鸟脸及喉黑色，雌鸟黑色较少。非繁殖期成体喉偏白，头顶及脸颊沾褐色。飞羽黑色，外侧尾羽羽端白色显著，初级飞羽两排白色点斑飞行时成带状。虹膜深褐色；嘴黑色；脚棕黑色。

习性：留鸟，常见于流石滩，喜在岩崖峭壁上攀爬。

图4-10-14-18 红翅旋壁雀（左：拍摄者：邵良；右：拍摄者：罗春平）

19. 霍氏旋木雀 *Certhia familiaris*[1]，Eurasian Tree Creeper（图4-10-14-19），旋木雀科Certhiidae，旋木雀属 *Certhia*

保护等级：IUCN RedList：无危（LC）。

形态特征：体长12～14 cm。体褐色斑驳。下体白或皮黄色，仅两胁略沾棕色且尾覆羽棕色。胸及两胁偏白、眉纹色浅使其有别于锈红腹旋木雀。体形较小、喉部色浅而有别于褐喉旋木雀。平、淡褐色的尾有别于高山旋木雀。虹膜褐色；嘴上

图4-10-14-19 霍氏旋木雀（拍摄者：邵良摄）

---

1 原称旋木雀。

颚褐色，下颚色浅；脚偏褐色。

习性：留鸟，常见于灌丛、针叶林。常加入混合鸟群。

20. 黑冠山雀 *Parus rubidiventris*，Rufous-vented Tit（图4-10-14-20），山雀科 Paridae，山雀属 *Parus*

保护等级：中国：三有名录；IUCN RedList：无危（LC）。

形态特征：体长约11.5 cm。雌雄相似。具羽冠的头部大部分黑色，仅颊部、耳羽及枕部白色，背部深蓝灰色，两翼、飞羽及尾羽黑色而外翈为深蓝灰色。下体深灰色而尾下覆羽棕色。虹膜深褐色；嘴黑色；脚灰黑色。

习性：留鸟，常见于针阔混交林。繁殖期常单独或成对活动，其他时期多成3～5只或10余只的小群，有时亦见和其他山雀混群活动和觅食。

图4-10-14-20 黑冠山雀（左：拍摄者：罗春平；右：拍摄者：曹勇刚）

21. 绿背山雀 *Parus monticolus*，Green-backed Tit（图4-10-14-21），山雀科 Paridae，山雀属 *Parus*

保护等级：中国：三有名录；IUCN RedList：无危（LC）。

图4-10-14-21 绿背山雀（左：拍摄者：罗春平；右：拍摄者：曹勇刚）

形态特征：体长12.5～13 cm。雌雄相似。头部除后颈、颊部及耳羽白色外，均为黑色。背部黄绿色，两翼及尾羽黑色，中覆羽、大覆羽及三级飞羽末端白色而形成翼斑。飞羽及尾羽外翈蓝灰色，形成浅色翼纹。纵贯胸腹中央的黑色条纹在胸部与黑色的喉部相连。下体由胸侧的黄色过渡为两胁的黄绿色，臀部及尾下覆羽灰色。虹膜褐色；嘴黑色；脚青石灰色。

习性：留鸟，主要栖息于山地针叶林和针阔混交林，冬季成群。

22. 烟腹毛脚燕 *Delichon dasypus*，Asian House Martin（图4-10-14-22），燕科Hirundinidae，毛脚燕属 *Delichon*

保护等级：中国：三有名录；IUCN RedList：无危（LC）。

形态特征：体长11～13 cm。体黑色、矮壮。上体钢蓝色，下体偏灰，腰白色，胸烟白色，尾浅叉。与毛脚燕的区别在于翼衬黑色。虹膜褐色；嘴黑色；脚粉红色，被白色羽至趾。

习性：夏候鸟，喜山地悬崖峭壁，尤其喜欢栖息和活动于人迹罕至的荒凉山谷地带。单独或成小群，与其他燕或金丝燕混群。

图4-10-14-22　烟腹毛脚燕（左：拍摄者：曹勇刚；右：拍摄者：李斌）

23. 栗头树莺 *Cettia castaneocoronata*[1]，Chestnut-headed Tesia（图4-10-14-23），树莺科Cettiidae，树莺属 *Cettia*

保护等级：IUCN RedList：无危（LC）。

形态特征：体长8～10 cm。立姿甚直而体色艳丽。尾短而似鹪鹩，特征为头及颈背栗色。上体绿色，下体黄色，眼上后方有一白点。幼鸟上体橄榄褐色，下体橙栗色。虹膜褐

---

[1] 原称栗头地莺。

色；嘴褐色，下嘴基色浅；脚橄榄褐色。

习性：留鸟，见于针阔混交林，行动隐秘。鸣声婉转悦耳。

24. 黄腹树莺*Cettia acanthizoides*，Yellowish-bellied Bush Warbler（图4-10-14-24），树莺科Cettiidae，树莺属*Cettia*

保护等级：IUCN RedList：无危（LC）。

形态特征：体长10～12 cm。体单褐色。上体全褐，但顶冠有时略沾棕色，腰

图4-10-14-23 栗头树莺（拍摄者：曹勇刚）

有时多呈橄榄色。飞羽的棕色羽缘形成对比性的翼上纹理。眉纹白或皮黄色，甚长于眼后。喉及上胸灰色，两侧略染黄色；两胁、尾下覆羽及腹中心皮黄白色。似体形较大的强脚树莺但色彩较淡，喉及上胸灰色较重，腹部多黄色，下腹部较白。比异色树莺体小，上体褐色较重，喉更灰。虹膜褐色；上嘴色深，下嘴粉红；脚粉褐色。

习性：留鸟，常见于针阔混交林和林缘。行动隐秘，鸣声独特。

图4-10-14-24 黄腹树莺（左：拍摄者：邵良鲲；右：拍摄者：李斌）

25. 橙斑翅柳莺*Phylloscopus pulcher*，Orange-barred Warbler（图4-10-14-25），柳莺科Phylloscopidae，柳莺属*Phylloscopus*

保护等级：中国：三有名录；IUCN RedList：无危（LC）。

形态特征：体长9～11 cm。背橄榄褐色，顶纹色甚浅。特征为具两道栗褐色翼斑。外侧尾羽的内翈白色。腰浅黄色，下体污黄色，眉纹不显著。虹膜褐色；嘴黑色，下嘴基黄色；脚粉红色。

习性：留鸟，常见于针叶林和杜鹃灌丛。性活泼，有时加入混合鸟群。

图4-10-14-25　橙斑翅柳莺（左：拍摄者：罗春平；右：拍摄者：李斌）

26. 四川柳莺*Phylloscopus forresti*[1]，Sichuan Leaf Warbler（图4-10-14-26），柳莺科 Phylloscopidae，柳莺属*Phylloscopus*

保护等级：IUCN RedList：无危（LC）。

形态特征：体长10 cm。体色偏绿。具白色的长眉纹及顶纹、浅色的腰、两道偏黄色的翼斑和白色的三级飞羽羽端。有时耳羽上有浅色点斑。与黄腰柳莺的区别在于上体为多灰绿的橄榄色，头及脸部黄色斑纹不明显，眼前少黄色眉纹，下体多灰而少白色，体形略大且翼上图纹不同。虹膜褐色；嘴色深；脚褐色。

习性：夏候鸟，繁殖期主要栖息于海拔2 000～3 900 m的中高山针叶林和针阔混交林，秋冬季多活动在山脚和沟谷地带。

图4-10-14-26　四川柳莺（左：拍摄者：罗春平；右：拍摄者：王进）

1　在《中国鸟类野外手册》（约翰·马敬能、卡伦·菲利普斯）中列为淡黄腰柳莺。

27. 暗绿柳莺*Phylloscopus trochiloides*，Greenish Warbler（图4-10-14-27），柳莺科Phylloscopidae，柳莺属*Phylloscopus*

保护等级：中国：三有名录；IUCN RedList：无危（LC）。

形态特征：体长10～12 cm。背深绿色，通常仅具一道黄白色翼斑，尾无白色，长眉纹黄白色，偏灰色的顶纹与头侧绿色几无对比。过眼纹深色，耳羽具暗的细纹。下体灰白色，两胁沾橄榄色。眼圈近白。与叽咋柳莺的区别在于翼斑粗显、过眼纹较宽。较乌嘴柳莺及极北柳莺体小而嘴细，头较小，初级飞羽较短。极北柳莺及双斑绿柳莺通常有第二道翼斑。虹膜褐色；上嘴角质色，下嘴偏粉色；脚褐色。

习性：夏候鸟，常见于针叶林。

28. 橙翅噪鹛*Trochalopteron elliotii*，Elliot's Laughingthrush（图4-10-14-28），噪鹛科Leiothrichidae，彩翼噪鹛属*Trochalopteron*

保护等级：中国：二级；IUCN RedList：无危（LC）。

形态特征：体长23～25 cm。全身大致灰褐色，上背和胸羽具深色及偏白色羽缘而成鳞状斑纹。脸色较深。臀及下腹部黄褐色。初级飞羽基部的羽缘偏黄、羽端蓝灰而形成拢翼上的斑纹。尾羽灰而端白，羽外侧偏黄。虹膜浅乳白色；嘴褐色；脚褐色。

习性：中国特有种。留鸟，广泛分布于灌丛、落叶阔叶林、针阔混交林和针叶林。结小群取食。

图4-10-14-27 暗绿柳莺（拍摄者：罗春平） 　　图4-10-14-28 橙翅噪鹛（拍摄者：邵良鲲）

29. 黑额山噪鹛*Garrulax sukatschewi*，Snowy-cheeked Laughingthrush（图4-10-14-29），噪鹛科Leiothrichidae，噪鹛属*Garrulax*

保护等级：中国：一级；IUCN RedList：易危（VU）。

形态特征：体长27～31 cm。体酒灰褐色。脸颊及耳羽明显为白色，上下各有黑褐色条纹与烟褐色的眼先相接。外侧尾羽混灰色而端白。三级飞羽羽端白。尾上覆羽棕色，臀暖皮黄色。虹膜褐色；嘴黄色；脚黄色。

习性：中国特有种。留鸟，分布于针阔混交林和针叶林。结小群活动，通常在针叶林及灌木丛的地面取食。

30. 大噪鹛 *Garrulax maximus*，Giant Laughingthrush（图4-10-14-30），噪鹛科 Leiothrichidae，噪鹛属 *Garrulax*

保护等级：中国：二级；IUCN RedList：无危（LC）。

形态特征：体长31～35 cm。身体具明显点斑。尾长，顶冠、颈背及髭纹深灰褐色，头侧及颏栗色。背羽次端黑而端白因而在栗色的背上形成点斑。两翼及尾部斑纹似眼纹噪鹛。与眼纹噪鹛的区别在于体形甚大而尾长，且喉为棕色。虹膜黄色；嘴角质色；脚粉红色。

习性：中国特有种。留鸟，常见于针阔混交林和针叶林。

图4-10-14-29　黑额山噪鹛（拍摄者：王进）　　图4-10-14-30　大噪鹛（拍摄者：罗春平）

31. 白领凤鹛 *Yuhina diademata*，White-collared Yuhina（图4-10-14-31），绣眼鸟科 Zosteropidae，凤鹛属 *Yuhina*

保护等级：IUCN RedList：无危（LC）。

图4-10-14-31　白领凤鹛（左：拍摄者：罗春平；右：拍摄者：曹勇刚）

形态特征：体长14.5～19 cm。体烟褐色。具蓬松的羽冠，颈后白色大斑块与白色宽眼圈及后眉线相接。颏、鼻孔及眼先黑色。飞羽黑而羽缘近白。下腹部白色。虹膜偏红色；嘴近黑色；脚粉红色。

习性：留鸟，常见于阔叶林、针阔混交林、针叶林和竹林。成对或结小群吵嚷活动。

32. 红嘴鸦雀 *Conostoma aemodium*，Great Parrotbill（图4-10-14-32），莺鹛科 Sylviidae，红嘴鸦雀属 *Conostoma*

保护等级：中国：三有名录；IUCN RedList：无危（LC）。

形态特征：体长27.5～28.5 cm。体褐色。特征为具强有力的圆锥形黄嘴，额灰白色。眼先深褐色，下体浅灰褐色。虹膜黄色；嘴黄色；脚绿黄色。

习性：留鸟，常见于落叶阔叶林、针阔混交林和针叶林。夏季成对或集小群，飞行力弱。以竹笋、悬钩子等的种子为食，兼吃一些昆虫。

图4-10-14-32 红嘴鸦雀（红外相机拍摄，提供者：李晟）

33. 蓝喉太阳鸟 *Aethopyga gouldiae*，Mrs Gould's Sunbird（图4-10-14-33），太阳鸟科 Nectariniidae，太阳鸟属 *Aethopyga*

保护等级：中国：三有名录；IUCN RedList：无危（LC）。

形态特征：雄鸟体长13～16 cm。体猩红、蓝色及黄色，蓝色尾有延长。与黑胸太阳鸟的区别在于色彩亮丽且胸猩红色，与火尾太阳鸟及黄腰太阳鸟的区别在于尾蓝色。雌

左：雄性；右：雌性
图4-10-14-33 蓝喉太阳鸟（拍摄者：罗春平）

鸟体长9～11 cm，上体橄榄色，下体绿黄色，颏及喉烟橄榄色。腰浅黄色而有别于其他种类，仅黑胸太阳鸟与其相似但尾端的白色不清晰。虹膜褐色；嘴黑色；脚褐色。

习性：留鸟，常见于针阔混交林。春季常取食于杜鹃灌丛，夏季取食于悬钩子。

34. 白鹡鸰*Motacilla alba*，White Wagtail（图4-10-14-34），鹡鸰科Motacillidae，鹡鸰属*Motacilla*

保护等级：中国：三有名录；IUCN RedList：无危（LC）。

形态特征：体长17～20 cm。体黑、灰及白色。上体灰色或黑色，下体白色，两翼及尾黑白相间，头后、颈背及胸部具黑色斑纹，头部及背部黑色的多少和纹样随亚种而异。雌鸟似雄鸟但色较暗。亚成体身体背面与胸部羽色为灰黑色。虹膜褐色；嘴黑色；脚黑色。

习性：留鸟，主要栖息于河流岸边、沼泽湿地。受惊扰时飞行骤降并发出示警叫声。

图4-10-14-34 白鹡鸰（左：拍摄者：邵良鲲；右：拍摄者：曹勇刚）

35. 灰鹡鸰*Motacilla cinerea*，Grey Wagtail（图4-10-14-35），鹡鸰科Motacillidae，鹡鸰属*Motacilla*

保护等级：中国：三有名录；IUCN RedList：无危（LC）。

形态特征：体长17～20 cm。雌雄相似，头部灰色，细眉纹白色，颊纹白色而有灰色下缘，上背灰色，飞行时白色翼斑和黄色的腰明显，尾较长。繁殖羽雄鸟喉部黑色，下体艳黄色（有些个体仅喉至上体黄色）。尾下覆羽黄色，下体其余部分白色。与黄鹡鸰的区别在于上背灰色，飞行时白色翼斑和黄色的腰显现，且尾较长。成体下体黄色，亚成体偏白色。虹膜褐色；嘴黑褐色；脚粉灰色。

习性：夏候鸟，常光顾多岩溪流并在潮湿砾石或沙地觅食，也于高山脉的高山草甸上活动。

36. 树鹨*Anthus hodgsoni*，Olive-backed Pipit（图4-10-14-36），鹡鸰科Motacillidae，鹨属*Anthus*

保护等级：中国：三有名录；IUCN RedList：无危（LC）。

形态特征：体长15～17 cm。体橄榄色。雌雄相似，眉线白色，具粗显的白色眉纹，贯眼纹深色，耳羽暗橄榄色，耳后有淡色斑，喉部有黑色颚线。背部橄榄绿色，有不明显的黑褐色纵纹，具两道白色翼斑，喉至胸及外侧尾羽乳白色，腹部白色，胸、胁具黑色粗重斑。与其他鹨的区别在于上体纵纹较少，喉及两胁皮黄，胸及两胁黑色纵纹浓密。虹膜褐色；下嘴偏粉色，上嘴角质色；脚粉红色。

习性：夏候鸟，多见于针阔混交林和针叶林。比其他的鹨更喜有林的栖息生境，受惊扰时降落于树上。

右：雄性，繁殖羽

图4-10-14-35 灰鹡鸰（左：拍摄者：邵良鲲；右：拍摄者：曹勇刚）

图4-10-14-36 树鹨（左：拍摄者：罗春平；右：拍摄者：李斌）

37. 粉红胸鹨 Anthus roseatus，Rosy Pipit（图4-10-14-37），鹡鸰科Motacillidae，鹨属Anthus

保护等级：中国：三有名录；IUCN RedList：无危（LC）。

形态特征：体长15～16 cm。体偏灰色而具纵纹。眉纹显著。繁殖期下体粉红色而几无纵纹，眉纹粉红色。非繁殖期粉皮黄色的粗眉线明显，背灰而具黑色粗纵纹，胸及两胁具浓密的黑色点斑或纵纹。虹膜褐色；嘴灰色；脚偏粉色。

习性：夏候鸟，常见于流石滩和灌丛。通常藏隐于近溪流处。站立时体姿比其他多数鹨更平。

38. 栗背岩鹨Prunella immaculata，Maroon-backed Accentor（图4-10-14-38），岩鹨科Prunellidae，岩鹨属Prunella

保护等级：IUCN RedList：无危（LC）。

形态特征：体长13～16 cm。体灰色，无纵纹。臀栗褐色，下背及次级飞羽绛紫色。额苍白，由近白色的羽缘成扇贝形纹所致。虹膜白色；嘴角质色；脚暗橘黄色。

习性：留鸟，常见于针阔混交林和针叶林林下层。

图4-10-14-37　粉红胸鹨（拍摄者：罗春平）　　图4-10-14-38　栗背岩鹨（拍摄者：邵良鲲）

39. 白眉朱雀Carpodacus dubius，Chinese White-browed Rosefinch（图4-10-14-39），燕雀科Fringillidae，朱雀属Carpodacus

保护等级：中国：三有名录；IUCN RedList：无危（LC）。

左：雄性；右：雌性
图4-10-14-39　白眉朱雀（拍摄者：罗春平）

形态特征：体长约17 cm。体壮实。雄鸟腰及顶冠粉色，浅粉色的眉纹后端成特征性白色。中覆羽羽端白色成微弱翼斑。雌鸟与其他雌性朱雀的区别在于腰色深而偏黄，眉纹后端白色，胸部的暖褐色渲染与腹部的白色成对比，下体具浓密纵纹。雄鸟背褐色，耳羽绯红色且无深色眼纹，下体紫粉色较深，雌鸟无任何暖皮黄色调。虹膜深褐色；嘴角质色；脚褐色。

习性：留鸟，常见于阔叶落叶林和针叶林。成对或结小群活动，有时与其他朱雀混群。取食多在地面。

40. 斑翅朱雀 *Carpodacus trifasciatus*，Three-banded Rosefinch（图4-10-14-40），燕雀科 Fringillidae，朱雀属 *Carpodacus*

保护等级：中国：三有名录；IUCN RedList：无危（LC）。

形态特征：体长约18 cm。具两道显著的浅色翼斑，肩羽边缘及三级飞羽外侧的白色形成特征性第三道"条带"。雄鸟脸偏黑，头顶、颈背、胸、腰及下背深绯红色。雌鸟及幼鸟上体深灰色，满布黑色纵纹。虹膜褐色；嘴角质色；脚深褐色。

习性：留鸟，常见于针阔混交林和林缘灌丛。

左：雄性；右：雌性
图4-10-14-40 斑翅朱雀（拍摄者：罗春平）

41. 红交嘴雀 *Loxia curvirostra*，Red Crossbill（图4-10-14-41），燕雀科 Fringillidae，交嘴雀属 *Loxia*

保护等级：中国：二级；IUCN RedList：无危（LC）。

形态特征：体长16～17 cm。与除白翅交嘴雀外的所有其他雀类的区别为上下嘴相侧交。繁殖期雄鸟的砖红色随亚种而有异，从橘黄色至玫红色及猩红色，但一般比任何朱雀的红色多些黄色调。红色一般多杂斑，嘴较松雀的钩嘴更弯曲。雌鸟似雄鸟但为暗橄榄绿色而非红色。幼鸟似雌鸟而具纵纹。雄雌两性的成体、幼鸟与白翅交嘴雀的区别在于无明显的白色翼斑，且三级飞羽无白色羽端。极个别红交嘴雀翼上略显白色翼斑但绝不如白翅交嘴雀醒目而完整，头形也不如其拱出。虹膜深褐色；嘴近黑色；脚近黑色。

习性：留鸟，分布范围极广。飞行迅速而带起伏。倒悬进食，用交嘴嗑开松果取食松子。

42. 黄颈拟蜡嘴雀 *Mycerobas affinis*，Collared Grosbeak（图4-10-14-42），燕雀科 Fringillidae，拟蜡嘴雀属 *Mycerobas*

保护等级：IUCN RedList：无危（LC）。

形态特征：体长20～22 cm。头大，体黑黄色。嘴特大。成年雄鸟头、喉、两翼及尾黑色，其余部位黄色。雌鸟头及喉灰色，覆羽、肩及上背暗灰黄色。雄性幼鸟似成体但色暗。与中国的其他所有蜡嘴雀的区别在于颈背及领环黄色。虹膜深褐色；嘴绿黄色；脚橘黄色。

习性：留鸟，常见于针阔混交林。飞行径直而迅速。

图4-10-14-41 红交嘴雀（拍摄者：李黎）

图4-10-14-42 黄颈拟蜡嘴雀（拍摄者：罗春平）

43. 黄喉鹀 *Emberiza elegans*，Yellow-throated Bunting（图4-10-14-43），鹀科 Emberizidae，鹀属 *Emberiza*

保护等级：中国：三有名录；IUCN RedList：无危（LC）。

形态特征：体长15～16 cm。腹白，头部图纹为清楚的黑色及黄色，具短羽冠。雌鸟似雄鸟但色暗，褐色取代黑色，皮黄色取代黄色。与田鹀的区别在于脸颊青褐色而无黑色边缘，且脸颊后无浅色块斑。虹膜深栗褐色；嘴近黑色；脚浅灰褐色。

习性：夏候鸟，常见于针阔混交林，尤喜河谷与溪流沿岸疏林灌丛。常结小群活动。

图4-10-14-43 黄喉鹀（拍摄者：张永）

4.11 哺乳类

4.11.1 劳亚食虫目Eulipotyphla

1. 长吻鼹*Euroscaptor longirostris*，Long-nosed Mole（图4-11-1-1），鼹科Talpidae，东方鼹属*Euroscaptor*

头体长：9～14.5 cm；尾长：1.1～2.5 cm；体重：约30 g。

形态特征：小型食虫类。吻部细长，眼退化，隐于毛中。无耳廓。前足宽大强壮，掌心外翻，适于掘土。尾短，具稀疏长毛。被毛浓密细软，具光泽。整体毛色暗灰色至棕黑色，腹面稍浅。

生态习性：分布于海拔1 800～2 900 m的山地森林、灌丛、草地、农田等生境。营地下生活，善掘土。动作敏捷。视力退化，夜行性。食物包括蚯蚓、甲虫等无脊椎动物和两栖类幼体等。

常见痕迹：

地下隧道：在地表下浅层挖掘有隧道，一般距离地表10 cm之内。在平整地表可见到略突出地面的隧道痕迹。

2. 四川短尾鼩*Anourosorex squamipes*，Chinese Mole Shrew（图4-11-1-2），鼩鼱科Soricidae，短尾鼩属*Anourosorex*

头体长：7～11 cm；尾长：0.8～1.9 cm；体重：8～10 g。

形态特征：小型食虫类。吻部相对较短，眼退化。前足相对短而粗壮，适于掘土。尾甚短，仅末端具微毛。体毛厚密而柔软。整体毛色棕灰色至棕黑色，腹面稍浅。

生态习性：中国特有种。栖息于海拔300～2 800 m的多种林地生境。营地下及地面生活。杂食，在森林地表枯枝落叶层下觅食。善掘土。终年均可繁殖，每胎3～7仔。

图4-11-1-1 长吻鼹的侧面（拍摄者：李晟）

图4-11-1-2 四川短尾鼩（拍摄者：黄耀华）

4.11.2 食肉目Carnivora

1. 大熊猫*Ailuropoda melanoleuca*，Giant Panda（图4-11-2-1），熊科Ursidae，大熊猫属*Ailuropoda*

体长：120～180 cm；尾长：12～20 cm；体重：75～125 kg。

形态特征：体形结实的大型熊科动物，毛色为分明的黑白两色，头部大而圆，与其他熊科物种相比头吻部较短而钝。四肢、肩部、耳朵及眼圈为黑色，身体其余部分为白色。幼年个体、亚成体的体色与成体相仿，但体形更圆。

生态习性：主要分布于海拔3 200 m以下、具有浓密林下竹丛的温性山地森林栖息地中。食性特化，几乎100%以竹子为食，每天花费12～14 h进食，偶尔取食死亡动物残骸（食腐）。单个个体的活动范围为4～29 km²（平均约10 km²）。独居，春季3—5月发情交配，雄性通过打斗来争夺发情的雌性。成年雌性每2～3年繁殖1胎，

图4-11-2-1 大熊猫（红外相机拍摄，提供者：李晟）

通常在夏季中段至末段（8—10月），在精心选择的树洞、岩洞或岩石裂隙中产仔。每胎大多1仔，偶尔2仔。不冬眠。

左：取食新鲜竹笋后留下的取食痕迹与粪便；
右：在枯死针叶树树干上留下的气味标记，树干中部可见咬痕和黏附的毛发
图4-11-2-2 大熊猫的常见痕迹（拍摄者：李晟）

常见痕迹（图4-11-2-2）：

粪便：橄榄形大型粪团，长13～21 cm，中部直径4～8 cm，内部包含未消化完全的竹叶和/或长度基本一致的竹茎片段。新鲜粪团浅绿色或黄绿色，较紧实；陈旧粪团黄褐色，较松散。

食迹：活动区域内会留下大量明显的取食痕迹，包括折断的竹茎、散落地面的竹茎、竹笋碎片、小堆笋壳，附近常可见粪便。

气味标记：大熊猫通过喷射尿液或把肛周腺分泌物涂抹在树干上的方式，进行气味标记。新鲜标记有轻微酸味和麝香味，附近常可见新鲜咬痕和毛发。陈旧标记在树干上呈现为小片的深色污痕，不容易被发现和识别。

2. 亚洲黑熊 *Ursus thibetanus*，Asiatic Black Bear（图4-11-2-3），熊科Ursidae，熊属 *Ursus*

体长：116～175 cm；尾长：5～16 cm；体重：54～240 kg。

形态特征：中等体形、毛色以黑色为主的熊科动物，头吻部灰黑色至棕黑色。身体结实壮硕，四肢较短但强壮有力，具有宽大的足掌与长爪，双耳较圆。相对于体长，其尾较短甚不显眼。胸部具显眼的V字形白斑，其大小与形状具有个体特异性，可用作个体识别的标志。成体颈部具有浓密的黑色长毛，形成一圈或两个半圆形的明显的鬃毛丛。

生态习性：生境多样，活动范围可上至海拔4 200 m。杂食，偶尔食腐。冬季冬眠。独居，母兽在冬眠洞穴中产仔，每胎1～4仔。野外常能见到包括2～4只个体的母幼群，带仔母熊极具攻击性。

图4-11-2-3　亚洲黑熊（红外相机拍摄，提供者：李晟）

常见痕迹：

粪便（图4-11-2-4）：状态、形状和颜色根据食物的不同有较大差异。包含动物性食物残余的粪便通常呈粗大的分节状；春夏季食物中包含较多柔嫩植物和浆果时，粪便往往为稀松而不成形的饼状；夏秋季取食大量植物果实时，粪便中会包含大量的浆果种子和坚果外壳的碎片。

食迹（图4-11-2-5）：亚洲黑熊在树木上取食坚果或浆果时，经常会坐在大树枝上或分叉处，把周围结有果实的小树枝折断，然后把取食完坚果的断枝丢在身下或身旁。这些断枝会在其停留的枝桠处堆积，形成一个类似超大"鸟巢"形状的取食平台。在春季和初夏，亚洲黑熊会剥开一些大树基部的树皮（以针叶树居多），用牙齿刮食树干上多汁的韧皮部；被剥开的树干和树皮上可见到大量密集的牙齿刮痕。这种取食平台和剥开树皮的取食痕迹是亚洲黑熊特有的食迹类型。

左：新鲜粪便中同时包含动物性与植物性食物残余；中：秋季主要取食坚果（橡子）后留下的新鲜粪便；右：秋季取食浆果后留下的粪便，整体为松散不成形的饼状，含水量较大，里面包含大量浆果种子

图4-11-2-4 亚洲黑熊的粪便（左、右：拍摄者：李晟；中：拍摄者：向定乾）

左：亚洲黑熊在落叶阔叶树上留下的取食平台；右：亚洲黑熊剥开针叶树树皮留下的取食痕迹

图4-11-2-5 亚洲黑熊的食迹（拍摄者：李晟）

爪痕（图4-11-2-6）：亚洲黑熊具有很强的爬树能力，并且会在夏秋季果实成熟的季节频繁爬树觅食，在树干上留下明显的爪痕。常见的爪痕表现为3～4道平行的抓痕，间距2～3 cm。通常前掌留下的爪痕与树干方向（轴向）呈倾斜甚至垂直夹角，而后掌留下的爪痕与树干方向平行。在树皮粗糙的乔木（如高山栎）树干上，亚洲黑熊留下的爪痕常常仅表现为点状抓痕。

3. **黄喉貂** *Martes flavigula*，Yellow-throated Marten（图4-11-2-7），鼬科 Mustelidae，*貂属Martes*

体长：52～72 cm；尾长：39～52 cm；体重：1.3～3 kg。

形态特征：大型鼬科动物，尾粗大，尾长可达头体长的70%～80%。与其他鼬科动物相比，四肢相对身体的比例较长，后肢较前肢更长且更为粗壮。具有鲜亮的独特毛色，头

左：在树皮光滑、柔软的阔叶树树干上留下的爪痕，表现为数条大致平行的长抓痕；
右：在树皮粗糙的高山栎树干上留下的新鲜爪痕，表现为点状的抓痕
图4-11-2-6　亚洲黑熊的爪痕（拍摄者：李晟）

部、枕部、臀部、后肢和尾为黑色至棕黑色，而喉部、肩部、胸部和前肢上部则为对比显著的亮黄色至金黄色，下颌与颊为白色或黄白色。

生态习性：栖息生境多样，包括天然林、灌木林、人工林等。日行性，行动迅速、敏捷。食性较杂，包括小型兽类、鸟类、鸟蛋、蛙类、爬行类、昆虫和植物果实等。具出色的爬树能力，常上树捕食。攻击能力强，可猎杀比自身体形大很多的动物，包括小型偶蹄类（如林麝、小麂、毛冠鹿）和灵长类动物。会搜寻和攻击蜂巢，取食蜂蜜和蜂蜡。野外常见成对活动，不甚惧人，偶尔可见3~4只个体组成的家庭群集体活动。

常见痕迹：

粪便（图4-11-2-8）：包含脊椎动物残余（如毛发、羽毛和小骨头碎片）的新鲜粪便，通常表面光滑湿润，呈现螺旋扭曲的绳索状，有时分为数节。其粪便常见于沿着兽径

图4-11-2-7　成对活动的黄喉貂（红外相机拍摄，提供者：李晟）

图4-11-2-8　黄喉貂的新鲜粪便［包含小型食虫目动物（如鼩鼱科动物）和啮齿类动物的毛发］（拍摄者：李晟）

的显眼、突出的物体表面，如倒木、树桩或岩石上。在其攻击蜂巢、取食蜂蜜之后的粪便中，还可见到未消化的蜜蜂残余。

4. 石貂*Martes foina*，Beech Marten（图4-11-2-9），鼬科Mustelidae，貂属*Martes*

体长：34～48 cm；尾长：22～33 cm；体重：0.8～1.6 kg。

形态特征：中等体形鼬科动物，毛色为暗棕色至巧克力色，毛长而蓬松。头部毛色通常比身体更浅，四肢下部则比身体颜色更深。从喉部延至胸部有一块明显的大型白斑，白斑中央通常有一块较小的深色斑块或斑点。尾蓬松，尾长约为头体长之半。

生态习性：常见于高海拔开阔生境，可上至海拔4 600 m。在海拔较低区域，它们也会利用林缘、灌木林生境。食性广泛，以啮齿类、鼠兔等小型兽类为主要食物，同时也捕食鸟类、爬行类、昆虫，偶尔取食植物果实。繁殖期为仲夏，每胎3～4仔。

5. 黄鼬*Mustela sibirica*，Siberian Weasel（图4-11-2-10），鼬科Mustelidae，鼬属*Mustela*

体长：22～42 cm；尾长：12～25 cm；体重：0.5～1.2 kg。

形态特征：整体毛色棕黄，面部有黑色或暗褐色的"面罩"，吻部和下颌为白色。腹面毛色稍浅于背面。夏毛颜色更深，而冬毛颜色较浅且更为密实。尾蓬松，尾尖深色，尾长约为头体长之半。

生态习性：分布于海拔上至5 000 m的多种生境，包括原始林、次生林、灌木、种植园、村庄周围的农田等。食性广泛，包括啮齿类、食虫类、鸟类、两栖类、无脊椎动物、植物浆果、坚果等，有时亦捕食家禽。可进入鼠类等猎物的洞穴内捕食。在夜间和晨昏较为活跃。独居。繁殖期3—4月，母兽5月产仔，每胎5～6仔。

图4-11-2-9　石貂（红外相机拍摄，提供者：李晟）　　图4-11-2-10　成年黄鼬（冬毛）（拍摄者：董磊）

6. 香鼬*Mustela altaica*，Mountain Weasel（图4-11-2-11），鼬科Mustelidae，鼬属*Mustela*

头体长：22～29 cm；尾长：9～14.5 cm；体重：雄性0.2～0.34 kg，雌性0.08～0.23 kg。

形态特征：中小型鼬科动物，雄性体形大于雌性。整体色调与黄鼬相近，但通常毛色更浅，没有面部的深色"面罩"，不具深色的尾尖。腹面毛色浅黄色至乳黄色，与背部更深的毛色形成明显反差；体侧可见深色背部与浅色腹部之间整齐、清晰的分界线。四足白色，与深色的四肢和背部形成明显对比。尾长为头体长的1/2至2/3。夏毛较冬毛短，质地更粗糙，颜色更深。体侧背腹面之间的分界线在夏毛中更为明显。尾纤细，但在冬季更为蓬松、粗大。

生态习性：主要栖息于海拔2 500～4 500 m的高山草甸、石山、裸岩与流石滩生境中（图4-11-2-12）。以鼠兔、田鼠类等小型兽类为主要食物，也会捕食鸟类、蜥蜴类和昆虫。具灵活的攀爬与游泳能力，颇具好奇心，甚不惧人。野外常见到单独活动。通常2—3月交配，夏季产仔，每胎2～8仔。

图4-11-2-11　成年香鼬（夏毛）（拍摄者：董磊）　　图4-11-2-12　香鼬（冬毛）及其典型的高山流石滩生境（红外相机拍摄，提供者：李晟）

7. 猪獾 *Arctonyx albogularis*，Northern Hog Badger（图4-11-2-13），鼬科 Mustelidae，猪獾属 *Arctonyx*

体长：32～74 cm；尾长：9～22 cm；体重：9.7～12.5 kg。

形态特征：体形壮实的鼬科动物，头部长圆锥形，吻鼻部肉粉色。头颈部具黑白相间的独特毛色：两颊、喉部、颈侧、耳缘及头部中央为白色或黄白色；具两条宽大的黑色贯眼纹，从鼻喉部经眼睛一直延伸至颈后；两颊中央还各具一条较短的黑色条纹。腹部、四肢和足均为黑色或暗棕色，身体及背部则为棕黑色或灰黑色。尾蓬松，为白色或污白色，通常和深色的身体对比明显。

图4-11-2-13　猪獾（红外相机摄，提供者：李晟）

生态习性：分布于海拔上至4 400 m的多种生境，包括森林、灌丛、高山草甸与裸岩，在人类农田和村落周边也常可见到。白天、夜晚均活跃。长有强壮有力的四肢和长爪，善于挖掘。杂食性，食物包括植物根茎、果实、蚯蚓、蜗牛、昆虫、啮齿类动物等。雌性猪獾在挖掘的洞穴中产仔，每胎2～4仔。

常见痕迹：

粪便（图4-11-2-14）：典型粪便呈弯曲或卷曲的粗绳状，有时会断裂为2～3节，直径0.8～1.5 cm。粪便外形随食物组成的不同而变化：进食果实等植物性食物后的粪便通常表面光滑，不呈现螺旋扭曲状；而进食动物性食物后的粪便往往包含大量未消化的毛发与骨头碎片，呈现螺旋扭曲状，并在末端有拖尾。粪便中会包含大量泥土，是其在挖掘进食时随食物一并吞入的。粪便中也常可发现甲虫外壳。新鲜粪便表面湿润，颜色为棕褐色或黑色；陈旧粪便一般较为干燥，呈现黑色或土黄色。在其洞穴周边，常可发现长期排便形成的粪堆。

刨坑（图4-11-2-15）：猪獾觅食时会在地面留下众多的取食刨坑，通常呈现为地面上的浅凹，四周散有被扰动的泥土或枯枝落叶。

左：新鲜粪便，呈现典型的弯曲粗绳状；右：陈旧、干燥的粪便，呈现典型的卷曲粗绳状

图4-11-2-14　猪獾的粪便（拍摄者：李晟）

图4-11-2-15　秋季落叶阔叶林中，猪獾在地面留下的刨坑（拍摄者：李晟）

8. 花面狸*Paguma larvata*，Masked Palm Civet（图4-11-2-16），灵猫科Viverridae，花面狸属*Paguma*

头体长：51～87 cm；尾长：51～64 cm；体重：3～7 kg。

形态特征：大型灵猫科动物，身体结实、尾粗长但四肢较短。整体毛色浅棕色至棕灰色，偶见浅棕黄色，头颈、四肢和尾中后部均为黑色。腹面毛色较背面与体侧为浅。头部具标志性的黑白"面罩"，包括黑色的眼周、头部正中并向后延伸至枕部的白色条纹、眼下颊部的白斑及耳基的白斑。尾粗壮且长，尾长超过头体长之半。

生态习性：可在多种类型的森林中生活，包括原始常绿阔叶林至次生落叶阔叶林和针叶林，分布海拔可达3 000 m以上。在农田、村庄附近也可发现。杂食性，食谱包括乔木果实、灌木浆果、植物根茎、鸟类、啮齿类和昆虫等。偶尔捕食家禽，常食腐。具灵活的爬树能力，在果实成熟的季节，会花大量时间在树上取食各类浆果。夜行性，白天时主要在洞穴中休息。营独居，但也常见到2～5只个体集群活动。冬季时会大大降低活动强度，进入浅休眠状态。

常见痕迹：

粪便（图4-11-2-17）：取食植物果实后的典型粪便为分节的条状，里面包含大量未消化的种子。有时粪堆体积较大而松散，容易被误认为是亚洲黑熊取食植物果实后留下的粪便。捕食动物后的典型粪便呈扭曲的长条形，在一端有拖尖，与大型鼬类的粪便形态相似。常把粪便排在靠近水边（通常是流动的小溪或林中小片的水塘）的地方，甚至直接排在水中。

图4-11-2-16　花面狸（红外相机拍摄，提供者：李晟）

直接排在水中的粪便几乎全部由未消化的种子构成
图4-11-2-17　花面狸的新鲜粪便（拍摄者：周友兵）

9. 豹猫*Prionailurus bengalensis*，Leopard Cat（图4-11-2-18），猫科Felidae，豹猫属*Prionailurus*

体长：36～66 cm；尾长：20～37 cm；体重：1.5～5 kg。

形态特征：体形与家猫近似，头部、背部、体侧与尾的毛色为黄色至浅棕色，而腹部为灰白色至白色。全身密布大小不等的深色斑点或斑块，面部具有从鼻子向上至额头的数条纵纹，并延伸至头顶和枕部。前肢上部和尾背面具横纹状深色条纹，肩背部具数条粗大的纵向条纹。冬毛比夏毛更为密实，斑纹颜色更深。尾粗大，尾长约为头体长之半，行走时常略为上翘。

生态习性：栖息于各种类型森林中，也偶尔出现在灌木林，以及人类周围的果园、种植园、农田等生境，但通常不会出现在草原。豹猫是机敏的捕食高手，捕食多种小型脊椎动物，包括啮齿类、鼠兔、鸟类、爬行类、两栖类、鱼类，偶尔食腐。在其食物中也经常发现植物成分，包括草叶与浆果。豹猫主要在夜间与晨昏活动，营独居，偶尔可见母兽带幼崽集体活动。无特定繁殖季节，一般每胎2～3仔。

常见痕迹：

粪便（图4-11-2-19）：粪便为小型猫科动物的典型形态（直径1.0～2.0 cm），外形与颜色可能随食物组成的不同而有变化。常见于兽径上的开阔处，或倒木、岩石上等突出的部位。活动区重叠的不同个体可能会共用特定的排便点（厕所）。新鲜粪便周围，经常可以发现豹猫排便后用其后腿留下的刨坑，可见到地面被刨动的灰尘、土壤、积雪或落叶。

图4-11-2-18 豹猫（夏毛，红外相机拍摄，提供者：李晟）

散布有大量新旧程度不等的粪便，从非常新鲜的、表面光滑的黑色粪便（右侧）至较为陈旧的、干燥松散的白色粪便（中部下层）均有

图4-11-2-19 豹猫的固定排便点（拍摄者：李晟）

足迹（图4-11-2-20）：猫科动物典型的圆形足迹，大小与家猫足迹近似（直径2.5～3.5 cm）。前足足迹为不对称状。足迹具4趾印迹，足垫印迹呈梯形，前缘2瓣，后缘3瓣。

左：豹猫在雪地中排便后留下的新鲜粪便、足迹与刨痕；
右：豹猫在雨后泥地留下的足迹，右上为前足足迹，左下为后足足迹
图4-11-2-20 豹猫的足迹（拍摄者：李晟）

10. 荒漠猫Felis bieti，Chinese Mountain Cat（图4-11-2-21），猫科Felidae，猫属Felis

体长：60～85 cm；尾长：29～35 cm；体重：3.5～9 kg。

形态特征：体形与普通家猫相近或略大，整体毛色的基调为沙褐色至黄褐色，下颌与腹部为较浅的灰白色至白色。体侧具不明显的暗色纵纹，四肢各具若干较深的横纹。面部两侧的眼下至颊部各具两条棕褐色的横列条纹。尾蓬松，尾长短于头体长之半，具有若干暗色的环纹，尾尖黑色。双耳为竖起的三角形，相对较长，耳尖具黑色毛簇。冬毛通常较夏毛颜色偏灰，也更为密实。

生态习性：中国特有种。数量稀少，分布密度较低，关于其生活史所知甚少。通常见于海拔2 500～5 000 m干燥的高山与亚高山灌丛、草甸生境中。主要捕食啮齿类、鼠兔等小型兽类以及雉类动物。营独居，夜行性活动。通常在1—3月繁殖，一般每胎2～3仔。

图4-11-2-21 夏季的成年荒漠猫（红外相机拍摄，提供者：尹玉峰）

11. 金猫Catopuma temminckii，Asiatic Golden Cat（图4-11-2-22），猫科Felidae，金猫属Catopuma

头体长：雄性75～105 cm，雌性66～94 cm；尾长：42～58 cm；体重：雄性12～16 kg，雌性8～12 kg。

图4-11-2-22 典型的麻褐色型（左）与花斑色型（右）金猫（红外相机拍摄，提供者：李晟）

形态特征：中等体形猫科动物，尾较长，身体壮实。金猫的毛色与斑纹多变，可分为麻褐色型、红棕色型、花斑色型、黑色型、灰色型等。岷山地区记录有麻褐色型与花斑色型，两者在王朗自然保护区均有发现。麻褐色型背部与颈部毛色为深棕色至棕红色，腹面为白色至沙黄色；头部具有独特的斑纹，在额部及颊部长有对比明显的白色与深色条纹；腹部和四肢具有模糊的深色斑点或短斑纹，尤其在四肢内侧更为明显。尾长大于头体长之半，尾末段弯曲上翘，尾尖背面黑色而腹面为对比明显的亮白色。

生态习性：可在多种栖息地环境生存，从南方潮湿的热带与亚热带常绿林，到北方干燥的温性落叶阔叶林，可上至海拔3 500 m以上的亚高山针叶林与草甸。喜爱浓密植被遮蔽的环境，极少出现在开阔生境。独居，夜行性为主。捕食多种多样的脊椎动物，包括中小型偶蹄类食草动物（如林麝、小鹿、毛冠鹿）、野兔、啮齿类、鸟类和爬行类。在四川北部岷山地区，雉类（红腹角雉与血雉）在金猫的食谱中占据重要位置。

常见痕迹（图4-11-2-23）：

左：新鲜粪便，粪便内包含大量林麝毛发；右：在潮湿泥土地面留下的后足足迹

图4-11-2-23 金猫的粪便和足迹（拍摄者：李晟）

粪便：较为粗大，直径1.5～2.5 cm，多为条状，首端较粗而末端较细，常弯折或分为数段。粪便内可见未消化完全的食物残余，包括动物毛发、羽毛、骨头碎片，有时可见植物纤维。新鲜粪便表面湿润光滑，具有强烈臭味；陈旧粪便一般较为松散，干燥后表面呈现灰白色。粪便常见于金猫活动路径之上较为开阔、显眼的地点，可能是它们用来标记领地的一种方式。

足迹：前足足迹长4.5～5.0 cm，宽5.0～5.5 cm，可见4趾印迹。足垫印迹近梯形，较宽，后缘3瓣。后足足迹较前足为小，略显窄长，近乎左右对称。

12. 雪豹*Panthera uncia*，Snow Leopard（图4-11-2-24），猫科Felidae，豹属*Panthera*

头体长：110～130 cm；尾长：80～100 cm；体重：25～65 kg。

形态特征：特征明显独特的大型猫科动物，尾长而粗大。雄性体形大于雌性。毛色浅灰，上面散布黑色的斑点、圆环或断续圆环。与外形相近的金钱豹（*Panthera pardus*）相比，雪豹典型的区别特征是体表毛色的基色为浅灰色至浅棕灰色，同时体形也较金钱豹为小。雪豹腹部毛色白，双耳圆而小，尾毛蓬松，尾长与体长相当。与其他大型猫科动物相比，雪豹的四肢相对身体的比例显得较短。

生态习性：雪豹分布于中亚至青藏高原和蒙古高原面积广袤的山地。在其分布范围内，雪豹均栖息于高海拔生境，是全球分布海拔最高的猫科动物。它们在陡峭地形中活动，包括高山流石滩、山脊、陡崖等，以及其间的高山草甸和高山灌丛区。雪豹通常会避开森林生境，但偶尔也会出现在接近树线的高山针叶林或灌丛区。在中国西南山地，雪豹通常栖息于海拔3 300～5 000 m，但偶尔可见于海拔更高的地点。在本区域内，雪豹主要的猎物是岩羊（*Pseudois nayaur*），同时也会捕食旱獭（*Marmota* spp.）、鼠兔（*Ochotona* spp.）、雉类等体形较小的猎物。近年来，雪豹捕杀家畜（绵羊、山羊及牦牛）的报道逐渐增多，导致一系列的人兽冲突。由此引起的报复性猎杀，以及广泛存在的偷猎（获取其皮毛用于服饰和装饰，以及豹骨用做中药材）是雪豹面临的主要直接威胁。近年来藏区内

图4-11-2-24 高山草甸生境中活动的雪豹（红外相机拍摄，提供者：李晟）

图4-11-2-25 雪豹的新鲜粪便（拍摄者：付强）

数量快速增长的流浪狗也对野生雪豹构成了重要威胁。雪豹在冬季1—2月交配，母兽通常在5月前后产仔，每胎1～3仔。

常见痕迹：

粪便（图4-11-2-25）：雪豹粪便通常分段，各段两端钝圆或平直，仅在最后一段的末端有较尖的拖尾。新鲜粪便表面光滑湿润，直径1.5～3.5 cm。粪便中通常包含动物毛发和骨头碎片。当区域内有狼和雪豹共存时，两者的粪便经常难以区分。

足迹（图4-11-2-26）：雪豹足迹为典型的猫科动物圆形足迹，是分布区内最大的猫科动物足迹之一（直径6.5～9.0 cm）。足迹中通常显有4趾印迹；足垫印迹近梯形，前缘2瓣，后缘3瓣。爪印通常不可见，但偶尔可在湿滑地面或冰雪地面的足迹中见到爪印。

图4-11-2-26 雪豹的足迹（左：拍摄者：付强；右：拍摄者：向定乾）

刨坑（图4-11-2-27）：在雪豹栖息地内，在岩石山脊、崖壁下及山脚与草地交界边缘的兽径上，较容易发现雪豹的足迹和粪便。在这些兽径上，也可见到雪豹留下的其他类型痕迹，例如刨坑。刨坑的典型形态一般为地面上留下的浅凹（约20 cm×16 cm），由雪豹后腿在地面刨挖而来，有时在刨坑中可见到雪豹的爪痕。在刨坑边缘，通常可见到堆积起的小堆尘土或砂石。这些刨坑周围，经常还有雪豹的粪便和/或尿迹。

图4-11-2-27 雪豹的刨坑（拍摄者：吴岚）

13. 赤狐 *Vulpes vulpes*，Red Fox（图4-11-2-28），犬科Canidae，狐属*Vulpes*

头体长：雄性59～90 cm，雌性50～65 cm；尾长：35～49 cm；体重：雄性4～14 kg，雌性3.6～7.5 kg。

形态特征：中小体形的犬科动物，具有相对细长的四肢。雄性比雌性体形更大。毛色变异较大，通常背面红棕色，肩部及体侧棕黄色，腹面白色。吻部长而尖，双耳三角形直立，耳背黑色。尾长大于体长之半，尾毛蓬松，颜色与体色相近，但尾尖为白色。冬毛比夏毛更为密实，毛色更浅。

生态习性：适应能力极强，可生活于森林、灌丛、草地、半荒漠、高海拔草甸、农田甚至人类定居点周边等各种生境，分布海拔可上至4 500 m。杂食性动物，食物包括小型啮齿类、野兔、鼠兔、鸟类、两栖类、爬行类、昆虫、植物果实、植物茎叶等。冬季与早春食腐比例增加，相当程度地依靠取食死亡动物尸体来应对食物短缺。白天和夜晚均较为活跃，没有特定的活动高峰。掘洞栖息或产仔育幼，也会利用旱獭等动物的旧洞。独居，单配制。3—5月产仔，每胎1~10仔。

常见痕迹：

粪便（图4-11-2-29）：中等大小的典型食肉动物粪便（直径通常小于1.5 cm），常见于兽径、道路或其他开阔环境中高出地面的物体（如倒木、岩石）之上。粪便分节，呈现螺旋扭曲的粗绳状，内部包含未消化的动物毛发与骨头碎片。最后一节末端通常没有针状尾（拖尾），偶尔只具极短（小于1 cm）的拖尾或突起。

图4-11-2-28 在高山裸岩生境中活动的成年赤狐（冬毛）（红外相机拍摄，提供者：李晟）　　图4-11-2-29 赤狐的新鲜粪便（拍摄者：李晟）

14. 狼 *Canis lupus*，Wolf（图4-11-2-30），犬科Canidae，犬属*Canis*

头体长：87~130 cm；尾长：35~50 cm；体重：雄性20~80 kg，雌性18~55 kg。

形态特征：大型犬科动物，四肢相对身体的比例较长。与其他犬科动物相比，狼的吻鼻部相对比例较长，双耳及双眼朝向正前方。典型毛色为沾棕的灰色，但具有多种多样的毛色变化，包括棕黄色、棕灰色及灰黑色，通常背部毛色较深而腹部稍浅。冬毛比夏毛更为浓密、厚实，毛色通常更深。尾蓬松，尾上的毛色较为均一。

生态习性：广泛分布于欧亚大陆与北美大陆，可利用多种生境，包括森林、灌丛、草原、高山草甸、荒漠等。主要捕食大型有蹄类动物，包括鹿类、岩羊、野猪等，也会捕食其他体形较小的猎物，如旱獭、兔和鸟类。耐力极佳，可以集群长途奔跑（>10 km）

以追逐大型猎物。亦食腐，或抢夺同域分布的其他大型食肉动物猎杀的猎物。偶尔会攻击家畜，可在局地引起严重的人兽冲突。狼是社会性群居动物，以小的家庭群或家族群为单位集体活动和捕食。每胎产仔可多达6只，由家庭群体共同抚养照料。在狼的社群内，狼嚎是一种独特的行为，多用于宣示领地；狼在追捕猎物时，有时会发出类似犬吠的响亮叫声。这两种声音均可在远距离之外听到。母狼在洞穴中产仔和育幼，这些洞穴有时是自己挖掘的，有时是利用其他动物留下的，而有时则利用天然的岩洞或岩隙。

常见痕迹：

粪便（图4-11-2-31）：狼的粪便较为粗大，直径可达3 cm或更粗。粪便的形态依据食物组成的不同而变化，内部常见未消化的动物毛发和骨头碎片。常呈扭曲的粗绳状或管状，有时断为数节，最后一段的末端具拖尾。取食动物肌肉和内脏为主的粪便可能无固定形状，或呈末端钝圆的管状，在野外环境中通常会较快地分解。新鲜的粪便一般为灰黑色至黑色，具有强烈的臭味。包含有大量动物毛发的陈旧粪便则通常为浅灰色至灰白色，在干燥或寒冷的野外环境中可保留数月。

足迹（图4-11-2-32）：与大型家狗足迹类似，尺寸较大［可达（8～10）cm×（5～6）cm］，足迹大体呈左右对称，具4个脚趾与爪的印迹。足垫大致为三角形。与猫科动物相比，狼的足迹最明显的区别是足迹中有清晰的爪印，且足印整体上长大于宽（猫科动物足印整体近圆）。

图4-11-2-30　在针叶林生境中活动的成年狼（红外相机拍摄，提供者：李晟）

图4-11-2-31　狼的新鲜粪便（拍摄者：李晟）

图4-11-2-32　狼的足迹（左：拍摄者：卜红亮；右：拍摄者：周杰）

4.11.3　灵长目Primates

川金丝猴*Rhinopithecus roxellana*，Golden Snub-nosed Monkey（图4-11-3-1），猴科Cercopithecidae，仰鼻猴属*Rhinopithecus*

头体长：52～78 cm；尾长：57～80 cm；体重：15～17 kg。

形态特征：体表被长而浓密的毛发，以红棕色为主，背部覆有部分黑色长毛。腹面为浅黄色至浅棕色，背面头顶、枕部、上肢和下肢外侧为深棕色。面部裸皮灰蓝色。雄性体形远大于雌性，且毛色更为鲜亮，头颈部和肩背部毛发更长，尤以肩背部毛最长，颜色金黄。成年雄性两侧嘴角各具一个肉瘤。新生幼崽的毛色为浅黄色至浅灰色。

图4-11-3-1　川金丝猴成年（前方）与亚成年（后方，嘴角无明显肉瘤）个体（红外相机拍摄，提供者：李晟）

生态习性：分布于海拔1 500～3 800 m的山地森林，栖息地类型包括低海拔的落叶阔叶林、中高海拔的针阔混交林及高海拔的针叶林。以松萝、苔藓、植物嫩芽、嫩叶、树皮等为主要食物，也会取食各类果实，偶见取食昆虫等小型无脊椎动物。群居生活，以一雄多雌（3～5只成年雌性）及其未成年后代组成的家庭群为基本社会单元。众多家庭群可组成较为松散的大群集体活动，群体内的个体数量可多达数百只。未找到配偶的亚成年和成年雄猴可组成全雄群，在大群内或外缘活动。日行性，树上活动为主，也有相当比例的时间会在地面觅食、移动。全年均有交配活动，以夏秋季8—10月为高峰，来年3—4月为产仔高峰。每胎1仔。

常见痕迹（图4-11-3-2）：

粪便：通常由若干相连的扁圆形粪粒（长1~2 cm，直径约3 cm）组成。从树上掉落的粪便通常会呈现为分散的粪粒，或摔落为没有特定外形。新鲜粪便较为松软，颜色黄绿色至绿色，表面湿润有光泽，而陈旧粪便通常干燥，颜色黑褐色至棕色。粪便内通常可见未消化完全的地衣、种子、松针、阔叶树枝叶、树皮的粗糙残片与残渣。

食迹：川金丝猴经常会啃食树木小枝条上的柔嫩树皮。它们会先折断或咬断树枝，然后啃食枝条上的树皮，最后在树上及地面均会留下大量木质部裸露的断枝，成为川金丝猴独特的取食痕迹。猴群在树冠移动时，会在沿途留下部分被折断的树枝。

叫声：作为一种社会性动物，川金丝猴有复杂的声音交流体系，从单个个体的叫声到群体嘈杂的叫声。人类在野外最常听到的是各种情境下的"kaa"或"woo-kaa"的叫声，其中最常见的情境是当人类接近时它们所发出的报警。

左：陈旧干燥粪便，由多个扁圆形的粪粒相连组成；右：被川金丝猴折断、啃食树皮后抛落的枝条
图4-11-3-2 川金丝猴的粪便和啃食的枝条（拍摄者：李晟）

4.11.4 偶蹄目Artiodactyla

1. 野猪*Sus scrofa*，Wild Boar（图4-11-4-1），猪科Suidae，猪属*Sus*

头体长：100~150 cm；尾长：17~30 cm；体重：50~250 kg。

形态特征：身体壮实的猪科动物，体形与家猪相似，但头吻部更长，体表被毛更长、更浓密，体色更深。体色变化较大，包括深灰色、棕色和灰黑色等。成年野猪的背部和颈部有长的鬃毛。成年雄性个体的下犬齿显著延长且粗壮外翻，形成"獠牙"。野猪幼崽体表有棕色和浅皮黄色相间的纵向条纹（俗称"西瓜猪"）。随着年龄的增长，幼崽体表的条纹在第一年中逐渐消失。

生态习性：具极强的适应能力，可以生活在多种类型的栖息地内，包括森林、灌丛、种植园、草地及森林-农田交界生境。杂食性，可以取食所遇到的几乎所有可吃的食物，食谱包括植物根茎、枝叶、浆果、坚果、农作物、无脊椎动物、小型脊椎动物等，也会取食动物尸体残骸（食腐）。野猪是重要的植物种子传播者。群居，但社会结构松散，独居个体、母幼群或混合群都可以经常见到。具较强的繁殖能力，通常每胎5～10+仔，成年雌性每年可繁殖2窝。在森林-农田交界地区，野猪是引发人兽冲突的主要物种之一，因为它们可以给农作物或种植园带来巨大的破坏。

常见痕迹：

足迹（图4-11-4-2）：典型的偶蹄类动物足迹，但相对于鹿类和麝类，其足迹轮廓更圆（前足足迹长6 cm，宽5 cm；后足足迹长6 cm，宽4 cm）。当踩在松软地表（潮湿泥土或沙土）上时，足迹中常可见到2个后趾（悬蹄）的印迹。相比于后足，前足足迹中2个前趾之间分离得更开，间距更大。

图4-11-4-1 成年雌性野猪与其幼崽（体表有明显的纵纹）（红外相机拍摄，提供者：李晟）

下方两趾并拢的后足足迹踩在了上方两趾较为分开的前足足迹之上

图4-11-4-2 野猪的新鲜足迹（潮湿土地上）

（拍摄者：李晟）

粪便（图4-11-4-3）：根据食物组成的差异，粪便外形和质地变化很大，从较为少见的干燥粪粒，到更为常见的末端钝圆的条状分节粪便（直径通常3～5 cm），还有水分含量较大、结构松散的不成形粪团或粪堆。粪便的颜色变化多样，灰黑色、棕褐色、黑色均有。新鲜粪便通常有强烈的臭味。由于野猪会取食大量纤维素含量较高的植物性食物（尤其是植物根茎），其粪便中通常包含有明显的未消化的植物纤维。粪便中还常常发现坚果外壳、浆果种子、草茎或动物毛发与骨头碎片。在野外，野猪粪便有时与亚洲黑熊粪便较难区分，容易混淆。相比而言，一般来说亚洲黑熊粪便中植物纤维成分含量比较少。

食迹（图4-11-4-4）：野猪会频繁地用吻部拱掘泥土或落叶层，以搜寻植物根茎和其他食物。因此，在野猪活动过的范围内，地表上留有大量的取食痕迹，可以见到明显的土壤翻动。

卧迹（图4-11-4-4）：在森林和灌丛中，偶尔可以发现野猪休息时留下的"睡床"痕迹（卧迹的一种）。这些"睡床"是野猪搭建用来一次性使用的。野猪会用牙齿咬断大量竹子或灌木枝条，将这些材料覆盖于自己身上，为自己休息时搭建起一层遮蔽。这种"睡床"通常为圆形或椭圆形，直径可达2 m，外形类似一个巨型的地面鸟巢。

左：一岁左右的未成年野猪的新鲜粪便，代表了最常见的野猪粪便形态：分节的条状形态，末端较为钝圆；右：较为罕见的呈干燥粪粒形态的野猪粪便，粪粒间有长的植物纤维相连，形成长串

图4-11-4-3　野猪的粪便（拍摄者：李晟）

左：野猪在开阔草甸留下的取食痕迹；右：野猪在针叶林中用大量箭竹搭建的一处"睡床"

图4-11-4-4　野猪的食迹和卧迹（拍摄者：李晟）

2. 林麝Moschus berezovskii，Forest Musk Deer（图4-11-4-5），麝科Moschidae，麝属Moschus

头体长：63～80 cm；尾长：4～6 cm；体重：6～9 kg。

形态特征：小型麝科动物。由于其前肢较后肢为短，因此在平地上，林麝肩部明显低于臀部。雌雄个体均没有角，但雄性上犬齿发达，形成长而尖利的"獠牙"，向下伸出嘴外。成年林麝背部为暗棕黄色至棕褐色，臀部毛色深至棕黑色，腹部浅黄色至浅棕色。喉部有两条明显的浅黄色条纹,平行向下延伸至胸部。幼崽和幼体的背部有边缘模糊的浅色斑点。相对于毛冠鹿与麂类,林麝的两耳较大,且耳尖黑色,耳廓内部密布较长的白毛。林麝的蹄狭长而尖,悬蹄发达。

生态习性:分布海拔跨度从低地丘陵可上至海拔3 800 m的高山针叶林和灌丛地带。通常独居或成对活动,性情害羞且机警灵敏,跳跃能力极佳。受惊后常快速跳跃逃离,并在逃跑的过程中不断变换其跳跃前进方向。蹄狭长而尖,悬蹄发达,可以借助张开的悬蹄和极佳的跳跃能力,攀爬到灌木或树木较低的枝桠上取食或逃避敌害。雄性腹部下方具一大型腺体,可分泌并存储麝香。成年林麝拥有固定的家域和活动路径,雄性会用其粪便和麝香腺分泌物标记其领地。

常见痕迹:

粪便(图4-11-4-6):典型粪便为大米形状的小型粪粒(长0.8~0.9 cm,直径0.3~0.4 cm),通常一端具尖,另一端浅凹。新鲜粪粒表面较为光亮,成年雄性的新鲜粪便略具特殊的麝香气味。林麝通常拥有固定的排便点,由新旧程度不同的粪便堆积而形成大型粪堆。在这些粪堆上或附近,经常可以发现林麝脱落的毛发。此外,林麝也常排便于其他有蹄类动物的粪堆之上。

图4-11-4-5 成年雄性林麝
(红外相机拍摄,提供者:李晟)

上层较为新鲜、表面光亮、尺寸较小者为林麝粪粒,下层较为陈旧、尺寸较大者为毛冠鹿粪粒

图4-11-4-6 林麝的粪粒(拍摄者:李晟)

足迹(图4-11-4-7):由于林麝具有发达的悬蹄(后趾),其足迹形态特殊,有别于区域内所有其他的小型鹿类动物。其足迹中2个蹄的印迹呈狭长的椭圆形,前端较尖(前蹄印长7 cm,宽4.5 cm;后蹄印长5.5 cm,宽3.5 cm)。在雪地或松软土地上留下的足迹中,悬蹄的印迹通常清晰可见。

毛发(图4-11-4-7):林麝毛发容易脱落,因而较为常见。其毛发形态特殊,近末端部分呈明显的波浪状,质地干硬但松脆易折,易于识别。在林麝取食、卧息、排便和攀爬树木的地方,经常能够发现其脱落的毛发。

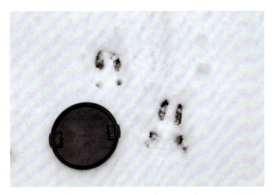

左：在雪地上留下的新鲜足迹（左为后蹄印迹；右为前蹄印迹，其两趾较之后蹄分得更开），前后蹄均留下了清晰的悬蹄印迹；右：在一棵倾斜的针叶树树干上留下的林麝毛发

图4-11-4-7　林麝的足迹和毛发（左：拍摄者：向定乾；右：拍摄者：李晟）

3. 小麂Muntiacus reevesi，Reeves's Muntjac（图4-11-4-8），鹿科Cervidae，麂属 *Muntiacus*

头体长：64～90 cm；尾长：8～13 cm；体重：11～16 kg。

形态特征：小型鹿科动物，背部毛色为黄色至棕黄色，腹部毛色较浅。冬毛较夏毛颜色更深，被毛更长且密。尾浅棕色，尾部腹面为亮白色。雄性长有一对小型鹿角，角端较尖，近基部具一个短分叉。角基前部被毛为黑色，并向下延伸至前额，形成一个明显的黑色V字形。与赤麂相比，雄性小麂的角基甚短。雌性小麂不具角，在前额中央有一菱形的黑色斑块。初生幼崽体表有不明显的浅色斑点，随着年龄增长而逐渐消失。

左：成年雄性；右：成年雌性（后方个体）及其幼崽（前方个体）

图4-11-4-8　小麂（红外相机拍摄，提供者：李晟）

生态习性：通常栖息在海拔低于2 700 m的亚热带与热带森林中，也可以利用人工针叶林和灌丛生境，偶可上至海拔3 000 m附近或更高区域。营独居或成对活动。成年小麂

家域小于10^6 m^2，且活动范围较为固定。繁殖无明显季节性，雌性在一岁时即可达到性成熟。会定期访问家域范围内的天然或人工盐井，舔舐矿物盐。高度警觉，受惊时会迅速逃离威胁，在奔跑跳跃时快速地上下摆动尾巴，间断性露出尾下及臀部的白色区域。同时具有较强的好奇心，在逃离出一定距离后通常会停下，并回头仔细观察。

常见痕迹：

粪便（图4-11-4-9）：为典型的有蹄类粪粒，其尺寸（长0.8 cm，直径0.5 cm）为同域内有蹄类动物中除麝科动物之外最小的。粪粒通常一端较尖，在侧面具有一个或多个凹面，沿长轴的纵剖面近似三角形，而横切面也不是圆形，从而与麝科动物的典型粪粒相区别（麝科动物粪粒垂直于长轴的横切面通常为圆形，且长轴与横切面直径的比值更大）。

叫声：无论白天或晚上，成年小鹿均会发出响亮的类似犬吠的单音节叫声，可在远距离外听到。

图4-11-4-9　陈旧干燥的小麂粪粒（拍摄者：李晟）

4. 毛冠鹿*Elaphodus cephalophus*，Tufted Deer（图4-11-4-10），鹿科Cervidae，毛冠鹿属*Elaphodus*

头体长：85～170 cm；尾长：7～15 cm；体重：15～28 kg。

形态特征：小型鹿科动物，整体毛色黑色至棕黑色。四肢毛色比身体更深，而头颈部稍浅。在头顶正中有一簇明显的浓密黑色冠毛。两耳宽而圆，上部外缘与基部外缘为白色，耳尖背部为白色，形成独特的耳部黑白斑纹。这是与同域分布的其他小型有蹄类动物（如麂、麝）相区别的典型特征之一。尾外缘及腹面为纯白色。成年雄性头顶具两只短小的角，隐藏在头顶冠毛中；角尖一般超出冠毛不足2 cm，通常不易观察到。成年雄性的上犬齿发达，形成突出嘴外的"獠牙"，近距离可见。

生态习性：栖息于山地森林环境中，活动海拔范围很广，可上至4 200 m。栖息地类型多样，包括天然林、灌木、各种次生植被及部分人工林。晨昏活动居多，独居，偶尔可见成对活动。食性较广，包括

图4-11-4-10　成年毛冠鹿
（红外相机拍摄，提供者：李晟）

各类草本植物、树叶与菌类。会规律性访问天然或人工盐井，通过舔盐来补充矿物质。会在不同季节进行沿海拔梯度的垂直迁移，在夏季时待在高海拔，而在冬季时下至低海拔的森林或开阔灌木林地带，以避开高海拔的深厚积雪并寻找食物。受惊奔跑或跳跃逃离时，快速地上下摆动尾巴，显露出其尾腹面和尾下十分显眼的白色区域。

常见痕迹：

粪便（图4-11-4-11）：包括从分散粪粒到聚团状等不同形态。分散粪粒通常为橄榄状或略呈不规则三角形，一端有一个明显的浅凹，另一端钝圆或具不明显的突起。粪粒的大小（长1.2 cm，直径0.6 cm）可能与同域分布的其他体形相近的有蹄类动物（如中华斑羚）的粪便有重叠，因此仅基于粪便形态难以进行准确的物种鉴定。

左：陈旧粪便，呈分散的粪粒状；右：毛冠鹿粪粒（左侧2颗）与小麂粪粒（最右侧1颗）大小区别明显
图4-11-4-11 毛冠鹿的粪便（拍摄者：李晟）

5. 四川扭角羚 *Budorcas tibetanus*，Sichuan Takin（图4-11-4-12），牛科Bovidae，扭角羚属 *Budorcas*

头体长：170～220 cm；尾长：10～20 cm；体重：150～600 kg。

形态特征：大型牛科动物，雌性体形小于雄性。肩高于臀，头部硕大，面部侧面轮廓为明显的弧形凸起。雌雄个体均长有一对黑色至棕黑色的角，在一岁幼崽时呈竖直状长出，随着年龄的增长而急剧向后弯曲，角尖略显上翘。成年雄性的双角较雌性更为粗壮，两角间距更大。身被浓密的长毛，毛质粗糙，通常背部中央毛色更深。成体毛色为棕黄色并夹杂大量黑色斑块。成年雄性颈部有明显长鬃毛，发情期毛色更深。亚成体和成年雌性的毛色通常更浅。幼崽毛色棕黑色至黑色，在背部中央有一条明显的黑色纵纹。

生态习性：分布海拔可纵跨1 000～4 200 m的范围，具季节性垂直迁徙。大部分个体在夏季上移至树线之上的高山草甸，在秋季下移至河谷与中低山森林地带。冬季大多待在中等海拔段、长有茂密箭竹的森林中，早春下至海拔最低的河谷地带以觅食最早返青的植物。也有部分个体全年都在林下有竹子的森林中活动。

图4-11-4-12 成年雄性四川扭角羚
（红外相机拍摄，提供者：李晟）

常见痕迹：

粪便（图4-11-4-13）：冬季与早春通常为棕黑色圆形或椭圆形粪粒（2~3 cm）。有时粪粒会相互挤压聚团排出。夏秋季当四川扭角羚取食含水量较高的新鲜植物时，粪便通常呈现为不成形的松散饼状或堆状。

食迹（图4-11-4-14）：四川扭角羚会使用其门齿刮食树皮，从而在树干上留下显眼的痕迹。该痕迹多见于春天，有可能是四川扭角羚为了舔食树液或取食柔软多汁的树皮形成层所留下的。由于四川扭角羚可凭借后腿支撑而立起上身，这类刮食的痕迹可见于离地高达2 m以上的树干处。

蹭痕（图4-11-4-14）：四川扭角羚会频繁地在树干或树桩上磨蹭其双角和身体，从而留下明显的蹭痕。在四川扭角羚蹭痕处往往可发现其粗糙的长毛，可用来辅助鉴定。

左：干燥聚团粪便，由大量粪粒聚集压缩而成；中：由大量单独粪粒组成的新鲜粪堆；
右：夏季采食含水量较高的嫩草后排出的堆状粪堆
图4-11-4-13 四川扭角羚的粪便（拍摄者：李晟）

左：春季用门齿刮取树皮后留下的食迹；
右：在方枝柏树干上蹭痒留下的痕迹（树干下部浅色区域，表层树皮脱落）
图4-11-4-14 四川扭角羚在树干上留下的痕迹（拍摄者：李晟）

6. 岩羊*Pseudois nayaur*，Blue Sheep（图4-11-4-15），牛科Bovidae，岩羊属*Pseudois*

头体长：100～165 cm；尾长：10～20 cm；体重：雄性50～80 kg，雌性32～51 kg。

形态特征：身体壮实、形似山羊的牛科动物，具有外形独特的双角和非常短的黑色尾。雄性体形比雌性大很多，颈部更为粗壮。成体背面棕灰色至青灰色，腹面、臀部白色至浅灰色。四肢内侧为白色，前缘有显眼黑色纵纹。成年雄性胸部、前额为黑色，体侧有一条明显的水平黑色条纹。幼崽体表没有成体的各种黑色条纹和斑纹。冬毛远比夏毛更为浓密厚实。雌雄均具一对表面光滑的角，雄性双角更长且更粗壮，可达90 cm。双角从头顶先朝后弯曲，然后再旋转向外侧翻转。

生态习性：常见于海拔3 000 m以上开阔、陡峭的高山环境，主要栖息于高山草甸、草地、裸岩和流石滩生境，偶尔也会出现在高山灌丛、杜鹃林和针叶林等生境，可下至海拔2 500 m。主要取食草本植物和地衣等，在白天和夜晚均较为活跃。群居，常集成10～40只小群，偶尔可见多达300只的大群。非繁殖季节，雄性个体往往会聚成全雄群单独活动。在陡峭的裸岩环境中行动敏捷，具优异的跳跃和攀爬能力，其毛色在高山裸岩、流石滩生境中具有良好的伪装效果。冬季交配，母羊次年初夏产仔，每胎1仔。

左：成年雄性；右：成年雌性（后方）及其幼崽（前方）
图4-11-4-15 岩羊（红外相机拍摄，提供者：李晟）

常见痕迹：

粪便（图4-11-4-16）：典型粪便为与山羊类似的粪粒，有时为分散粪粒，有时呈现聚团状。分散的单颗粪粒通常较圆（长1.4～1.6 cm，宽1.1～1.4 cm），一端有明显的浅凹，另一端略微突起。粪粒有时也呈现椭球形或不规则形状。在羊群取食和经过的地方，可见大量粪便散布在一片较大的区域内。

图4-11-4-16 岩羊典型的圆形粪粒（拍摄者：吴岚）

7. 中华鬣羚 *Capricornis milneedwardsii*，Chinese Serow（图4-11-4-17），牛科 Bovidae，鬣羚属 *Capricornis*

头体长：140～190 cm；尾长：11～16 cm；体重：85～140 kg。

形态特征：形似山羊的壮实牛科动物，四肢较长，体形明显大于斑羚（体重是斑羚的3～6倍）。毛色以黑色为主，四肢下部和臀部为对比明显的棕红色至锈红色。腹部毛色较背部为浅。颈部背面具特征性长鬣毛，通常为白色至污白色。全身毛发较为粗糙。喉部常常为白色至浅棕黄色，形成一块较浅的喉斑。双耳较长且较大，形似驴耳。雌雄均具一对与斑羚相似的角，但双角更为粗壮，外形较直，角基部环纹更为发达。

生态习性：见于多种类型的森林栖息地中，分布范围海拔跨度较大，从低海拔的低地雨林与喀斯特森林（海拔低至200 m），直至海拔4 500 m的高山针叶林。与同域分布的其他牛科动物（如扭角羚、斑羚）相比，中华鬣羚可能在自然状态下种群密度较低。活动隐秘，性情羞怯，独居，拥有较固定的家域，会沿着固定的路径定期巡视家域范围的各片区域。

常见痕迹：

粪便（图4-11-4-18）：有固定的排便地点，反复排便形成大型粪堆。每次排便量较大，可包括上百枚分散的粪粒。粪粒较大（长2.5～3 cm，直径1.2～1.6 cm），外形为椭圆形或长圆柱形，通常在一端较尖，另一端较钝或略具一浅凹。

图4-11-4-17　成年中华鬣羚（红外相机拍摄，提供者：李晟）

多次排便留下新旧程度不一的大型粪堆，右下角的粪堆表面光亮湿润最为新鲜，上部粪堆较陈旧

图4-11-4-18　中华鬣羚的固定排便地点（拍摄者：李晟）

8. 中华斑羚 *Naemorhedus griseus*，Chinese Goral（图4-11-4-19），牛科 Bovidae，斑羚属 *Naemorhedus*

头体长：88～118 cm；尾长：11～20 cm；体重：22～32 kg。

形态特征：体形与山羊类似的牛科食草动物，整体毛色棕黄色至灰白色，变异较大，包括较浅的灰色、棕黄色及较深的灰黑色。身体背部中央有一道黑色纵纹。四肢下部毛色浅于体色，为污黄色。喉部有明显的白色或黄白色喉斑，与身体其他部分毛色形成明显对比。具有一条黑色蓬松的长尾。雌雄均具双角，角形纤细、尖利，略呈弧形向后弯曲。角下部具明显的横棱（环纹），上部光滑。

生态习性：通常在地形陡峭复杂的森林或开阔栖息地活动，分布范围海拔跨度较大，可从1 000 m到4 400 m。行动敏捷，动作灵活，具极强的攀爬能力，常可远距离观察到其在悬崖或山脊上活动。白天和夜晚均活跃，独居或成对活动，偶见集小群。取食多种多样的草本植物，包括竹子和低矮灌木。

常见痕迹：

粪便（图4-11-4-20）：分散粪粒通常近圆形（长1.4 cm，直径1.2 cm），一端有一个浅的凹坑，另一端有小的突起。相比于同域分布的中华鬣羚，中华斑羚的粪粒较小且较圆。粪粒有时也呈现椭球形或不规则形状，粪粒之间可能有不同程度的聚团。

图4-11-4-19　成年中华斑羚（红外相机拍摄，提供者：李晟）

图4-11-4-20　中华斑羚常见的小而圆的粪粒（上部粪堆）和中华鬣羚的长橄榄形粪便（下部粪堆）

（拍摄者：李晟）

4.11.5　啮齿目Rodentia

1. 喜马拉雅旱獭*Marmota himalayana*，Himalayan Marmot（图4-11-5-1），松鼠科Sciuridae，旱獭属*Marmota*

头体长：48～67 cm；尾长：12～15 cm；体重：4～10 kg。

形态特征：体形矮壮，雄性的体形及体重大于雌性。整体毛色为暗棕黄色，脸部与胸部为对比明显的浅黄色。唇部、鼻子、前额、背部中线及尾尖为明显的暗褐色至黑色。

生态习性：常见于干燥少雨的高山草甸、高山草地与荒漠生境，尤其是土壤易于挖掘的高海拔缓坡或陡坡。营群居，挖掘深邃的洞穴栖息，日行性为主，通常只在不远离洞穴出口的范围内活动，以方便随时逃回洞穴躲避天敌。个体警戒时会蹲坐在后肢上，保持上身直立，四周环顾张望。具冬眠习性，群体成员冬季时共同在洞穴深处冬眠。是高原生态系统中众多食肉动物与猛禽的主要猎物之一，捕食者包括赤狐、金雕等。喜马拉雅旱獭是高度社会性的动物，它们会发出尖厉的叫声用于相互间的联络。在发现危险时，预警个

图4-11-5-1 在典型的高山裸岩生境中活动的喜马拉雅旱獭（红外相机拍摄，提供者：李晟）

体会站立在洞穴出口处，发出响亮的"ku-bi"叫声以向其他个体报警。

常见痕迹：

粪便（图4-11-5-2）：在其活动区域有固定的排便点，非常易于发现。粪便大小与形状随动物体形大小和食性的不同而变化，可单独出现，也可堆积成堆。粪便通常为卷曲或分节的条状（长5～7 cm，直径1～2 cm），一端较钝而另一端较尖。粪便内主要包括未消化的植物纤维、种子与昆虫外壳等。

洞穴（图4-11-5-3）：在地下挖掘复杂的洞穴系统，通常具有多个较宽且外缘光滑的出口（长40 cm，宽30 cm），有时位于岩石堆缝隙中。夏季时也会挖掘一些较浅的洞穴。

图4-11-5-2 喜马拉雅旱獭的粪便（拍摄者：李晟）

图4-11-5-3 高山草地坡面上密布的喜马拉雅旱獭的洞穴（拍摄者：李晟）

2. 隐纹花鼠 *Tamiops swinhoei*，Swinhoe's Striped Squirrel（图4-11-5-4），松鼠科 Sciuridae，花松鼠属 *Tamiops*

头体长：14～16 cm；尾长：6～12 cm；体重：65～90 g。

形态特征：小型松鼠科动物。整体毛色棕黄色至土黄色，背毛长而柔软。背部5条暗色纵纹间杂4条亮色纵纹，尤以体侧中部1条浅色纵纹最为显眼。腹部毛色浅黄色至白色。头部侧面眼下的浅色条纹与体侧的浅色条纹不相连。耳后具白色短毛簇。尾毛蓬松，尾长大于头体长之半。

生态习性：栖息于海拔2 500～3 500 m的针阔混交林、针叶林与杜鹃林。树栖，栖于树洞，偶尔下地。日行性，行动敏捷，跳跃式行进，常可见在树干上下攀爬或相互追逐。

3. 复齿鼯鼠*Trogopterus xanthipes*，Complex-toothed Flying Squirrel（图4-11-5-5），鼯鼠科Pteromyidae，复齿鼯鼠属*Trogopterus*

头体长：20～34 cm；尾长：26～27 cm；体重：300～400 g。

形态特征：中等体形的鼯鼠科动物。吻部短钝，眼大而圆。耳基有长而软的毛簇。尾长而蓬松，尾长与头体长相当。背面毛色棕黄沾黑，腹面毛色亮灰，体侧可见明显的飞膜与背腹毛色分界线。

生态习性：中国特有种。栖息于海拔1 200 m以上的针阔混交林与针叶林，尤其是原始林。在石洞、石缝、树洞中营巢栖息。植食性，食物包括树叶、树皮、果实等。独居，夜行性，常从洞口滑翔至树上觅食。每年繁殖1次，每胎1～3仔。

图4-11-5-4　地面活动隐纹花鼠
（红外相机拍摄，提供者：李晟）

图4-11-5-5　夜间下地活动的复齿鼯鼠
（红外相机拍摄，提供者：李晟）

常见痕迹（图4-11-5-6）：

食迹：取食树芽、嫩叶和嫩枝树皮时，在树木或灌木下方留下大量啃食过后的断枝，成为其最常见的痕迹类型。这些断枝有时会与川金丝猴的食迹相混淆，区别在于复齿鼯鼠取食的枝条上树皮被啃食得非常干净，在裸露的白色木质部上可见清晰的细小齿痕。

粪便：在复齿鼯鼠取食后掉落的枝条附近，常可发现其独特的粪便，为圆球形的粪粒，表面颜色从黄色到棕色至黑色。

被复齿鼯鼠啃食了一截树皮并咬断、掉落的枝条
图4-11-5-6　复齿鼯鼠的取食痕迹及典型的圆球形粪粒（拍摄者：李晟）

4. 中国豪猪*Hystrix hodgsoni*，Chinese Porcupine（图4-11-5-7），豪猪科Hystricidae，豪猪属*Hystrix*

头体长：56～74 cm；尾长：8～12 cm；体重：10～18 kg。

形态特征：身体矮胖敦实，眼睛与耳朵甚小，四肢短而粗壮，具长而坚实的爪。身体前半部分为暗棕色至黑色，后半部分长有长而尖的棘刺。较长的棘刺通常基部和尖部为白色，中间为棕色至黑色。枕部至背部长有较细且较软的棘刺，形成一条向后、向上耸起的冠状背脊，通常显白色或灰白色。

生态习性：栖息于多种类型的森林、林缘空地和农田周边生境，可分布于海拔3 500 m以下的各种森林类型栖息地。夜行性，常成对或以家庭群活动觅食。食谱以植物性食物为主，包括植物根茎、细枝、树皮等。中国豪猪主要为地栖性，在地下洞穴、岩洞或树洞中睡觉或休息。洞穴通常由其自行挖掘，包括入口的通道（开口约30 cm×30 cm）、多个出口及一个大型的内部洞室。使用中的洞穴周边，通常有去往周边栖息地的多条兽径所组成的辐射状网络。受惊时身体后部的棘刺立起以御敌。

常见痕迹：

粪便（图4-11-5-8）：典型粪便为长枣核形或橄榄形的粪粒（长2～3 cm，直径1 cm）。粪粒两头稍细而中间粗，两端较钝圆或一端稍凸。有时粪粒会聚团排出。新鲜粪便棕红色至暗绿色，陈旧干燥粪便通常表面为黑色，呈龟裂状，露出内部的植物性食物残余。粪粒内通常为密实的未消化植物纤维，尤其是在冬季它们取食大量干燥的木本植物时。具有固定的排便点，在这些排便点上往往有大型粪堆，包含新旧程度不等的大量粪便。

图4-11-5-7　成年中国豪猪
（红外相机拍摄，提供者：李晟）

图4-11-5-8　中国豪猪的新鲜粪便（拍摄者：李晟）

棘刺（图4-11-5-9）：中国豪猪在大树基部挖掘洞穴或在多石区域选择岩洞栖息。其身上的棘刺常常脱落，在其活动范围内经常可以捡拾到。

食迹（图4-11-5-10）：在取食灌木细枝时，一般会在枝条上留下多处咬痕。有时会在大树基部啃食树皮，留下明显的大片裸露树干，树干上可见众多的门齿刮痕，成为中国豪猪独特的取食痕迹。

5. 中华竹鼠*Rhizomys sinensis*，Chinese Bamboo Rat（图4-11-5-11），鼹型鼠科Spalacidae，竹鼠属*Rhizomys*

头体长：22～38 cm；尾长：5～9 cm；体重：1.8～2.1 kg。

形态特征：身体矮胖敦实，颈与四肢粗短，爪强健尖锐，尾短。头部钝圆，吻部短钝，门齿粗大，与上颌垂直。眼小，耳小隐于毛内。眼睛与耳朵甚小，四肢短而粗壮，具长而坚实的爪。整体毛色浅棕色至棕黄色，额部毛色较深。腹毛稀少。

生态习性：栖息于海拔1 000 m以上有竹子分布的森林生境。穴居，以竹子为食。通常独居，夜行性，能挖掘结构复杂的地下洞穴系统。所有季节均可繁殖，高峰在春季，每胎2～4仔。

常见痕迹：

食迹（图4-11-5-12）：在有浓密林下竹丛的森林中，可见到其从地下洞穴上至地面取食时隆起的土堆（土丘），以及被其啃食后的竹茎和竹笋等取食痕迹。与大熊猫啃食竹茎的痕迹相比，中华竹鼠通常在更接近根部的地方截断竹茎，而且其断口通常相当整齐。

图4-11-5-9　兽径上中国豪猪的脱落棘刺（拍摄者：李晟）

树木基部裸露的大片白色树干是中国豪猪啃食树皮后暴露出来的

图4-11-5-10　中国豪猪的取食痕迹（拍摄者：向定乾）

图4-11-5-11　夜间到地面活动的中华竹鼠（红外相机拍摄，提供者：李晟）

左侧竹茎被中华竹鼠从近基部咬断，中央部分是竹鼠从地下洞穴钻出时留下的土堆

图4-11-5-12　中华竹鼠的取食痕迹（拍摄者：向定乾）

4.11.6 兔形目Lagomorpha

1. 灰尾兔*Lepus oiostolus*，Woolly Hare（图4-11-6-1），兔科Leporidae，兔属*Lepus*

头体长：40～58 cm；尾长：6～12 cm；体重：2～4.5 kg。

形态特征：体形较大的兔科动物，雌性体形大于雄性。背部毛色棕黄色至沾棕的灰白色，腹部白色，体侧隐约可见背腹毛色分界线。臀部至尾铅灰色。尾短。

生态习性：亦称高原兔，见于海拔2 500～5 400 m的高山草甸、草原、灌丛、针叶林及林缘。夜行性为主，独居或群居，警惕性强。

常见痕迹：

粪便（图4-11-6-2）：圆形粪粒（直径1～1.5 cm），分散状或呈小堆。新鲜粪粒棕黑色至黑色。陈旧粪粒黄褐色至土黄色，表面粗糙，可见未消化的植物碎片与纤维。

图4-11-6-1 成年灰尾兔（拍摄者：吴岚）　　图4-11-6-2 灰尾兔的干燥粪粒（拍摄者：李晟）

2. 藏鼠兔*Ochotona thibetana*，Moupin Pika（图4-11-6-3），鼠兔科Ochotonidae，鼠兔属*Ochotona*

头体长：14～18 cm；体重：72～136 g。

形态特征：中小型鼠兔科动物，体形短圆。尾极短，隐于被毛中，外部不可见。爪纤弱。双耳大而圆。背面毛色棕黄色至灰黑色，腹面毛色暗灰色至灰白色。

生态习性：栖息于海拔1 800～4 000 m的森林、灌丛、高山草甸、流石滩生境。掘洞栖息，以草本植物为食，具储存食物习性。昼夜活动，社会性，行动敏捷。每胎3～5仔。是多种猛禽与中小型食肉动物的猎物。

常见痕迹：

洞穴：可挖掘多种类型的洞穴，简单洞穴具1～3个洞口，复杂洞穴可具5～6个洞口。洞口通常为圆形或扁圆形。

粪便（图4-11-6-4）：在其领域范围内有固定的排便点，在这些排便点上可以见到其粪便堆积，由大量圆球形的粪粒（直径0.2～0.3 cm）组成。

在其典型的高海拔开阔生境中活动的藏鼠兔，毛色与背景中岩石外部色彩相一致，可降低其被捕食者发现的概率

图4-11-6-3　藏鼠兔（拍摄者：李晟）

图4-11-6-4　藏鼠兔的新鲜粪堆（拍摄者：李晟）

参 考 文 献

［1］Bridson D, Forman L. The Herbarium Handbook. London：Royal Botanic Gardens, Kew, 2014.

［2］Bu H L, Hopkins Ⅲ J B, Zhang D, et al. An evaluation of hair snaring devices for small-bodied carnivores in Southwest China. Journal of Mammalogy, 2016, 97：589-598.

［3］Guan T P, Wang F, Li S, McShea W J. Nature reserve requirements for landscape-dependent ungulates：The case of endangered takin（*Budorcas taxicolor*） in Southwestern China. Biological Conservation, 2015, 182：63-71.

［4］Isely D. One Hundred and One Botanists. West Lafayette：Purdue University Press, 2002.

［5］Leroy J F. Dictionary of Scientific Biography Ⅷ. New York：Scribner, 1976.

［6］Li B B, Pimm S L, Li S, et al. Free-ranging livestock threaten the long-term survival of giant pandas. Biological Conservation, 2017, 216：18-25.

［7］Li S, McShea W J, Wang D J, et al. Retreat of large carnivores across the giant panda distribution range. Nature Ecology & Evolution, 2020, 4：1327-1331.

［8］McShea W J, Li S, Shen X L, et al. Guide to the Wildlife of Southwest China. Washington DC：Smithsonian Institution Scholarly Press, 2018.

［9］Müller-Wille S. Carolus Linnaeus.（2021-01-07）［2021-04-06］. https://www.britannica.com/biography/Carolus-Linnaeus.

［10］Stefanaki A, Porck H, Grimaldi I M, et al. Breaking the silence of the 500-year-old smiling garden of everlasting flowers：The EnTibi book herbarium. PLoS ONE, 2018, 14：1-21.

［11］Taylor A H, Qin Z Z, Liu J. Structure and dynamics of subalpine forests in the Wang Lang National Reserve, Sichuan, China. Plant Ecology, 1996, 124（1）：25-38.

［12］The Angiosperm Phylogeny Group, Chase M W, Christenhusz M J M, et al. An update of the angiosperm phylogeny group classification for the orders and families of flowering plants：APG Ⅳ. Botanical Journal of the Linnaean Society，2016，181（1）：1-20.

［13］Wang F，McShea W J，Wang D J，et al. Shared resources between giant panda and sympatric wild and domestic mammals. Biological Conservation，2015，186：319-325.

［14］彩万志，庞雄飞，花保祯，等. 普通昆虫学. 北京：中国农业大学出版社，2001.

［15］蔡邦华. 昆虫分类学（修订版）. 北京：化学工业出版社，2017.

［16］樊守金，赵遵田，主编. 植物学实习教程. 北京：高等教育出版社，2010.

［17］樊凡，赵联军，马添翼，等. 川西王朗亚高山暗针叶林25.2 hm^{2}动态监测样地物种组成与群落结构特征. 植物生态学报，2022，46（9）：1005-1017.

［18］傅立国，陈潭清，郎楷永，等. 中国高等植物（修订版）. 青岛：青岛出版社，2012.

［19］葛斌杰，严靖，杜诚，等. 世界与中国植物标本馆概况简介. 植物科学学报，2020，38（2）：288-292.

［20］洪波. 压花艺术的起源与发展. 园林，2012，5：84-87.

［21］胡锦矗. 岷山山系陆栖脊椎动物多样性. 动物学研究，2002，23（6）：521-526.

［22］蒋志刚，江建平，王跃招，等. 中国脊椎动物红色名录. 生物多样性，2016，24（5）：500-551.

［23］李桂垣. 四川鸟类资源概况. 四川动物，1984，3（2）：42-45.

［24］李桂垣，张清茂. 王朗自然保护区鸟类调查报告. 四川动物，1989，8（3）：17-20.

［25］李洁. 四川王朗国家级自然保护区藓类植物多样性研究. 北京：北京林业大学，2013.

［26］李晟，王大军，McShea W J，等. 西南山地红外相机监测网络建设进展. 生物多样性，2020，28（9）：1049-1058.

［27］李晟，王大军，肖治术，等. 红外相机技术在我国野生动物研究与保护中的应用与前景. 生物多样性，2014，22（6）：685-695.

［28］李晟之. 王朗志-四川王朗国家级自然保护区志（1965—2015）. 成都：四川科学技术出版社，2018.

［29］李莹莹. 中国压花艺术发展现状及展望. 中国园艺文摘，2016，32（11）：63-65.

［30］刘全儒，李连芳，张志翔，主编. 北京山地植物学野外实习手册. 北京：高等教育出版社，2014.

［31］刘少英，冉江洪，林强，等. 王朗自然保护区脊椎动物多样性. 四川林业科技，2001，22（3）：10-14.

［32］刘少英，吴毅，李晟，主编. 中国兽类图鉴（第二版）. 福州：海峡出版发行集

团，2020.

［33］刘少英，赵联军，陈顺德，等. 四川省岷山和邛崃山发现红耳鼠兔分布. 四川林业科技，2019，40（6）：1-5.

［34］孟世勇，刘慧圆，余梦婷，等. 中国植物采集先行者钟观光的采集考证. 生物多样性，2018，26（1）：79-88.

［35］尚晓彤，罗春平，李斌，等. 四川王朗国家级自然保护区鸟类多样性与区系组成. 四川动物，2020，39（1）：93-106.

［36］邵昕宁，宋大昭，黄巧雯，等. 基于粪便DNA及宏条形码技术的食肉动物快速调查及食性分析. 生物多样性，2019，27（5）：543-556.

［37］申国珍，李俊清，蒋仕伟. 大熊猫栖息地亚高山针叶林结构和动态特征. 生态学报，2004，24（6）：1294-1299.

［38］四川资源动物志编辑委员会. 四川资源动物志（第一卷）. 成都：四川人民出版社，1982.

［39］孙振钧，主编. 生态学实验与野外实习指导. 北京：化学工业出版社，2009.

［40］汪小凡，杨继，主编. 植物生物学实验（第二版）. 北京：高等教育出版社，2006：152-160.

［41］王重阳，赵联军，孟世勇. 王朗国家级自然保护区滑坡体兰科植物分布格局及其保护策略. 生物多样性，2022，30（2）：21313.

［42］王大军，李晟. 丛林之眼——西南山地红外触发相机10年. 北京：北京大学出版社，2014.

［43］王迪，胡平，刘灏文，等. 诱笼法在温带地区蝴蝶调查中的应用. 应用昆虫学报，2018，55（5）：936-941.

［44］王晓蓉，傅晓波，郑勇，等. 王朗国家级自然保护区大型真菌种类及分布. 四川林业科技，2020，41（5）：116-120.

［45］王英典，刘宁，刘全儒，等主编. 植物生物学实验指导（第二版）. 北京：高等教育出版社，2011：18-100.

［46］魏辅文，杨奇森，吴毅，等. 中国兽类名录（2021版）. 兽类学报，2021，41（5）：487-501.

［47］魏辅文，主编. 中国兽类分类与分布. 北京：科学出版社，2022.

［48］武春生. 中国动物志（昆虫纲，鳞翅目，凤蝶科）. 北京：科学出版社，2001.

［49］武春生. 中国动物志（昆虫纲，鳞翅目，粉蝶科）. 北京：科学出版社，2010.

［50］吴琼，van Achterberg C，陈学新. 昆虫诱集装置——马氏网的类型与使用. 应用昆虫学报，2016，53（3）：660-667.

［51］辛广伟，胡晓倩，孟世勇，等. 生物标本制作与艺术. 北京：北京大学出版社，2021.

［52］张荣祖. 中国动物地理. 北京：科学出版社，1999.

[53] 张宪春. 中国石松类和蕨类植物. 北京：北京大学出版社，2012.

[54] 张鑫，王辉，李东霞. 植物标本制作的研究概述. 教育教学论坛，2020，26：153-154.

[55] 赵联军，刘鸣章，罗春平，等. 四川王朗国家级自然保护区血雉的日活动节律. 四川动物，2020，39（2）：121-128.

[56] 郑光美. 中国鸟类分类与分布名录（第三版）. 北京：科学出版社，2017.

[57] 中国科学院动物研究所. 中国蛾类图鉴. 北京：科学出版社，1981.

[58] 中国科学院北京植物研究所编，中国高等植物图鉴（第一卷）. 北京：科学出版社，1972.

[59] 周尧. 中国蝶类志. 郑州：河南科学技术出版社，1994.

[60] 周云龙，刘全儒，主编. 植物生物学（第二版）. 北京：高等教育出版社，2014.

[61] 朱淑怡，段菲，李晟. 基于红外相机网络促进我国鸟类多样性监测：现状、问题与前景. 生物多样性，2017，25（10）：1114-1122.

致 谢

北京大学"生物学野外综合实习"课程建设得到北京大学教务部、北京大学实验设备部和北京大学生命科学学院的支持。由北京大学生命科学学院与四川王朗国家级自然保护区管理局共建的王朗野外实习基地为课程的开展提供了基础。北京大学生命科学学院和生态研究中心以及中国科学院植物研究所、成都山地灾害与环境研究所为王朗25.2 ha亚高山暗针叶林动态监测样地平台的建设及运行提供了支持。四川省平武县林业和草原局与王朗国家级自然保护区管理局为实习指导的编写提供了宝贵的资料与数据，同时在历年的野外实习课程准备、教学中都一如既往地给予鼎力支持。王朗自然保护区赵联军、傅晓波、余鳞、罗春平、王小蓉、袁志伟、梁春平、周华龙、赵继旭、谢小蓉、马福莲、杨俊华、鲁超、刘剑等工作人员付出了大量时间和精力，对野外实习课程予以各方面的热情帮助。四川省林业科学研究院刘少英研究员、中国科学院成都生物研究所李成研究员、深圳仙湖植物园张力研究员、中国科学院成都山地灾害与环境研究所张远彬研究员在王朗自然保护区开展的小型兽类、两栖类、爬行类、苔藓、森林生态等方面的研究工作以及相关的调查报告为实习指导的编写提供了宝贵的资料与信息。地衣标本鉴定得到山东师范大学赵遵田、张璐璐两位老师的帮助。龙玉、李悦、杜明、周圆、刘佳子、孔玥峤、樊凡、于薇、李晟等参与了本书中图件的绘制与处理，唐军、张永、罗春平、向定乾、张铭、李斌、邵良鲲、曹勇刚、章麟、刘勤、王进、李黎、李成、黄耀华、宋心强、李晟、孟世勇、饶广远、贺新强、顾红雅、王戎疆、李大建、张力、周友兵、董磊、王利平、付强、胡强、樊凡、尹玉峰、马添翼、卜红亮、周杰、吴岚、曹配懿、邵昕宁、王迪等为本书提供了精美的照片。

在此对以上单位和个人表示最诚挚的感谢！